코로나19 시대 기업의 생존전략
방역과 경제의 딜레마

전용일·박정모·박정숙·김동하·신현주

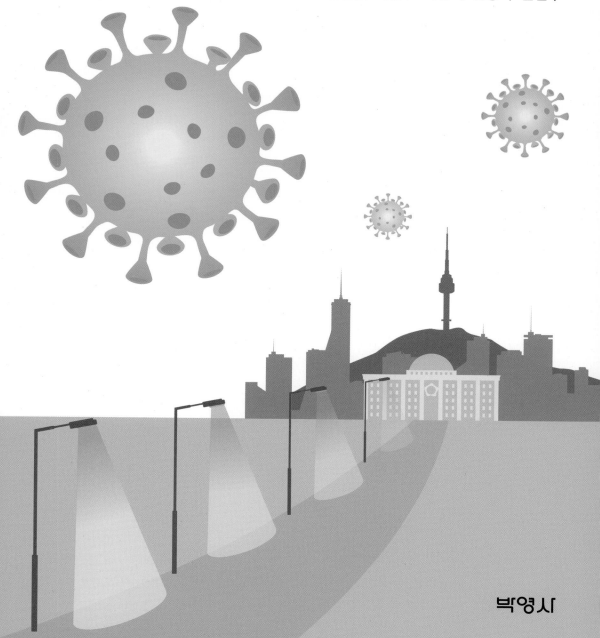

박영사

머리말

2020년이 시작되면서 전 세계가 감염병인 코로나19로 인해 예상하지 못한 위기에 직면하여 전례 없는 경험을 겪고 있다. 코로나19의 충격이 계속되고 있고 이러한 위기가 언제 어떻게 매듭지어질지에 대해서 누구도 단언할 수는 없는 상태이다. 코로나19가 만성화되면서 피로감이 누적되고 포스트코로나 시대를 대비한 준비도 방향성을 상실한 감이 있다. 코로나19와 함께 살아가는 시대에 대해 궁금증이 생기나, 여전히 변화하고 있는 중이어서 실체를 제대로 인식하기 어려운 실정이다.

감염병은 연결 중심성이 강해 사회 전반에 광범위한 영향을 미친다. 전파성이 강한 감염병인 코로나19로 사람 간의 물리적인 관계가 단절되고 기업의 경제활동이 어려워지며 국경이 닫히고 국가 간 교류가 봉쇄되었다. 하지만 우리나라는 정부와 국민의 협력으로 방역조치가 잘 이루어져, K－방역체제는 우수한 성과를 내고 있다고 평가된다. 사스, 신종 인플루엔자, 메르스를 경험하면서 감염병 재난에 대한 대비·대응체계가 비교적 잘 구축되어, 코로나19에도 적절하게 대응이 가능해진 것이다.

중세 유럽에서 유행한 흑사병은 기존 사회구조를 변혁시켰다. 유럽인의 신 중심적 사고체계는 인간 중심으로 바뀌게 된다. 복잡한 변화 과정을 거쳐 새로운 패러다임인 르네상스 시대가 도래하게 된다. 코로나19 이전의 사회는 연결성이 강화되고 활동무대가 세계화되어 경제적인 가치를 중요시하고 서로 많은 것을 공유하였다. 코로나19는 탈연결성과 탈세계화를 초래하고, 방역활동을 국가가 책임지어야 할 필수 영역으로 만들었다. 개인 생활방역 활동이 강조되고 사회적 거리두기가 생활화되었다. 코로나19 이후의 시대에는 마스크를 상시적으로 착용하고 손 씻기를 생활화하고, 적정 거리를 유지해야 하는 것이다. 이전에 보지 못하던 생활의 변화이다. 그리고 변화는 진행 중이다.

코로나19로 인한 경제 충격이 상당히 크기 때문에, 강력한 정책대응이 즉각적으로 시행되었다. 코로나19가 경제활동에 심각한 영향을 미치는 상황에서, 침체된 소비활동을 촉진하기 위해 14조원 규모의 긴급재난지원금을 모든 국민에게 지급하였다. 또한, 지방자치단체에서도 영세사업주나 다양한 계층에 재난지원금을 추가로 지급하고, 향후에 추가적인 긴급재난지원금이 지급될 가능성도 있다. 외생 충격에 의한 경제손실이 발생하면 통상적으로 정책 수혜대상자의 자구 노력을 요구한다. 코로나19 위기에서는 감염병 확산으로 인해 피해를 입은 가계와 기업을 직접 지원하는 방식으로 변경된다.

코로나19 전파 초기에는 국가가 강력하게 개입하였으나, 일정 시기 이후에는 경제활동과 방역활동에 직접적으로 관련된 기업의 역할이 중요하다. 다양한 형태를 지닌 기업의 사업장은 경제활동의 주요 공간이다. 이 공간에서는 근로자로서 근로하기도 하고 고객으로 서비스를 제공받기도 한다. 사업장의 안전보건은 기업과 국가의 방역활동의 핵심에 해당된다. 따라서 경제활동을 영위하는 영역에서 방역규칙이 준수되려면, 기업의 일터 안전보건의 역할이 중대하다. 사업장은 근로자와 고객이 모이는 장소로, 사회적 거리두기가 더 강하게 실천되어야 한다. 개인 간 접촉을 피하고, 불가피하게 접촉해야 하는 경우에는 감염 확산 차단과 보호구의 생활화가 필요하다. 재택근무를 권장하는 요건이 갖추어지고 유연근무가 시행된다.

방역활동과 경제활동은 서로 상충 관계에 있다. 방역이 강화되면 경제가 침체하고, 경제활동을 독려하면 감염병이 바로 확산된다. 따라서 경제활동의 개시 시점은 모두에게 관심의 대상이 되고 있다. 백신과 치료제가 개발되면 곧바로 경제활동에 돌아갈 준비가 되어 있다. 하지만, 막대한 경제적 비용과 개발 시간이 소요되어 한 국가만의 노력으로 안전한 백신이나 치료제를 개발하기에 벅찬 상황이다. 공공성이 강한 백신의 개발을 뒷받침하고 널리 보급시킬 수 있는 경제 메커니즘이 필요한 상황이다.

완전한 종식이 요원해 보이는 코로나19로 인해 개인의 삶과 가치관이 달라지고 있다. 기업에서는 근로형태나 사업구조가 변하고, 사업장 안전보건에 영향을 미치고 있다. 포스트코로나라는 용어는 코로나19를 계기로 그 이전의 세계와 그 이후의 세계가 확연히 다를 것임을 보여준다. 이러한 새로운 세계는 어떤 모습이며, 이에 어떻게 대응해야 하는지에 대한 다양한 예측과 고찰이 이루어지고 있다. 하지만 현실적으로 코로나19가 종식되는 경우는 더 이상 기대하기 어렵게 되었고, 코로나19와 함께 살아가면서 대응해야 하는 시대가 되어가고 있다.

한편 국방 못지않게 감염병 관리도 국가의 의무가 되어가고, 강력해진 국가를 경험하고 있다. 해외에서 입국하면 2주간 자가격리를 실시해야 한다. 지하철, 버스와 같은 대중교통시설을 이용하기 위해서는 마스크 착용이 필수이다. 코로나19에 확진되면 그동안의 동선을 모두 공개해야 한다. 개인의 자유가 개인 스스로와 국민 전체의 안전을 위해서 유보되고, 국가가 개인 생활을 규율하는 사회가 된 것이다. 개인의 가치와 자유가 강조되는 자유민주주의에서 어느 선에서 타협을 할 것인지, 또한 감염되면서 포기해야 하는 권리의 범위는 어느 선이고 공감대를 형성하는 방안이 무엇인지도 함께 논의되어야 할 것이다.

집필진은 산업현장과 대학교에서 다양한 안전보건의 기술문제와 정책문제를 다루어 우리나라 사업장 안전보건에 기여해왔다고 자부한다. 이러한 현장경험을 바탕으로 본 책자에서는 감염병인 코로나19의 확산 과정 속에서 국가 차원의 대응인 K-방역과 긴급재난지원금에 대해 평가해 보고자 한다. 또한 기업 차원에서 일터 안전보건관리의 혁신을 추구하는 과정을 고찰하여 경험하지 못한 새로운 질서로 바뀌어가는 포스트코로나 시대를 대비하고자 한다.

코로나19의 갑작스러운 출현으로 당황스러운 경황 중에도 기업 차원에서 어떻게 대응할지를 고민하는 과정에서 그동안 저자들이 교류해왔던 안전보건 전문가들과의 경험 공유와 생산적이고 시기적절한 논의가 본 책자를 작성하는 데 도움이 되었다. 2014년부터 매월 성균관대학교에서 진행해온 열정 안전보건 경제포럼의 참여자 모두에게 감사를 드린다.

이 책자를 본격적으로 준비하면서 도움을 받은 분들께 특별히 감사드린다. 특히 중앙대학교 백희정 교수, 고용노동부 최관병 부이사관, 한국안전경제교육연구원 김재원 국장과 김린 연구원에게 실무적으로 도움을 받았다. 또한 저자들이 속한 각 기관에서도 많은 협조를 받았다. 지면상 언급하지 못한 많은 분들께도 깊이 감사드린다.

저자 일동

목차

제3장 코로나19의 긴급재난지원금

제4장   코로나19 시대의 사업장 보건관리

제5장 코로나19 시대의 사업장 안전관리

제6장 코로나19와 4차 산업혁명 시대의 안전보건교육

맺음말: 코로나19와 함께하는 새로운 사회

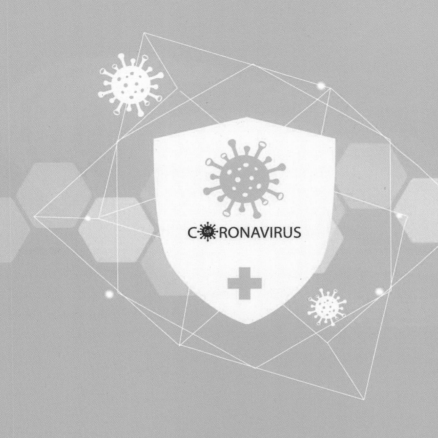

01

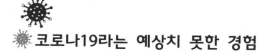

01 코로나19의 경험

코로나19의 출현과 확산

코로나19 감염은 공식적으로는 2019년 12월 31일 중국 우한에서 27건의 폐렴환자 발생이 보고되면서 시작되었다. 2020년 1월 1일 감염경로가 의심되는 우한 수산물 시장이 폐쇄되었고, 우리나라에서는 1월 3일 우한시 원인불명 폐렴 대책반이 가동되었다. 이때, 외국에서 감염 우려가 있는 질병이 발생하여 지속적으로 관심을 가지고 감염병 감시체계를 운영해야 하는 관심 단계였다.

이어서 1월 13일 태국에서 첫 확진자가 보고되면서 중국 이외에서의 감염이 시작되었다. 1월 11일 중국에서 첫 사망자가 나왔으며, 이 기간 중 몇몇 의사들이 원인불명의 폐렴의 심각성과 감염력에 대해 경고하였다. 그중 의심환자의 존재를 알린 리원량을 포함한 8인의 의사들이 유언비어 살포로 체포되었다가 풀려났다. 리원량은 환자를 진료하면서 자신도 감염되어 2월 7일 결국 사망하였다.[1]

코로나19 바이러스가 인간에게서 인간으로 전파 양상을 보이고 있다는 발표 이후 감염자가 수직적으로 증가하였다. 중국 정부는 1월 23일 우한시로 통하는 대중교통, 항공, 철도를 차단하고 우한시 출입을 금하였다.[2] 우한에서의 감염자 수가 급증하였는데 실제 감염자는 중국 정부를 통해 보고되는 숫자보다 훨씬 많을 것이라고 의심되는 상황에서 감염자를 수용할 수 있는 우한의 의료자원의 한계를 넘어가게 되었다. 증상이 있어도 병실이 부족하여 치료받지 못하고 사망하는 사례가 발생하기 시작했다.[3] 우한시는 감염자 치료를 위해 긴급하게 1~2주 만에 응급시설 1,000개 병상을 우한에 신설하였다. 실제로 중국은 2003년 사스 유행 당시 1주일 만에 1,000개의 병상을 세웠던 적이 있었다.[4]

한편 우리나라 첫 번째 감염자는 2020년 1월 20일 인천공항을 통해 우한에서 입국한 사람이었다. 1월 27일까지 4명의 감염자가 확진되면서 감염병 위기단계를 '경계'로 상향 조정하였다. 1월 15일 일본, 1월 21일 미국, 1월 24일 프랑스에서 첫 번째 감염자가 확인되었다.[5]

초반에는 각 나라에서 1~2명씩 감염자가 확인되었으나 1월 30일 세계보건기구WHO에서 국제공중보건위기를 선포하던 날은 세계적으로 총 7,736명 확진자가 확인되었다. 대부분 중국의 확진자였으나 하루가 다르게 각 대륙에서 확진자와 의심자가 증가하였다.[6]

초기부터 지금까지 코로나19 감염이 전 세계적으로 확산된 경유는 3단계로 구분할 수 있다.[7]

> 제1단계(2019.12.31.-2020.2.7.): 중국 우한 중심으로 확산, 우한 봉쇄, WHO 코로나19 공중비상사태 선언
> 제2단계(2020.2.7.-2020.3.10.): 이란, 한국, 이탈리아 중심으로 확산, 일본 다이아몬드 프린세스호 격리
> 제3단계(2020.3.11.-2020.8.): WHO 글로벌 팬데믹 선언과 급속한 미국 내 확산, 남미, 아프리카, 동남아시아 등 전 대륙에서 확산

제1단계를 지나고 제2단계가 시작되면서 한국은 확진자가 더 이상 발견되지 않아 방역에 성공한 것처럼 보였다. 그러나 31번 확진자를 기점으로 대구 지역의 신천지 교인 중심으로 감염자가 폭증하였다. 중동 지역은 이란에서 확진자가 급증하였다.[8] 감염병 확진자가 급등하는 지역이나 집단은 특정한 행태와 문화가 있다. 한국의 특정 종교집단을 중심으로 한 감염병 확산을 살펴보면 모두 좁은 공간에서 밀착하여 상당한 시간을 보내는 공통점을 가진다.

대구 신천지의 종교적 의례와 이란에서 발생한 이슬람교의 종교적 의례는 유사한 점이 많았다. 이슬람교가 종교적 의례 동안 사회적 거리를 유지하는 공

간의 면적은 신천지보다 더 넓고 쾌적하게 유지되었다.

이란의 감염자 증가세에 이어 2월 중하순에는 이탈리아에서 갑작스럽게 확진자가 증가하는 추세를 보이면서 유럽은 코로나19로 인한 혼란에 빠졌다. 2020년 3월 9일 이탈리아 정부는 전국 6,000만 국민들에게 전례 없는 전국 봉쇄령을 발동했다. 이탈리아에서 확진자가 급증하면서 중국과 마찬가지로 북부 이탈리아 지방에서 먼저 병실, 의료진 등 의료자원의 부족현상이 나타났다. 현지 상황의 심각함이 알려지면서 사재기 열풍으로 물, 휴지 등 생필품 부족 현상이 발생하고 문화시설이 폐쇄되며 베네치아 카니발 등 각종 행사가 취소되었다.9)

> 제노바 주민 이탈리아 북부 항구도시: YTN 2020-2-25
>
> "파스타 선반이 비어 있어요. 무슨 일이죠?
> 2차 대전 때에도 이런 공황 상태는 아니었습니다."

중국에서 시작된 코로나19는 초기에 병원체의 정체성을 파악하지 못하여 방역의 일관성을 보이지 못해 증가 양상을 보였다. 그러나 중국 정부가 강력한 봉쇄정책을 시행하면서 감소세로 돌아섰다. 반면 유럽은 중국에서 감염병이 시작할 때 준비할 시간이 있었음에도 불구하고 아시아에서 종료될 것으로 추측하고 심각성에 대한 정도를 축소 평가했다.

코로나19를 축소평가하고 싶어 하는 것은 정치인의 언론 대응에서도 엿볼 수 있었다. 영국 수상이 초기에 집단면역을 언급한 것과 스웨덴에서 이루어진 집단면역 실험 등으로 볼 때 보건당국과 최종 의사결정자 사이의 협의가 이루어지지 않았음을 엿볼 수 있으며, 사망자가 급증하기까지 안이하게 판단했다.

유럽에서 확산세를 보이고 난 다음에 미국에서 확진자가 급증하기 시작하였다. 2020년 3월 11일 WHO의 글로벌 팬데믹 선언 후 3월 12일 미국의 트럼프 대통령은 유럽발 미국 여행 금지 조치령을 발표하고, 3월 13일 '국가비상사태'를 선포하는 긴급 기자회견을 열었다. 3월 21일 코로나19 확산을 늦추기 위해 캘리포니아, 뉴욕, 코네티컷, 일리노이 주에서 개별 주 차원에서 자가격리 명령을 발동하였다. 3월 29일 미국의 코로나19 바이러스에 의한 사망자 수는 중국

의료진이 코로나19 환자를 '선택'해야 하는 이탈리아의 비극: ○○ TV 2 2020-3-31

베르가모 지역 신문은 '부고 기사'로 채워졌다

을 추월하면서 세계 최다를 기록하게 되었다.

이후 브라질 등 남미 및 아프리카에서 확진자 수가 증가하였으나 중국은 봉쇄를 해제할 수 있는 수준이 되어 8월 12일 기준으로 중국과 한국을 포함한 아시아 지역이 가장 안정적이 되었다.

일일 신규 확진환자 수

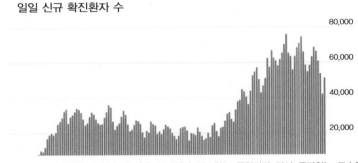

미국의 확진자 현황(~2020.08.04.)은 증가세가 감소하는 듯하다가 다시 증가하는 모습을 보이고 있다.

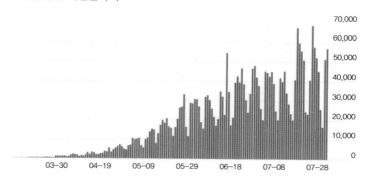

일일 신규 확진환자 수

브라질의 확진자 현황(~2020.08.04.)은 증가세가 지속적으로 증가하고 있어 코로나19가 통제되지 않음을 보이고 있다.

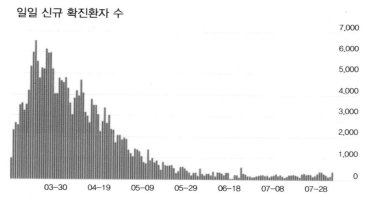

일일 신규 확진환자 수

3월에 혼란을 겪었던 이탈리아의 확진자 현황(~2020.08.04.)은 증가세가 감소하여 일정한 확진자 수를 보이고 있다.

코로나 확산으로 인한 경제적 손실은 선진국에 집중되고 특히 유럽의 충격이 컸다. 코로나 증가가 진정세를 보이고 있는 나라는 방역조치의 효과로 잠깐 증가를 멈추고 있는 것뿐이다. 기본적인 방역조치를 강력하게 시행하고 국민들이 준수하면 감소하고 진정세를 보인다. 반대로 방역조치를 준수하지 않으면 확진자와 사망자가 증가한다. 국가의 방역조치가 일관성이 없어도 효과가 없기는 마찬가지다.

코로나19가 확산되면서 국경이 봉쇄되고 여행과 무역이 제한되었다. 각국 정부들이 국민들에게 마스크를 쓰도록 하고 사회적 격리 조치를 강제하면서 소비 경제활동은 위축되고, 기업은 생산활동을 중단하고 재택근무를 하며, 학교 수업은 원격으로 이루어진다. 기본적인 생산과 소비활동이 급감하면서 전 세계적으로 2차 세계대전 이후 최악의 성장률을 기록하게 될 것이다.

감염병은 보건의 영역을 넘어서 사회공동체의 운명을 변화시켰다. 코로나19 감염자 발견과 추적 시스템이 체계적으로 갖추어지면서 신속한 감염병 감시체계가 만들어졌다. 동시에 직장과 공공장소가 위생적이고 안전한 환경으로 유지되고 있다. 또한, 마스크 쓰기와 사회적 거리두기라는 기본적인 방역활동은 백신이 없는 상황에서 가장 효과적인 방법임이 입증되었다.

프랑스 등 여러 국가에서는 마스크 사용을 거부하다가 결국 한시적으로 착용하는 것으로 바꾸었다. 다양한 지역에서 다양한 계층이 마스크를 거부하다가 코로나에 감염되거나 마스크를 착용할 수밖에 없게 된 것이다.

우리나라의 방역체제는 코로나19의 대응과정에서 모범으로 인정되고, 대응지침에 동참한 성숙한 국민의식을 높게 평가할 수 있다. 하지만 경제활동 위축에 따라 고통 받는 계층이 늘어나고, 전 국민의 소득에 영향을 주는 상황에 이르고 있다. 치료제와 백신이 빠른 시간 내에 개발되기를 원하지만 안전성에 보다 중점을 두어야 한다.

사회적 거리두기

코로나19는 세계화의 저주라고 불리며 지역사회와 국가 간 교류를 통해서 빠르게 확산되었다. 우리나라에서는 2020년 1월 20일 첫 확진자가 나온 이래 코로나19로 인한 국민들의 고통이 상당하다.

질병을 효과적으로 다루기 위해서는 예방, 진단, 치료를 효율적으로 관리해야 한다. 진단개발업체는 코로나19의 조기 진단을 가능하게 하였고 더 빠른 진단 방법을 개발하고 있다. 제약회사는 치료제 개발에 주력하고 있다. 예방방법에 가장 효과적인 것이 백신 투여인데 여러 나라가 백신 개발에 참여하고, 예상보다 빠른 속도로 성과를 내고 있다.

가장 효과적인 방법이 없는 상황에서 감염병 관리는 어떤 방법으로 해야 할까? 가장 기본적인 방법에서 시작해야 한다. 예방백신과 치료제가 아직 개발되지 않은 상태에서 개인위생과 환경관리가 확산을 방지하기 위한 가장 효과적인 방법이다. 호흡기 질환 예방방법으로 마스크 쓰기와 사회적 거리두기라는 물리적인 방법이 동원되고 있다.

출처: 중앙재난안전대책본부·중앙방역대책본부, 개인방역 5대 핵심수칙(2020)

전염 확산을 막기 위하여 차선책으로 선택한 수단인 비약물적인 사회적 거리두기는 방역을 위한 강력한 방안으로 시행되고 있다. 현실적으로 어려움을 호소하는 경제활동 주체들에게 요청되는 최소한의 요구사항이기도 하다. 하지만 일단 재개한 경제활동의 영역에서 불행히도 재확산이 일어난다고 하여도 경기 악화에 대한 우려로 이미 완화된 생활 속 거리두기를 다시 강력한 사회적 거리두기로 돌리기도 쉽지 않다. 물론 집단감염 발생이 지속되면 방역활동을 최우선하게 된다.

사회적 거리두기 정책은 집단감염 방지와 예방의 일환으로 코로나 고위험 시설을 한시적으로 폐쇄하거나 대규모 모임 자제를 권고하였다. 이에 대한 일부 종교단체의 반발로 마찰을 빚기도 하고, 소모임의 폐쇄로 긴장감이 생기기도 하였다.

국가적으로 사회적 거리두기를 강력하게 실시했다가 단계적으로 완화해오고 있다. 엄격한 사회적 거리두기는 경제활동에 심각한 저해를 불러와 많은 사람의 생계를 위협하기도 한다. 따라서 경제활동을 하면서 효과적인 방역을 추진한다는 것이 현재로서는 어려운 정책 결정이며 균형을 이루는 시점을 찾기 위해 수리적인 모형에 의존하고 있다.

강력한 사회적 거리두기는 전염병의 확산을 막지만 경제활동을 억제하여 경제적인 어려움을 야기한다. 특정 국가나 특정 분야에 국한되지 않고, 개인과 기업의 모든 활동에 영향을 미치고 있다. 코로나 이전으로 돌아갈 수 있기를 바라며 방역활동을 진행하지만, 정작 코로나19 이후의 시대는 어떠한 모습일지에 대해서는 알지 못한다. 물질적인 피해도 심하지만 장기화 속에서 정신적인 피해도 급속히 증가하고 있다. 시간이 지날수록 코로나 이전 시대로 돌아가는 것은 불가능하다는 인식이 확산되고, 코로나19로부터 벗어난 포스트코로나 시대도 언제 올지 불분명해지고 있다. 코로나와 더불어 살아가야 하는 시기가 길어질 것이라는 우울한 사실이 현실화되고, 포스트코로나 시대는 결국 코로나19를 비롯한 유사 감염병들과 항시적으로 싸워야하는 시기를 의미하는 것으로 이해되기 시작하였다.

국민들은 전염병 확산에 불안해져서 더 강력한 방역조치와 강력한 정부를 원하지만 이러한 조치에 부수되는 경기침체와 일자리 감소에 대해서도 우려할 수밖에 없는 상황이다. 방역을 위해 인적, 물적 이동이 제한되고 학교와 직장이 폐쇄되어 재택근무로 전환하고, 공공행사와 대규모 행사가 취소되었다. 치료제와 백신이 없는 상황에서 누구나 바이러스를 타인에게 전염시키고 타인으로부터 전염될 수 있기 때문에, 방역에 대한 공감대는 자발적으로 형성되었다. 모르는 사이 내가 타인에게 감염시킬 위험성을 걱정하고 자신과 가족의 건강을 염려해야 한다.

한편 젊은 세대와 기성세대는 위험에 대한 인식에 차이가 있다. 같은 위험이라도 심리적인 인식이 다르다. 코로나19에 똑같이 노출되어도 만성질환이 있거나 연령이 높을수록 치명률이 높다. 코로나19 위험도가 모든 사람에게 동일한 것이 아니다. 연령이 높은 계층은 감염으로 인해 치명적 위험성이 높아지다 보니 사람들과 접촉하는 기회를 스스로 제한하고 있었다. 2020년 5월 연휴 전후에 젊은이들은 대학가나 번화가에서 모임을 가졌다. 코로나19의 감염 위험성에도 불구하고 불야성을 이루기도 하였다. 이태원에서 젊은이들의 집단감염이 있었다. 자연히 젊은이들의 감염도 높았다. 이태원 집단감염으로 젊은이들도 감염된다는 인식이 높아졌다. 감염가능성에 대한 경각심이 연령대와 무관하게 높아지게 된 것이다.

이제 마스크 착용은 일상이 되었다. 감염자가 급증하면서 누구나 마스크를 사용하게 되었다. 자연히 마스크 수요가 급증하면서 공급이 부족하게 되었다. 정부는 마스크를 공적물품으로 다루게 되었다. 매일 누구나 사용할 수 있고 사재기로 인한 피해를 감소시키고자 확산 초기에 정부는 5일 배분 방식을 채택하였다. 사회적 거리두기를 실시하는 것은 많은 사람들이 모이는 행사와 외출을 자제하고 재택근무를 확대하는 것이다. 또한 모임을 가질 때 거리를 유지하여 감염 위험성을 낮추고자 하는 것이다. 마스크는 사람과 사람 간 2m 사회적 거리 유지가 어려운 경우 사용하는 차단 방법이다. 하지만 익숙하지 않은 마스크 착용에 따르는 불편함이 장기화되면서 마스크 착용은 스트레스로 다가오게 되었다.

2020년 5월 26일부터 코로나19의 확산을 방지하기 위해 버스와 지하철 등 대중교통시설에서 마스크 착용이 의무화되었다. 마스크 착용 의무화는 백신이 없는 상황에서 매우 기초적이면서도 효과적인 확산방지 대책이다. 하지만 대중교통 마스크 의무 착용과 관련해서 생활의 불편함을 호소하면서 지속적인 다툼이 일어나고 폭언과 폭행사고가 발생했다. 방역당국은 마스크를 착용하지 않은 승객을 휴대폰으로 다른 승객들이 감시해서 직접 신고할 수 있는 시스템을 갖추기도 했다. 5월 26일부터 7월 21일까지의 의무화 시행 2달간 서울시에서만 마스크 미착용 신고민원이 16,331건, 운전기사나 승객 간 다툼이 162건이 발생하였다. 마스크 착용은 실내 다중이용시설이나 안전거리 유지가 어려운 실외에서 필수적이다. 감염 예방과 확산 방지에 대한 인식으로 마스크 착용의 불편함을 감내하고 착용 의무화에 대한 인식이 공유된다. 하지만 부작용인 사회적, 심리적 갈등 비용과 피로도의 증가가 뒤따를 수 있다.

방역 당국에 대한 신뢰를 통해 공익을 우선하게 된다. 자가격리나 개인방역의 지침의무를 위반하는 것을 사회적으로 용납하지 않는다. 또한 거짓된 정보의 제공이나 은폐에 동의하지 않는다. 간혹 외국인, 사회적 소수자에 대한 신뢰가 낮아지고 코로나19 관련한 차별이나 혐오가 발생하기도 한다. 확진자 발생 정보를 전달하는 과정에서 환자의 개인정보가 과도하게 노출되거나 특정 지역에 선의의 피해가 발생하였다.

코로나19 확산에 따른 사업장의 방역활동

코로나19로 세계 경제는 예측하기 어려운 침체를 겪고 있다. 특히, 글로벌 경제에 의존도가 높은 우리 경제는 수출과 내수의 양대 축이 동시에 위축되어 마이너스 성장률이 예상되고, 취업자 수도 4개월 연속 감소하고 일자리 사정도 그리 좋지 않다. 중소기업과 소상공인들은 생존을 걱정하고, 비정규직·하청업체·특수형태근로종사자·장애인 등 취약계층은 어려움이 가중되고 있다.

정부는 코로나19 위기 극복을 위해 전례 없는 지원을 하고 있으나, 기업과 일자리의 어려움은 계속되고 있다. 기업이 위기에 견딜 수 있도록 지원하고, 하나의 일자리라도 더 지키는 것이 가장 중요한 과제가 되었다.[10] 이렇게 대외적으로 어려운 여건 속에서 기업은 생존을 위한 몸부림을 치고 있는 것이다.

이렇게 경제지표가 좋지 않은 상황에서 기업 내에 감염자가 발생하면 회사는 조치가 완료될 때까지 폐쇄되고, 직원은 자가격리되며, 모든 생산활동은 중지될 수밖에 없다. 따라서 사업장의 방역을 담당하는 안전보건 관계자는 코로나 확진자가 발생하지 않도록 방역에 최선을 다해야 한다. 만약 확진자가 발생하면 기업에 미치는 손실도 막대하고 안전보건업무 관계자의 업무적인 부담도 크기 때문이다. 최근에 발생한 ○○부천물류센터와 이천 ○○덕평물류센터의 사례를 참고하면 좋은 이정표가 될 것이다.

같은 회사의 물류센터임에도 코로나19 확진자 발생 시 상황이 대조를 이룬다. ○○부천물류센터는 1명의 감염자로 150여 명의 추가 확진자가 발생한 반면, ○○덕평물류센터는 200여 명의 접촉자가 있었음에도 불구하고 추가 확진자가 발생하지 않았다.

이천 ○○덕평물류센터는 근무환경을 개선하고 방역담당자를 지정하였으며 방역수칙 준수 등이 충실히 이루어졌다. 방역담당자는 전체 근로자를 대상으로 근무 전 발열증상을 확인하고, 마스크 착용, 2인 좌석당 1명 착석, 탑승객 명단관리 등을 준수했다.

식당은 테이블마다 간이 칸막이를 설치하고, 이용 인원을 제한하면서 지그재그 방식으로 앉도록 하고, 전자출입명부를 만들어서 구내식당 이용자의 이력을 관리했다. 휴게공간에는 휴식 시 직원 간 접촉을 최소화하고 1인용 의자의 간격을 유지하고 배치하였다.

증상이 발생한 직원은 귀가 조치했으며, 이외 다중이용 실내 체육시설의 경우에도 소독, 수질관리가 충실히 이루어졌고 입·퇴장 시 마스크를 착용토록 하였다.

확진자가 많이 발생했던 사례들을 보면 마스크 착용과 환기, 소독, 거리두기 등 일상 내 기본방역수칙을 제대로 지키지 않을 경우에 피해가 컸다. 방역수칙을 제대로 지킨다면 방역에 취약한 물류센터와 같은 시설에서도 감염 확산을 방지할 수 있다는 것을 사례로 보여주고 있다.

정부는 코로나19 감염병 예방차원에서 2020년 4월 23일 사업장의 코로나19 예방을 위한 「코로나19 예방 및 생활방역 이행을 위한 사회적 거리두기 지침」을 제정하고 각 사업장에 안전보건관리 방침으로 시달하였다.[11]

주요 내용을 보면 재택근무와 시차출퇴근제 활용 등 유연근무제를 권장하였다.

회의는 가급적 영상회의로 실시하고, 불가피하게 대면회의를 할 경우 일정 간격을 유지하고 마스크를 착용한다.

국내·외 출장은 최소한으로 실시하고, 대중교통으로 이동 시 마스크를 착용한다. 국외 출장 등으로 외국에서 입국한 자는 국내 입국 후 14일째 되는 날까지 타인과 접촉하거나 외부활동을 자제한다.

출처: 고용노동부

업무상 워크숍, 교육, 연수 등은 가능한 한 온라인 또는 영상으로 실시한다. 특히 안전보건교육을 매월 실시해야 하는 경우, 온라인 또는 영상으로 안전보건교육을 실시할 것을 권장하고 어려운 경우는 소규모 단위로 실시한다. 안전보건교육 실시 전 발열37.5℃ 이상 여부 확인, 마스크 착용, 손소독제 비치 및 참석자 간 충분한 거리를 두고 실시하며, 유증상자는 워크숍, 교육, 연수 등 참석을 금지한다.

사업장을 방문한 외부인이 있다면 사무실 외에 간이 회의실 등을 활용하여 응대한다. 출·퇴근 시 비접촉식 체온계 또는 열화상카메라 등을 활용하여 발열 여부를 확인1일 2회 이상하고 근무 중 증상이 나타나면 즉시 퇴근하도록 조치한다.

근로자의 간격을 최소한 1m 이상 유지하고, 좁은 공간에 근로자들이 밀집해 있는 사업장콜센터 등은 근로자 간 투명 칸막이 또는 가림막을 설치한다. 구내식당은 마주보지 않도록 식탁을 배치하고 개인 간 거리 유지, 점심시간 몰림을 완화하기 위해 점심시간은 시차를 두고 운영한다.

실내 휴게실, 탈의실, 다기능 활동 공간 등을 여러 명이 함께 이용하지 말고 이용 시 가급적 마스크를 착용한다. 사무실, 작업장, 다기능 활동 공간은 주기적으로 소독한다. 매일 2회 이상 환기를 실시하고, 사무기기, 사무용품 등은 소독·청결을 유지한다. 개인용 컵·식기·티스푼 사용 시 개인 위생관리를 철저히 하고, 악수 등 신체접촉을 금지하고, 다수가 밀집된 사무·작업공간에서는 마스크를 착용하고, 손소독제를 사업장 곳곳에 비치한다.

코로나19 예방을 위한 정부의 방침을 기업이 준수하기에는 재정과 인프라, 시스템에 많은 현실적인 제약조건이 있다. 하지만 기업의 안전보건관리는 코로나19 상황에서도 산업재해 예방을 위해 실정에 맞는 방역시스템을 구축하고 경영주와 근로자가 함께 코로나19를 극복해야 한다.

국내 ○○자동차 회사의 코로나19 방역 사례

코로나19 장기화에 대비하여 비상대책회의를 주축으로 현장관리 TFT를 구성해 주요 예방활동에 따른 의사결정 및 즉각적인 실행을 통해 코로나19 대응방안을 전개했다. 위기관리 측면에서는 비상 시나리오를 준비해 체계적으로 대응하고 무엇보다 임직원들의 자발적인 동참이 중요하기에 노사가 합심해 임시 산업안전보건위원회를 열어 전 임직원이 "함께 극복"이라는 슬로건하에 코로나19 대응활동에 적극 동참하였다.

02 K-방역의 우수 사례

우리의 방역은 과연 성공한 것일까?

K-방역이 한때 정답인 것처럼 여겨졌는데 정말 K-방역이 모범적인 방역인지를 확인해 보는 것이 필요하다. 2003년 사스SARS 유행 당시 아시아에서 감염자가 극성을 부릴 때 우리나라는 4건의 확진자가 있었다. 더 이상 발생하지 않아 성공적인 방역으로 평가하였다.[12] 그러나 일부의 전문가는 사스나 신종인플루엔자 관리가 성공적으로 방역하였다기보다는 운이 좋았다고 평가한다. 최악의 시나리오를 가정할 때 그 당시의 방역전략 정도로는 성공하기 어려웠을 것이다.

신종 감염병은 우리의 예상을 넘을 수 있다. 따라서 강박적으로 평가해야 다음 예상을 뛰어넘는 감염병에 대한 대비를 할 수 있다는 교훈으로 볼 수 있다.

『○○일보(2020. 06. 13.), "세계 곳곳 코로나 종식 선언 … 韓 '뼈아픈 실수' 도드라졌다"』[13]
뉴질랜드와 슬로베니아가 8일간 확진자가 없으면서 15일 종식 선언을 할 예정.
베트남과 대만도 50일 이상 확진자가 없으며 라오스 역시 확진자가 59일간 없어 종식 선언함.
"뉴질랜드 · 대만처럼 … 거리두기와 입국 제한을"
뉴질랜드는 '세계에서 가장 강력한 봉쇄조치'를 시행한 나라.

강력한 봉쇄정책으로 확진자들이 꾸준히 감소하여 감염자 제로수준을 오랫동안 유지하고 있는 나라들이 있다. 뉴질랜드는 경찰관, 소방관 등 필수 인력을 제외하고 집에 머물도록 하였다. 대만은 초기에 외국인 입국제한 조치를 하였다. 경제활동 재개보다는 좀 더 강력한 고강도의 사회적 거리두기 정책으로 확진자를 더 안전한 수준으로 낮추는 것을 제안하고 있으며 동시에 종결 선언한 국가는 섣부른 선언임을 전문가들의 입을 빌려서 보도하고 있다.

또 다른 성공적 방역을 수행한 국가는 베트남이다. 초기에 입국자를 14일간 격리하고 도시 간 이동을 금지시켰다. 진단능력이 확보되면서 공격적으로 진단검사를 수행하여 어느 나라보다도 확진자 1명당 검사건수가 높았다. 베트남은 확진자 수를 성공적으로 감소시켜 생활방역으로 전환하면서 사회적 거리두기를 유지할 것을 강조하였다.

라오스 역시 성공적 방역국가로 고강도 거리두기를 시행하고 강력한 봉쇄정책으로 감염자가 제로수준을 유지하고 있다. 이런 나라들이 일정기간 새로운 감염자가 확인되지 않았다 하더라도 현 시점에서 코로나19 종식을 하는 것은 너무 성급한 선언으로 판단된다.

현재 감염자가 나오지 않는 나라들은 모두 강력한 봉쇄정책을 실시하고 있고 봉쇄정책을 어기는 경우 강력한 법적 제재가 가해지는 나라다.[14] 초기부터 격리조치를 어긴다거나 진술 내용이 사실과 다를 때 혹은 국가에서 규정하는 내용을 어길 때에는 어김없이 제재와 그에 상응하는 처벌을 내렸다. 우리나라는 초기에 종교단체나 각종 집단감염에서 역학조사에 혼란을 주고 격리지침에 따르지 않는 경우 법적 규제나 처벌을 하지 않았다.

라오스는 현재 2020년 7월 23일 기준으로 확진자 제로수준을 상당 기간 유지하고 있다. 감염자를 줄이기 위해서는 접촉을 줄이는 단순한 작업이 가장 효과적이다. 접촉빈도가 높은 곳은 반드시 감염자가 발생하고 있다. 홍콩이나 싱가포르는 밀집도가 높은 도시국가 형태여서 감염병에 취약하다. 코로나19 상황도 새로 확인되는 감염자가 적어서 일시적으로 방역에 성공한 듯 보였던 시기가 있다. 생활방역으로 방역수준을 완화하자 다시 감염자가 폭증하였다. 새로운 확진자 발견의 증가와 감소를 반복하고 있다.

생활도 하고 경제활동도 하면서 방역도 효과적으로 유지하는 적정수준을 찾는 것이 쉽지 않다. 우리나라는 초기부터 강력한 봉쇄정책을 시행하기보다는 사회적 거리두기 3단계 지침을 정해서 감염자가 어느 정도 발생하는지에 따라 강화와 완화를 결정하고 있다. 방역역량과 지역사회 전파 정도를 가늠해서 결정하는 것이다. 우리나라의 감염자수가 꾸준히 발생하여 방역을 효과적으로 하지 못하면 성공한 사례로 보도되고 있는 나라들은 강력한 봉쇄정책을 계속 취해야 한다. 우리나라가 이런 강력한 정책을 인내하면서 시행할 수 있을지는 미지수다.

라오스의 코로나19 국가적 방역조치	모니터링 상태					
	처음 시행한 날	마지막 조정	시행		부분 해제	해제
			국가적 혹은 지역적	권고 혹은 요구	몇몇 지역 해제	모든 지역 해제
마스크, 손위생, 기침예절	2월 3일	안함(지속)	국가적	권고	X	X
학교 봉쇄	3월 17일	6월 2일	국가적	권고	–	○
직장 봉쇄	3월 29일	5월 28일	국가적	요구	–	○
마스크 모임	3월 2일	6월 1일	국가적	권고	○	○
집에 머무르기	4월 1일	5월 3일	국가적	요구	–	○
국내 이동 제한	4월 1일	5월 15일	국가적	요구	–	○
국제 이동 제한	3월 29일	안함	국가적	요구	X	X

일부 언론에서는 우리나라가 방역에 실패한 것으로 보도된다. 코로나19에 대한 우리나라 방역에 대한 평가는 여러 가지 측면을 복합적으로 고려할 필요가 있다.

영국 캠브리지 대학에서 OECD 33개국의 코로나19 방역을 평가하였다. 한국은 지역봉쇄 없이 경제활동을 유지하고 있어, 한국의 방역이 가장 효율적인 것으로 평가되었다. 6월 13일 신문에서 슬로베니아가 잘되고 있는 방역으로 보도한 바와는 달리 영국의 캠브리지 대학 보고에서는 세계 7위를 기록하고 있다. 일부 언론에서 한국이 슬로베니아보다 못한 실패한 방역으로 보도한 바와는 달리 다양한 측면을 평가한 결과 1위를 기록하고 있다. 방역을 단순 감염자 숫자로만 평가하는 것이 아니고 치사율, 재생산지수, 경제와 병행하는 통제효율성을 함께 감안하고 있다.

OECD 국가별 코로나19 방역평가 지수

순위	나라	종합지수	치사율	재생산지수	통제효율성
1	한국	0.90	5.00	0.76	0.63
2	라트비아	0.78	9.34	0.95	0.29
3	호주	0.76	3.88	1.06	0.27
4	리투아니아	0.75	17.85	0.90	0.15
5	에스토니아	0.75	46.14	0.94	0.21
6	일본	0.73	5.08	1.25	0.29
7	슬로베니아	0.72	49.18	0.83	0.07
8	슬로바키아	0.72	4.77	0.96	0.07
9	뉴질랜드	0.71	4.34	0.80	−0.03
10	노르웨이	0.71	42.17	1.13	0.18
11	그리스	0.71	14.07	0.99	0.07
12	덴마크	0.70	92.00	1.11	0.19
13	체코 공화국	0.70	26.53	1.11	0.11
14	핀란드	0.69	49.13	1.18	0.12
15	헝가리	0.68	43.48	1.14	0.06

출처: ○○뉴스(2020-08-05), 보건의료

K-방역의 성공적인 사례

우리나라는 2003년 사스, 2009년 신종 인플루엔자, 2015년 메르스를 경험하면서 조금씩 제도를 보완할 기회를 가졌다.

2003년 사스를 경험하고 나서 질병관리본부가 생기고 역학조사관과 지방자치단체의 감염병 담당자에 대한 연간 교육프로그램이 생겼다. 2009년 신종 인플루엔자를 경험하고 나서 보완해야 할 사항이 여러 가지 있었다. 항바이러스제제 보유, 진단기술 개발, 의료기관에 진단키트와 기술 보급, 각 의료기관과 지역에서 진단검사역량 강화, 의사소통 일원화, 언론대응 능력 등에 대한 보완이었다.

2015년 메르스는 첫 번째 환자를 확진하기까지 시간이 걸리고 환자가 병원을 옮겨 다니면서 상응하는 조치가 취해 지지 않아서 병원감염이 확산되었다. 메르스는 중동에 국한해서 유행하는 호흡기 질환인데, 한국에서 단기간에 폭발적으로 유행하였다. 사스와 신종 인플루엔자 방역 이후 관계자들이 포상을 받은 반면 메르스 방역 이후 관계자들은 징계를 받았다. 관련 부처 간의 의사소통이 되지 않아 행정의 일관성이 떨어지고 서로에게 비난

출처: ○○일보(2020-04-27), 김홍기의 기호만평

을 전가하기 바빴다. 메르스는 SNS 전쟁이었다고 할 정도로 유행 초기에 정확한 정보전달이 부족하였다.

　메르스가 종료되고 보건복지부, 병원, 지자체 등에서 백서를 만들어 문제점을 분석했다. 보건복지부와 질병관리본부는 감염병 감시체계를 수정하였다. 역학조사관이 부족하여 충원하고 교육기간도 늘렸다. 병원 감염이 심각했기 때문에 의료기관 감염 관리를 강화하였다. 감염병 감시체계 보완을 위해 감염병 관리의 법적 체계를 바꾸고 개정된 법에 따라 감염병을 관리하게 되었다. 2015년 메르스 유행 당시에는 메르스가 해외유입 감염병으로 분류되었다. 대상자나 접촉자 격리시킬 때 격리로 인해 경제적 영향을 받는 부분에 대한 지원에 대하여 법적 근거가 없어서 감염자가 겪는 경제적 어려움을 해결하기 어려웠다.

　2015년 메르스 이후 감염병 감시체계를 수정 및 보완할 필요가 있다는 의견에 따라 감염병 관리법을 개정하였다.[15] 개정된 법에서는 집단발생 위험이 크고 치명률이 높으며 음압격리가 필요한 감염병을 가장 위험도가 높은 1급 감염병으로 지정했다. 코로나19는 법 개정 후 첫 번째로 개정된 법률에 따른 1급 해외 유입 신종 감염병이 되었다.

　한국의 방역모델은 3T로 알려졌다. 추적Trace, 진단Test, 치료Treatment의 3T이다.

　첫 번째, 추적Trace은 역학조사에 따라 접촉자를 찾아내고 경로를 추적하는 것이다. 초기에는 상당히 많은 수의 역학조사 인력이 필요하다. 초기에 필요한 인력을 확충하였다. 신규 채용된 역학조사관들은 인터넷으로 전문교육을 받았다.

이들은 짧은 시간에 훈련을 마치고 역학조사에 임하였다.

신천지와 관련된 대구 지역의 환자 증가가 줄어들고 일정 기간 동안 감염자가 50명 이하로 안정세를 보임에 따라 생활방역으로 전환하자마자 이태원 집단감염, 다중이용시설의 집단감염이 발생했다. 집단감염의 역학조사를 실시할 때 집단 관련 노출을 꺼리게 되고 많은 사람들이 모여 있는 상황에서 거짓진술을 하거나 신고하지 않는 경우가 발생하게 되면 추적 및 역학조사에서 중요한 접촉자에서 제외되게 된다. 중요한 접촉자를 놓치게 되는 경우 어디에서 노출되어 감염되었는지를 파악할 수 없는 감염자가 생길 우려가 있다.

이런 점을 보완하기 위하여 신용카드, 휴대전화 정보를 이용하여 이태원 방문자를 추적하게 되었다. 주요 지역의 CCTV를 확보하고 수집된 모든 데이터를 분석하여 역학조사에 활용하였다. 정보처리 과정의 시간 제약성을 극복하고자 국토교통부, 법무부, 경찰청, 과학기술정보통신부, 질병관리본부가 역학조사 지원체계를 합동으로 구성하였다.

전 세계에서 역학조사에 빅데이터를 활용한 우리나라의 역학조사방법에 관심을 보였다. 개인정보 노출 우려와 사생활 침해라는 비판도 있었다. 그러나 비판한 국가들에서 확진자가 급속도로 증가하면서 우리나라보다 더 개인의 이동 권리를 제한하고 사생활을 제한할 수밖에 없는 상황이 되었다. 이들은 오히려 우리나라의 역학조사 지원체계방법에 대한 교육을 받기를 원하였다.

두 번째로 K-방역에서 주목받는 것은 검진Test을 통한 감염자 조기 발견이다. 코로나19 발생 초기에는 진단검사 결과가 나오는 데 2일이 소요되었으나 6시간 만에 결과가 나오는 진단검사 방법이 개발되었다. 진단시약 개발회사 씨젠은 중국에서 감염병에 대해 발표할 때 진단에 긴 시간이 소요되는 것이 문제

출처: ○○일보(2020-02-07), 드라이브 스루

출처: ○○경제(2020-04-06), 워크 스루

라고 판단하고 진단시간을 줄이기 위한 작업을 시작하였다. 중국에서 병원체 정보를 받고 일찍부터 작업을 시작한 것과 질병관리본부가 민간기관과 초기부터 협력하여 보완하였다는 것이 높이 평가할 부분이다.

코로나바이러스 유전자 특성을 파악해서 진단하는 데도 빅데이터와 정보통신 기술을 이용하여 빠르고 정확한 진단을 하는 방법을 개발하여 전 세계를 놀라게 했다. 코로나19로 전 경제 분야가 타격을 입고 있으나 진단기술 개발회사는 세계에서 밀려오는 주문을 소화하기 어려워 상반기 신규 채용규모를 5배 늘리고 임시직까지 채용하는 등 코로나19로 성수기이다. 진단기술의 개발은 한국 바이오산업의 수준을 보여주고 있으며 더 나아가 치료제와 백신 개발에도 외국 제약회사와 공조를 진행하고 있다.

또한 우리나라는 진단과 역학조사 시 접촉을 피하면서 목적을 달성하는 방법으로 드라이브 스루drive thru를 고안하여 이용하였는데 이후 이 방법은 전 세계가 공통적으로 사용하게 되었다. 2020년 3월 13일 국가비상사태를 선포한 바 있는 미국은 드라이브 스루 방식의 검진법을 도입했다. 영국과 독일에서도 드라이브 스루 선별진료소 운영을 시작했다. 또한 워크 스루도보 이동형, walk thru 선별진료소도 국내에서 처음 시행되었고, 관련 제품의 수출이 이어졌다.

세 번째, 대구 신천지 집단감염으로 2월 29일 이후 하루 900명 이상 확진자가 발생한 때가 있었다. 감염자가 증가하면서 격리시설과 치료시설, 의료 인력이 부족했다. 시설을 효율적으로 사용하기 위해서 감염자의 중증도를 분류하여 생활치료시설을 마련했다. 경증이면서 격리가 필요하고 지속적 관찰이 필요한 감염자는 생활치료시설을 이용하고, 중증대상자는 공공의료시설을 이용하게 하였다. 대구에서 중증환자가 증가하면서 대구뿐만 아니라 다른 지역 의료기관과 시설에 환자를 분산 배치하였다. 전국의 시설을 원활하게 이용한 것도 단기간에 의료자원이 부족하여 발생하는 혼란과 의료자원 경색 사태를 막을 수 있었다. 중국, 이탈리아, 미국 등에서는 감염자가 급등한 기간에 모두 의료자원의 부족으로 인한 혼란이 있었다.

K-방역이 성공한 데에는 100% 휴대폰 보급률과 신용카드, 전자 전산망을 통한 잠재 감염자의 선별로 감염확산을 저지한 점, 사회적 거리두기의 지속적 교육 및 행정지도를 시행하며 도시를 봉쇄하지 않고도 코로나19를 관리한 점이

작용하였다. 이러한 성공 요인은 검진장비와 기술 발달, ICT 기술의 보편화, 전자정부 구축과 더불어 전자정부 시스템이 융합된 역학조사로 환자, 접촉자 선별이 정확하고 신속하게 이루어졌기 때문이다. 역학조사에는 여러 부처의 협조가 잘 이루어졌으며 진단기술 개발에는 민관의 협조가 성공적이었다.

그러나 8월 10일 이후로 다시 증가하는 확진자 양상은 K-방역을 다시 시험대로 올려놓고 있다. 방역의 성공은 감염자 수 감소와 동시에 경제적 피해를 최소화하기 위함을 목적으로 하고 있다. 현재는 모두가 함께 생존하기 위한 공동체 의식이 가장 K-방역 성공의 조건이 되고 있다.

03 방역활동의 딜레마

코로나19로 인한 경제활동의 심각한 위축

코로나19가 진행되면서 각 국가들은 국민들을 사회적으로 격리시키고 공장 가동을 중단하고 국경을 봉쇄하였다. 이러한 사회활동과 경제활동의 중단은 경제의 심각한 위축으로 나타나게 된다. 수년간 보지 못한 국가 경제의 침체와 세계 경제의 위축이 온 것이다.

코로나19가 불러온 감염병 충격은 대내외 환경의 불확실성을 확대하여 노동수요의 감소와 노동공급의 감소를 가져와 노동시장에 영향을 미치게 된다. 재화시장에서는 재화와 서비스의 생산량이 감소하고 비용이 증가하며, 소비수요

> **코로나19의 국경 봉쇄와 아프리카 유목민**
>
> 아프리카의 사하라 사막과 적도 초원지대에서는 유목민 1천만 명이 국경을 넘나들며 가축을 키우고 있다. 하지만 코로나19로 인해 국경이 봉쇄되면서 목초지 이동이 어렵게 되었다. 가뭄과 이슬람 과격단체의 테러마저 더해져, 지난 7,000여 년의 생계 터전을 잃게 된 것이다. 또한, 유목민이 유랑하는 대신 고정된 초원 지역에서 정착하여 목축업을 진행하게 되면 환경 파괴의 가능성이 훨씬 높아진다.

와 투자도 줄어들게 된다. 실물시장에 대한 영향을 넘어서, 금융시장에서는 리스크 프리미엄이 대폭 증가하게 되어 현금을 보유하는 경향이 늘어나서 현금성 자산이 증가하고, 경제전반에 대한 동시다발적인 충격으로 나타나게 된다. 또한, 세계화로 글로벌 공급망이 형성되고 실물과 금융 간의 연계성이 강화된 상태에서 코로나19의 충격은 탈세계화와 비대면화로 증폭된다.

긴급재난지원금을 통한 경기부양이 이루어지면서 소비가 한시적으로 늘어난다. 일정하게 월급을 받는 직장인에 비해 자영업자는 코로나19로 인한 경기 상황에 보다 민감하다. 코로나19로 자영업자와 봉급생활자의 생활수준이 모두 낮아지고, 특히 자영업자들이 가계수입과 부채에 대해 상대적으로 더 걱정하게 된다.

우리나라의 경제지표도 상당기간 경험하지 못한 위축을 보여주고 있다. 코로나19의 위기가 본격화된 2020년 2분기4~6월의 자료를 보면 1분기에 대비하여 실질국내총생산GDP증가율은 -3.3%이고 수출증가율은 -16.6%이다. 지속적으로 성장해온 한국 경제는 앞의 두 지표가 감소된 경우는 거의 없었다. 기업활동이 위축되면서 성장동력인 설비투자증가율은 −2.9%로 나타나, 앞으로 상당기간 한국 경제가 성장할 동력을 상실했다는 것을 알 수 있다.

우리나라 정부는 2020년 3월 30일 소득하위 70% 이하 가구를 대상으로 한 긴급재난지원금 지급을 발표하였고, 4월 30일 제2차 추경을 통하여 전체가구로 지급대상을 확대하였다. 긴급재난지원금 지급의 목적은 코로나19로 줄어든 민간소비를 진작하고 취약계층 및 소상공인을 지원하는 것이다. 정부 긴급재난지원금으로 13조 6,702억 원집행률 96%을 지급하고, 지자체 긴급재난지원금으로 3조 6,716억 원집행률 117.9%을, 소상공인 지원으로 6,303억 원집행률 59.7%을 지급하였다. 소상공인의 세부적 선별조건을 제시하여 소상공인 지원사업의 적시성과 효율성이 낮아지게 되었다.

<u>코로나19에 따른 유동성 확장</u>

코로나19가 시작된 이후로 전 세계적으로 유동성 공급이 늘어나고 있다. 코로나19에 대응해서 한국은행과 금융당국은 대대적인 돈 풀기를 하고 있다. 코로나19로 위기를 겪고 있는 기업과 가계에 각종 대출 자금을 수혈하면서 시장에 풀린 돈이 지속적으로 늘어난다.
광의통화(M2)는 2020년 4월 3,000조 원을 돌파한 이후, 매월 사상 최대치를 기록하고 있다.[18] 2020년 6월 기준 3,077조 1,000억 원(평잔·계정조정계열 기준)으로 전월대비 23조 2,000억 원 증가하였다(0.8% 증가).
팽창적인 통화정책의 실물경제 파급이 장기간 제약될 경우 부채과잉 문제가 심화되고, 경제 펀더멘털 대비 자산가격의 고평가나 버블이 형성되어 자산 버블을 우려하는 목소리가 나오기도 했다.

긴급재난지원금을 지급하여 정부의 지출구조를 조정하고, 소비자의 기존 소비를 대체하여 기회비용이 발생한다. 재원 마련을 위해 정부가 4조 1,000억 원을 다른 분야 예산에서 삭감하였고, 재난지원금이 기존 소비지출을 대체하는 데 사용되어 재난지원금 전액이 소비 증가로 연결되지 않았다. 긴급재난지원금이 만들어낸 소비가 기존 소비를 대체하는 수준에 머물렀는지 아니면 새로운 소비를 창출해내었는지에 대한 연구가 추후 면밀히 이루어져야만, 소비창출이 경제성장으로 이어진 것인지에 대한 정확한 확인이 가능하다.

코로나19에 기인한 세계 경제의 침체에 따라 세계 각국이 경기부양예산을 지출하면서, 우리나라 정부도 다양한 경기부양책을 실시하게 된다. 2020년 3월 17일에 1차 추가경정예산 11조 7,000억 원을, 4월 30일에 2차 추가경정예산 12조 2,000억 원을 정부사업으로 민간에 투입하였다. 7월 3일에 3차 추가경정예산 35조 1,000억 원이 추가로 국회에서 통화되어 추가 재정이 투입되고 있다.

이러한 재정확장정책에 더해 공격적인 통화정책을 시행하고 있다. 코로나19 이후 정책금융으로 시중에 120조 원 이상의 유동성이 공급되고, 한국은행 기준금리도 연 1.25%에서 0.5%로 낮추어 역사상 가장 낮은 금리수준을 유지하고 있다.

이러한 무차별적인 통화금융정책에도 불구하고 소비와 투자의 회복 속도는 느리고 물가수준마저 매우 낮게 형성되어 있다. 안전자산수요가 증가하여 현금보다도 더 안정적이고 로또에 가까운 부동산에 자금이 몰리면서, 정부의 엄격한 부동산 정책을 비웃기까지 한다. 강남 부동산의 불패는 코로나19에 따른 폭발적인 유동성 확장이 가져온 측면이 강하다.

다른 선진국에서도 확장정책이 유사하게 진행되고 있다. 예를 들면, 코로나가 시작되면서 유럽 각국이 경기부양을 실시하였다. 미국, 독일, 프랑스, 이탈리아 등 주요국의 2020년 2분기 국내총생산GDP 증가율이 예외 없이 제2차 세계대전 이후 최악을 기록하고 있는 것이다. 뚜렷한 백신이나 치료제 없이 전염병을 막을 방법이 경제활동 단절과 국경 봉쇄이고, 이에 따라 개인소비, 기업투자, 수출 또한 급감하였다. 경제 실적이 사상 최악이고 코로나19가 재확산될 가능성이 커져도 더 이상 봉쇄를 지속하기 어려운 실정이다. 방역을 희생하고라도 경제활동을 재개하려고 시도한다.

코로나가 확산되면서 유럽연합 내에서는 이탈리아, 스페인, 그리스 등의 남부 유럽 국가가 코로나의 영향을 크게 받게 된다. 이들 남부 유럽 국가들은 거대한 국가부채에도 불구하고 추가 경기부양을 시도하였다. 경제정책에는 개입 시기가 중요하다. 너무 오래 기다리다가 경제부양을 실시하면, 그 효과가 제대로 나타나지 않게 된다. 하지만 유럽연합 내에서 경제적으로 부유한 북부 유럽 국가와 코로나19의 영향을 심하게 받고 있는 남부 유럽 국가 간에 처한 상이한 경제상황을 조율해야 하는 어려움이 발생하고 있다. 이러한 불협화음은 지난 수십 년간 쌓아온 유럽공동체에 대한 열망마저 붕괴시킬 가능성도 나타나고 있다.

미국 경제도 코로나19 확산을 막기 위한 봉쇄 조치로 소비가 급감하여 2020년 상반기 동안 연속해서 성장이 뒷걸음치고 있다. 2020년 4월부터 6월까지 GDP 성장률이 −32.9%를 기록하면서 1947년 자료집계 이후 사상 최악의 성적표이다. 상당기간 경기침체가 빠진 미국 경제는 점차 회복할 것으로 전망되지만 코로나19 재확산으로 경기회복 속도가 생각보다 빠르지 않을 가능성이 제기된다.

유럽과 미국의 경우 경제적인 최악의 시점은 지났다고 판단되고, 각 국가의 적극적인 정책에 힘입어 경기는 차츰 회복될 것이다. 하지만 이미 최악을 경험한 기저효과에 따라 경기가 회복된다고 하여도, V자형 반등은 어려울 것으로 보인다. 더구나, 2020년 하반기에 일시적인 반등이 있다고 하여도, 중장기적으로는 경기침체는 상당기간 지속될 가능성이 높다.

전 세계에서 코로나19가 빠르게 재확산되는 시점에, 일본은 코로나19 환자가 증가하여도, 경제적인 충격을 고려하여 강력한 방역대책을 내놓지 못하고 있다. 일본 중앙정부는 경제활동에 중점을 두고, 지방정부는 방역에 무게를 두고 있는 형태이다. 코로나19 감염자가 지속적으로 발생하는 원인을 제공한다.

우리나라에서 2020년 1월 20일 첫 코로나19 확진자가 발생한 후 6개월 동안 코로나19에 가장 큰 악영향을 받은 계층은 20, 30대 청년층과 저소득층이다. 저소득층은 생계가 끊겨 일상의 정지를 경험하고 있으며 회복 속도가 느리다. 청년층은 실직 경험 비율이 가장 높았다. 코로나19로 정규직 일자리 시장이 위축되면서, 아르바이트 등 단기 일자리마저 구하기 힘들어졌다. 코로나19와 경기침체로 졸업 후 미취업자인 청년백수는 166만 명이고, 학교를 졸업하거나 중퇴한 후에 구직을 포기하고 입사 시험 공부를 하는 취업준비생도 증가하여 80만 4,000명에 이르고 있다.[19] 첫 직장을 가지는 데 평균 10개월이 걸리고 있다.

코로나19 확산으로 근무형태가 재택근무로 전환되면서, 퇴근이라는 하루 일과의 종료시점이 분명하지 않게 되고 하달되는 업무도 많아지고 있다. 경영이 어려워진 사업장에서는 직원에게 연차를 소진하거나 휴업을 요청하기도 한다. 2020년 3월 중순까지는 무급휴직이 많았지만, 3월 말부터는 해고와 권고사직이 많아졌다. 특히 대면서비스업의 취업자 감소가 가장 두드러진다. 코로나19의 경제적인 손실이 근로자에게도 상당 부분 분담된 것이다.

코로나19로 비대면이 활성화되면서 플랫폼 노동자가 보호를 받지 못하게 된다. 택배를 예로 들면, 경제활동의 위축으로 택배업무가 급속히 증가하면서 과로사, 배달사고 등 노동안전 문제가 발생한다. 또한, 보호받지 못하는 플랫폼 노동은 차별적 대우를 경험하기도 한다. 이러한 사례로, 배달을 위한 방문 시 체온을 체크하고 세정제로 손을 세독해도 차별적인 대우를 겪거나 약속한 배달 시간에 방문해도 돌아가기를 원하거나 혐오 분위기를 조성거나 문 앞에 세워놓고 소독제를 뿌리기도 한다.

방역과 경제활동의 상충 관계

코로나 2차 유행의 공포가 확산되면서, 방역활동과 경제활동의 딜레마에 직면했다. 코로나19는 언제든지 빠른 속도로 확산될 수 있다. 백신, 치료제가 없는 상황에서 사회적 거리두기를 완화하는 것은 위험할 수 있다. 방역을 강화하면 경제가 죽고, 경제를 살리기 위해서 경제활동을 허용하면 바이러스가 확산된다. 하지만 경제생활이 지장을 받고 있기에 조심스럽게 경제활동과 방역의 조화를 도모하는 것은 자연스러운 접근이다.

우리나라에서도 생활방역으로 전환하면서 신규 확진자가 다시 늘어나고 있다. 미국도 2020년 5월 20일 봉쇄를 완화하면서 확진자가 늘어났지만 실업수당 신청건수는 줄어들었다. 일각에서는 경제를 봉쇄하면 더 큰 경제적인 피해가 발생한다고 주장하기도 한다.

인도는 코로나19 확산을 막기 위해 2020년 3월 25일 이동제한령을 시작했다. 그러나 일용직 노동자 등 빈곤층이 생계문제에 직면하면서 봉쇄를 풀어, 하루 만에 세계 6위 발생국에서 세계 4위 발생국이 되기도 하였다. 봉쇄조치 이후 극빈층을 버렸다는 분노에 이동제한이 완화되었지만 코로나19 재확산의 결과를 가져온 것이다.

브라질도 경제 재개에 우선순위를 두면서 코로나가 다시 발생하고 집권층의 퇴진을 촉구하는 시위가 발생하기도 하였다. 러시아도 감염자가 발생하고 있지만 방역 제한조치를 완화하고 있다. 미국에서는 경제를 다시 봉쇄하면 경제적인 피해가 발생하고 의료 등 다른 모든 활동이 중단된다는 주장이 힘을 얻고 있다.

> **아르헨티나와 에콰도르의 경험 – 방역정책에도 경제파산**
>
> 남미국가들은 코로나19의 확산을 방지하기 위해 수개월간 경제를 봉쇄하면서 경제난이 가중된다. 방역에도 불구하고 결국 확진자마저 증가하게 된다.
> 또한 세계 경제가 침체되면서 석유 수요가 줄어들게 된다. 아르헨티나와 에콰도르의 주력수출품인 원유가격이 하락하여 이들 국가의 재정이 급격하게 악화되고, 국채 이자도 갚지 못한 처지에 놓이게 된다. 채무불이행(디폴트)에 직면하면서 국채의 만기를 연장하고 채무의 일부를 탕감받게 된다. 국제기구와 강대국에게 긴급자금을 지원요청한다.

아르헨티나와 에콰도르는 나름대로 방역을 하였으나 결국 코로나가 확산되어 경제가 어려워졌다. 코로나19로 인한 위축으로 세계 경제가 침체되고 석유 수요가 줄어서 두 나라의 주요 생산품인 석유 수출이 대폭 축소되어 결국 디폴트에 걸리게 된다. 코로나를 잡지도 못하고 경제적으로도 어려움을 겪는 국가들이다. 이렇게 경제적 어려움이 있는 나라는 방역 하나만이라도 확실하게 해놓아야 다음 단계로 경제부양이 가능하다. 그런데 경제를 빌미로 방역이 허술하니 더 고삐 풀린 망아지가 된 것이다.

우리나라도 교회 소모임, 방문판매, 탁구장 등을 통한 집단감염이 다시 노인시설, 직장 등을 통한 2차 감염으로 확산되고 있다. 의료진과 의료시스템의 피로도가 높아져 지속가능한 방역이 이루어지기 어려운 상황이다. 하지만 정부는 다시 사회적 거리두기로 돌아가면 학업과 생업의 피해를 감당하지 못할 것임을 인정하고 있다. 따라서 고위험시설의 지정과 연쇄감염의 고리를 차단하는 방역을 진행하고 있다.

2020년 8월 9일 신규 확진자가 17명, 8월 10일 신규 확진자가 23명에서 35명11일, 47명12일, 85명13일, 103명14일, 166명15일, 279명16일으로 급속히 확산된다. 8월 16일부터 사회적 거리두기 2단계로 격상된다. 고위험시설의 운영이 중단되고 스포츠경기 관중의 입장도 금지된다.

신규 확진자는 8월 17일에 197명, 18일에 246명, 19일에 297명, 20일에 288명에 이르고 있다. 특히 서울은 인구밀도가 높고 유동인구가 많아 n차 감염 확산의 우려가 높고, 하루 100명 이상의 신규 확진자가 발생하고 있다. 그리고 8월 21일에 324명, 22일에 332명의 신규 확진자가 발생하여 9일간 2,232명이 되고, 제주도를 제외한 전국 16개 시도에서 발생한다. 8월 23일 신규 확진자는 397명, 24일 266명, 25일 280명, 26일 320명, 27일 441명, 28일 371명에 이르러 사회적 거리두기 3단계 시행이 논의된다.

방역 모범국인 뉴질랜드와 대만은 코로나19의 종식 단계에 접어들었지만 긴장을 늦추지 않고 있다. 뉴질랜드 정부는 마지막 지역전파 이후 코로나19 잠복기가 두 번28일 지났고, 대만도 8주 연속 코로나19 신규 확진자가 발생하지 않은 상황에서, 철저하게 통제하던 방역정책을 순차적으로 완화하며 일상생활로 돌아가고 있다. 추가 확진자가 발생하지 않는 상황에서도 국가 경계 단계를 쉽게 낮추지 않았고 단계별로 봉쇄정책을 완화하였다. 하지만 뉴질랜드에서 2020년 8월 11일, 100여 일 만에 지역사회 감염이 30여 건 발생하였다. 소규모의 확산에도 불구하고 뉴질랜드 정부는 경보 3단계를 유지하고 피해구제책으로 임금보조도 실시한다.

한편 방역 모범국인 우리나라는 국가 경계 심각4단계 단계이지만, 확진자 감소와 경제적 여건을 이유로 사회적 거리두기에서 생활방역으로 전환하여 혼란스러운 정책을 추진하였다. 이러한 정책 변화로 강화된 사회적 거리두기 기간에 추가 확진자가 큰 폭으로 줄었다. 생활방역이 시작되면서 확진자가 갑자기 증가되었다가 적극적 역학조사로 안정을 찾았다이태원 클럽 관련 집단감염. 쿠팡 물류센터 집단감염 등.

추가 확진자가 감소하여 생활방역으로 전환하여도, 막상 확진자가 증가하면, 재개시점에 대한 의문이 발생한다.

추가 확진자가 전혀 발생하지 않은 상태를 원하면서 경제활동 재개를 할 수는 없다. 경제 회복을 위해 방역 완화가 필요하다면 현실에 바탕해서 방역 완화에 대한 허용치에 대한 국민 공감대를 미리 공유해야 할 것이다.

코로나19의 경제충격은 감염 위험에 따른 경제주체의 자발적인 경제활동의 위축으로 발생한다. 그리고 방역 조치로 인해 비자발적인 경제활동의 중단도 발생하게 된다. 이러한 경제충격은 선진국과 신흥국에 모두 공통적으로 발생하였고, 보건의료와 사회안전망이 취약한 국가에서 경제적 위험이 더욱 크게 발생한다. 감염병의 확산에 따른 경제적인 충격은 정치적으로 집권층의 영향을 확대하여 강력한 정부가 환영받기도 하지만, 경제적인 치적을 내세운 집권층은 몰락의 길로 접어들기도 한다.

코로나 감염병은 정치에도 영향을 미쳐 경제 치적을 앞세우며 재선을 앞두고 있던 미국 대통령에게 시련이 되고, 올림픽 개최로 장기집권을 꿈꾸던 일본 수상에게도 조기 퇴직의 압박으로 다가오고 있다. 감염병의 확산으로 경제가 어려워지고, 경제활성화를 치적으로 삼고 있던 미국과 일본의 정치지도자들의 지도력에 의구심이 일어나 정권을 유지하는 것이 어려울 지경에 이른 것이다. 경제는 정치와 연결되어 있다.

2020년 미국 대선11월 3일이 다가오고 있지만, 트럼프 대통령의 지지율은 민주당의 대통령 후보보다 뒤지고 있다는 시각도 있다. 코로나19의 팬데믹과 그에 따른 경기침체, 흑인 인종차별 문제가 발목을 잡았다. 트럼프 대통령은 2020년 1월 중국과 1차 무역합의와 무역전쟁 휴전을 성과로 여겼으나 코로나19로 인해 거의 유일한 성과였던 경제가 무너지면서 내세울 만한 치적이 사라져 버린 것이다. 초기 방역 책임에 대한 비난이 거세지자 중국의 책임을 거론하며 기존 무역전쟁의 연장선이었던 지적재산권 문제까지 끌어들여 중국을 공격하였다. 이에 더해, 코로나로 투표 방식이 변경되어 우편 투표를 허용하면서 트럼프 대통령에게 불리하게 작용하고 있다. 선거결과는 선거일이 지나야 확정되겠지만, 코로나19가 현직 미국 대통령의 선거운동에 부정적인 역할을 미치고 있는 것이다.

일본도 2020년 하계 올림픽의 개최를 통해서 경기활성화를 촉진시키기 위해서 많은 노력을 기울였다. 코로나19가 확산되어도 올림픽 연기를 미루다가 더 이상 미루기 어려운 시점인 2020년 3월에 올림픽을 2021년도로 연기한다고 발표하였다. 그러나 2021년에 개최가 가능할지 보장할 수 없다. 아베 수상은 올림픽의 개최를 통해서 고별무대와 차후를 준비하였지만 코로나19라는 복병으로 꿈을 이루지 못한 것이다. 더욱이 올림픽 연기를 너무 늦게 결정하면서 비난에 직면하게 되었다. 계획대로 올림픽 개최를 희망하면서 코로나19의 영향을 축소하는 서투른 대응으로 일관한 정치적인 의도에 대해서 비난을 받고 있는 것이다.

코로나는 외교관계에도 변화를 요구한다. 그동안 자국민들처럼 외국인 코로나19 환자들의 치료비도 우리나라 정부가 부담해왔다. 예를 들면, 국내 입항 선박의 러시아 선원 확진자 78명에 대한 1인당 치료비와 격리생활비를 약 800만 원이라고 가정할 경우 비용이 6억 원이 넘는데 이를 우리 정부가 부담한 것이다. 하지만 해외 유입 외국인 환자가 급증해 의료체계에 부담을 주면서 우선 격리조치 위반 확진자는 본인 부담을 원칙으로 하고 일부 국가 출신의 외국인은 외교관계 등을 고려해 상호주의를 적용하는 것으로 전환되었다.

경제활동 재개 시점의 판단

국내에 코로나19 유입 후 초기에 대구·경북 중심으로 집단감염이 발생하여, 당시에는 특별관리구역으로 지정되었다. 코로나19에 대해 많은 것을 알지

> **급등하는 금 가격과 코로나19의 백신 개발**
>
> 코로나19로 인해 각 국가는 경기침체를 막기 위해 막대한 돈을 시장에 풀고 있다. 경제 최대 강국인 미국도 돈이 풀리면서 달러 약세를 부추기고 있다. 풍부해진 유동성으로 미국 국채의 수익률이 낮아지게 된다. 거대한 유동성을 담보로 투자자들은 대체투자처를 찾게 되고, 금으로 자금이 몰리고 있는 것이다. 더욱이, 코로나19 확산과 미중 갈등으로, 글로벌 경제의 불확실성이 커지면서 안전자산인 금의 선호가 커지는 것이다. 민간 투자자뿐만 아니라, 세계 각국의 중앙은행도 달러화 약세와 코로나19로 인한 경기침체가 예견되어, 경쟁적으로 금을 구입한다. 결국 세계 금값이 지속적으로 상승하고 있는 것이다.
>
> 금 가격은 경제 상황이 나아진다고 예상되어야만 안정이 되고, 가격하락이 가능해진다. 따라서 금 가격의 향후 방향은 세계 경제가 얼마나 빨리 침체에서 벗어나는지에 달려있다. 백신과 치료제의 개발이 경제 개시 시점과 관련되어 있고, 그 이후에나 금 가격의 안정화가 가능해질 것이다.
>
> 러시아 정부는 백신개발에 성공했다고 주장하면서, 금 가격의 상승추세가 꺾이게 된다. 하지만 안전성이 아직 확보되지 않았다는 사실이 확인되면서 금 가격은 다시 상승한다.

못하는 상황이었다. 다른 국가들도 확산방지를 위해 검역과 격리에 초점을 두고 있던 시기이다.

2020년 5월 연휴기간을 거치면서 수도권을 중심으로 재확산 우려가 있었고 서울 이태원 클럽을 중심으로 집단감염이 다시 발생하였다. 이와 같이 많은 국가들이 방역봉쇄를 완화하고 경제활동을 재개하는 과정에서 다시 코로나가 확산된다.

감염병은 초기 대응이 중요하지만 경제활동을 억제하기 힘들고 여러 가지 이유로 정치적인 입장에서 봉쇄정책에 미온적인 국가가 많았다. 코로나19는 미국과 유럽에서 초기대응이 미흡했으며 세계적으로 확산되었다.

코로나19는 장기화되고 있다. 전 세계적으로 코로나 확산이 이어지고 해외유입과 집단감염이 계속된다. 사회적 거리두기의 강화와 완화도 반복되고 있다.

의료진이나 병원 방문을 제외한 일반인에게 해당하는 초창기 WHO 지침은 마스크 착용보다는 사회적 거리두기, 손 씻기가 우선이었다. 그러나 우리나라는 초창기부터 마스크 착용을 강조하였다. 질병관리본부는 2020년 7월 17일 마스크를 쓰지 않으면 감염 위험이 5배 증가한다며 거리두기가 어려운 실내에서는 마스크를 꼭 써야 한다는 입장을 발표하였다.

세계 코로나19의 일일 신규 확진자 수는 계속 증가하고 있다. 미국의 누적 확진자는 매일 기록을 갱신하고, 브라질, 인도, 일본의 확진자도 규모의 차이가 있지만 계속 코로나19의 영향권이다. 전 세계 어느 나라도 코로나19에서 벗어나지 못하고 있다.

경제활동을 심하게 제약하는 방역활동을 언제 완화시켜야 하는지에 대한 의사결정의 시기가 중요하다. 주요국의 경제정책은 경제활동이 재개될 때까지 코로나19 이전의 경제 네트워크를 유지하여, 방역활동에 따른 생산능력 손실을 최소화하려고 한다. 정부의 재정금융정책도 낮은 정책금리를 유지하면서 최대한 유동성을 공급하고 기업대출도 무한대로 지원하고 있다. 또한 각국 정부는 신용보증 제공, 세금납부이연, 피해산업에 지원을 시행하고 있다. 또한, 대출금의 연장, 재난소득 지급, 확장된 실업급여 지급, 고용유지금 수급기간의 연장 등이 시행되는 원인이 된다.

코로나19 발생 후 내수 활성화가 필요하지만 언제가 시작점인지 정책적인 판단이 필요하다. 코로나19 이후의 경기침체가 단기화되어 V자형으로 곧 반등이 일어날 것이라는 초기의 예상과는 달리, 경기침체는 장기화되어 U자형이나 L자형 회복이 예상되고 있다.

약물적 치료방안이 모색되기 전까지는 감염병에 의한 경제충격, 즉 실물충격과 금융 불안이 해소되기 어렵다. 또한 국가 간 연계성이 강화되어, 봉쇄정책으로 특정 국가의 경제회복이 가능하여도 세계 경제가 반등세로 바뀌기는 어려운 현실이다.

경제활동의 재개 시점은 백신 개발의 시기와 맞물려 있다. 백신과 치료제가 개발되어도 실제로 전 세계 사람들이 도움을 받기까지는 시간이 걸리겠지만, 하나의 약물적 치료방법이라도 공식적으로 개발되면 경제재개는 힘을 얻게 될 것이다. 미국, 중국, 영국, 호주 등 해외 제약·바이오 업체와 연구소들이 코로나19 백신 개발의 임상 3상 시험에 착수하였다. 임상 초기 단계에서 해외 기업들이 각국 정부의 전폭적 지원을 받았다. 그 결과, 2020년 8월 말 현재, 전 세계적으로 150종류의 코로나19 백신 개발이 진행 중인데 이 중 20여 종이 인체 임상

시험에 들어간다.

백신의 임상 가장 초기 단계인 임상 1상은 건강한 성인 20~100명을 대상으로 약물 안전성을 확인한다. 임상 2상부터 100~500명을 대상으로 적정 투여량과 용법을 평가한다. 임상 3상에서는 최대 수천~수만 명을 대상으로 백신의 안전성·유효성을 확인한다.

코로나19로 다가오는 미국 대통령 선거에 어려움을 겪고 있는 트럼프 대통령은 승부수로 코로나19 백신의 조기 개발에 역점을 두고 있다. 세계 최강의 정치적인 자리도 경제부흥의 효과를 위해서는 감염병의 백신 개발이 가장 중요하게 된 것이다. 트럼프 대통령은 백신 개발 기간을 단축하기 위해서 초고속 작전팀을 가동해서 동시다발적으로 지원하고 있다. 또한 개발되는 백신은 미국에 우선 공급하도록 계약을 하여 미국 우선주의를 강조하고 있다. 하지만 백신은 효능과 안전성이 보장되어야 하는데, 정치적인 이유만으로 단시간에 백신을 급하게 만들어야 하는지에 대한 의문이 발생하기도 한다.

국내에서는 임상 1·2 상에 들어간 상태로, 이미 3상에 들어가 연내 백신 출시를 앞두고 있는 해외 기업들에 비하면 뒤처진 상태이다. 국내에서는 2021년 8월 개발이 완료되고 9월 식품의약품안전처 승인 신청을 하면 2021년 하반기부터 접종 가능할 수도 있다. 한편 개발될 백신 가격으로 50~60달러6~7만 원 선이 예상되어 상업성이 끼어들고 있다. 공공성의 개념을 적용하여 보다 현실적이고 접근 가능한 가격으로 보급되어야 경제활동의 재개가 용이해질 것이다.

물론 경제활동에 대한 목마름으로 백신의 개발에 총력을 기울이고 있지만 약품에 대한 안전성이 신속성보다 중요한 점인 것은 꼭 인지되어야 한다. 러시아 정부는 2020년 8월 중순 코로나19 백신을 개발하였다고 주장한다. 1차분 생산을 마치고 수출에도 들어간다. 러시아는 안전하다고 주장하지만, 국제사회와 의학계는 의문을 제기하고 있다. 임상시험 최종 단계인 3상 시험을 거치지 않았으며, 1상과 2상 시험도 소수 인원을 대상으로 한 것으로 알려져 있다. 백신을 생산공급하면서 3상 시험을 진행하겠다는 것이다. 안전성이 검증되지 않은 백신은 향후 백신접종 자체에 대한 불신감으로 이어질 가능성이 높다. 3차 검증이 완료된 백신들마저도 부작용을 걱정해 어린이에게 접종하지 않는 현실이 반면교사가 된다.

　　백신까지는 아니어도 치료제가 개발되면 경제활동 재개에 탄력을 받게 된다. 2020년 7월 말을 전후로 전 세계에서 70여 종의 코로나 항체 치료제가 개발되고 있고, 미국 제약사 일라이 릴리Eli Lilly and Company와 리제네론Regeneron은 코로나 항체 치료제의 3상 시험에 들어갔다. 우리나라에서도 셀트리온, 유한양행 등이 코로나 항체 치료제를 개발하고 있다.

　　코로나 백신은 수만 명 이상의 환자를 대상으로 예방효과를 측정해야 하는데, 치료제는 환자가족이나 의료진 수천 명의 소수 인원으로 효과를 확인할 수 있어 개발 기간이 상대적으로 짧다. 백신을 맞아도 항체를 만들기 어려운 노인, 환자에게 인위적으로 면역력을 부여할 수 있다. 하지만 항체 치료제 생산의 공정관리가 까다롭고 대규모 시설 투자가 필요하다. 따라서 모두가 항체 치료제 혜택을 공유할 수 있도록 생산방식에 대한 논의가 필요하다.

　　2020년 8월 15일 전 세계적으로 코로나19 확진자 수가 일일 역대 최대 수준으로 집계되었다. WHO는 하루 동안 29만 4,237명이 발생하였고, 누적 확진자는 2,164만 2,000여 명, 사망자 수는 76만 9,000여 명이다. 우리나라에서도 8월 16일에 279명이 확진되어 사회적 거리두기 2단계를 시행하고, 이후 사회적 거리두기 3단계가 발령될 가능성이 제기되고 있다. 코로나19 발생 이후 가장 엄격한 행동 수칙이 적용되는 것이다. 우리가 강력한 방역대책이라고 기억하는, 2020년 3월 22일부터 15일간 실시했던 '강력한 사회적 거리두기'는 1.5단계에 해당하며, 유흥시설과 노래연습장, PC방, 종교시설 등에 대해 방역수칙 준수를 전제로 제한적 시설 운영을 허용했다. 8월 10일 이후 수도권에서 시작된 코로나 19의 대규모 재유행의 초기 단계로, 사람이 많이 다니는 호텔, 물류센터, 카페가 집단감염이 우려되는 장소이다. 더 강력한 방역대책이 필요한 순간이고, 피폐해진 경제활동과 상충이 일어나고 있다. V자 반등을 열망하던 한국경제에도 악영향을 주게 된다.

감염병이 확산되는 중에도 경기를 살릴 수 있는 정책방안이 모색된다. 긴급재난지원금을 지급하고 대한민국 동행세일 이벤트를 진행하였다. 또한 임시공휴일을 지정하는 방안이 사용된다. 유럽에서는 여름휴가의 재개가 관심이다. 경기가 활성화되겠지만 재확산에 대한 우려로, 임시공휴일 지정이나 여름휴가를 위한 이동을 언제 얼마나 허용해야 할지에 대해 국가 차원에서 고민이 발생한다.

연휴를 위해 임시공휴일을 지정하는 방안을 이용하여 중동호흡기증후군 MERS, 메르스로 경기가 침체되었던 2015년 8월 14일과 2016년 5월 6일을 경기 회복을 위해 임시공휴일로 지정하였다. 임시공휴일은 국기기관, 지방자치단체, 공공기관 등은 의무 휴일이지만 민간기업은 취업규칙에 따라 자율적으로 정한다.

독일 등의 북유럽에서는 스페인과 같은 남유럽으로 여름기간에 휴가를 떠나는 것이 정착되어 있다. 그런데 바캉스를 떠난 사람들이 해변이나 휴양지에 몰리면서 재확산 추세가 심각해지고 있다. 코로나19 봉쇄령 해제 후 7월 휴가철을 맞아 사람들이 휴양지에 몰리고 유명 해변이 많은 스페인 카탈루냐 지역에서는 재확산이 심각해지자 재봉쇄령이 내려졌다. 스페인의 유명한 관광도시인 바르셀로나가 위치한 카탈루냐 자치정부는 모든 나이트클럽과 디스코텍을 폐쇄하고 식당, 바, 카지노도 밤 12시까지만 운영하도록 하며, 10명 이상의 모임도

금지시켰다.

재확산 우려가 커지면서 유럽 각국도 대응에 나섰다. 영국 외교부는 스페인에서 귀국하는 모든 사람을 대상으로 2주간 격리를 의무화했다. 프랑스는 자국민에게 카탈루냐 지역 방문 자제를 권고했고, 노르웨이 정부는 스페인 방문자를 대상으로 10일간 의무 격리를 진행한다. 일부 항공사들은 스페인으로 가는 모든 영국발 항공편을 취소했다. 휴가철에 섣부른 개방이 오히려 심한 방역후유증을 유발하게 된 것이다.

우리나라 정부는 코로나19에 대응해서 2020년 8월 17일을 임시공휴일로 지정한다. 해외여행 수요가 감소한 시기인 만큼 국내 관광을 살리고 내수 진작 효과를 도모하려는 정책 노력이다. 연휴 동안 고속도로의 통행 요금을 면제, 주요 관광지를 개방하여 무료입장이 가능하다. 3차 추가경정예산안에 편성된 2,000억 원을 마중물로 온라인과 오프라인에서 물건을 사거나 서비스를 이용한 사람에게 선착순으로 할인 쿠폰을 지급한다. 숙박, 관광, 전시, 체육, 공연, 영화, 외식, 농수산물 분야이다. 하지만 코로나19가 시기적으로 아직 진정되지 않고 기록적으로 50여 일간 지속된 장마로 인해 실시 이전에도 소비 효과가 얼마나 발생할지 의문시되었다.

2020년 8월 초만 해도 우리나라 정부는 2020년 3분기 경기반등을 자신하는 입장이었다. 내수경제 지표가 개선되고 수출과 생산 부진이 완화되었다. 선진국에 비해 안정적인 신규 확진자 증가세를 K 방역의 성과로 자랑하며 내수 진작에 나선 것이다. 코로나19의 재확산 징조가 보이기는 하였지만, 3차 추경을 집행하여 강화된 사회적 거리두기로 침체된 경제활동을 독려하기 위한 의도였다.

8월 12일 정부 부처별 소비진작패키지를 발표하였지만, 당시에 수도권에서 3일간 총 150명에 가까운 확진자가 나와서 확산의 위험이 감지되고 있었다. 우리나라 정부정책은 방역보다는 경제활성화에 무게를 두고 과감하게 진행하여 결과적으로 성급한 정책이 되었다. 4일 뒤 사회적 거리두기 2단계로 격상되면서 소비진작정책은 중단된다. 확장된 정부예산을 사용할 시간마저 가지지 못하게 된다.

소비쿠폰 지급 대상인 음식점, 영화관 등이 코로나19 확산을 키울 수 있어 신중하게 추진했어야 한다는 아쉬움이 남는다. 2만 원 이상 여섯 차례 외식하면

1만 원을 할인해주는 외식쿠폰은 시작한 지 32시간 만에 중단하였다. 영화관과 박물관 할인권은 이틀 만에 지급이 중단되었다. 숙박쿠폰도 코로나19 확산 추이에 따라 사용기간을 조정하고, 체육시설과 공연할인권, 여행상품 이용권은 지급시기를 연기한다.

소비할인권을 배포하여 외부활동을 장려하는 정책이 국민의 혼란을 만들고 방역망에 허점을 만든 것이다. 애매한 방역정책이 가져온 결과이고, 코로나19의 확산이 감지되는 상황에서 소비쿠폰 지급을 강행하면서, 국민에게 돌아다니면서 소비하라는 잘못된 신호를 주었다.

뉴질랜드는 확진자 관리를 잘해왔지만 사회경제적 활동을 늘리면서 재유행이 발생한다. 일본도 하계올림픽을 염두에 두고 방역을 느슨하게 했다가 다시 확진되었다. 방역적으로 바이러스가 완전하게 박멸되기 전까지는 적극적인 방역을 지속하여야 한다. 2020년 8월에 들어서면서, 경제활동을 어느 정도 재개하여야만 하고, 추경을 통해서 마련된 예산을 사용해서 경제를 촉진시켜야 할 공감대는 형성되어 있다.

방역조치의 사회적 수용성도 고려되어야 한다. 국민들이 자발적으로 거리두기에 동참했던 코로나19의 초기와는 달리, 감염병이 장기화되면서 방역에 대한 사회전반의 분위기가 느슨해진다. 의료 대응역량은 강화되었지만 코로나19의 장기화, 길어진 장마기간, 무더위로 사회적인 긴장감이 떨어진 것이다. 이러한 상황에서 힘든 경제상황을 고려하면서 불완전한 방역상황을 추진하다가 보니, 방역활동에도 치명적인 상황이 발생하고 경제도 침체되는 상태가 되고 만다.

2020년 봄에 강력한 사회적 거리두기를 시행하고 일상을 복귀한 지가 얼마가 되지 않아, 재확산의 위기에 처하게 된다. 감염성이 강한 코로나19의 특성상 선제적으로 방역수위를 올려 유행상황을 통제할 필요성이 있다. 방역조치의 효과는 3~5주 이후에 나타나, 유행 양상을 보고 단계를 상향하는 것은 늦은 조치가 된다. 따라서 일부 방역전문가는 사회적 거리두기 3단계를 선제적으로 시행해 상황이 악화되는 것을 방지하자고 주장한다. 강력한 방역정책으로 바이러스의 급격한 확산을 방지하고 무너진 방역망의 통제력을 회복하고자 한다. 하지만 필수적 사회경제 활동 외의 모든 활동이 원칙적으로 금지된다. 기업의 경제활동과 개인의 일상생활에 강력한 제약이 가해져, 경제활동이 사실상 정지된다.

	사회적 거리두기		
	1단계(생활 속 거리두기)	2단계	3단계
목표	일상적·사회경제적 생활을 영위하면서 방역관리 조치	신규 확진자 감소세의 추세 유지	급격한 유행 확산 차단, 방역망 통제력 회복
핵심 메시지	방역수칙준수, 일상적인 경제활동 허용	불요불급한 외출·모임 자제, 다중이용시설 이용 자제	필수적 사회경제활동외 모든 활동 원칙적 금지
집합모임행사	운영 허용 (방영수칙 준수권고)	실내 50인, 실외 100인 이상 금지	10인 이상 금지
스포츠행사	관중 수 제한	무관중 경기	경기중지
학교, 유치원, 어린이집	등교, 원격 수업	등교인원 축소	원격수업·휴업
민간기관기업	유연, 재택근무 권장	공공기관과 유사한 수준으로 근무인원 제한 권고	필수인원 외 전원재택근무
2주 일일확진	50명 미만	50~100명 미만	100명 이상 일일확진자 수가 전날보다 2배로 증가

　　사회적 거리두기 3단계는 방역시스템의 붕괴를 전제로 하는 최악의 시나리오로, 경제활동을 금지하는 매우 강력한 조치이다. 사회적 거리두기의 3단계는 2주 내 일일 확진자 수가 100~200명 이상으로 늘어나거나, 일일 확진자가 전일 대비 두 배로 증가하는 더블링 현상이 1주 2회 이상 발생할 경우에 적용된다. 감염 경로가 파악되지 않은 사례가 갑자기 증가하거나 집단발생 건수가 급격하게 증가해도 사회적 거리두기의 3단계로 격상된다. 사회적 거리두기 3단계에 접어들면 고위험 시설과 중위험 시설도 운영이 중단된다. 고위험 시설에는 유흥시설과 노래연습장, 실내 집단운동시설 등이 포함되고, 중위험 시설에는 PC방, 종교시설, 결혼식장 등이 해당된다.

　　2020년 상반기에 우리나라 민간 부문의 대면 소비가 가능해져 경기를 주도해왔다. 하지만 거리두기가 강력해지면 자연히 소비가 감소한다. 우리나라의 경제성장률이 선방했던 이유는 거리두기 3단계에 해당하는 도시 봉쇄조치 없이 경제활동을 유지해왔기 때문이다.

　　그런데, 유럽과 미국은 사전준비 없이 봉쇄조치가 이루어졌다. 프랑스의 예를 보면, 2020년 3월 17일부터 5월 12일까지 전면적인 봉쇄를 실시하여 경제활동이 절반으로 줄어들었다.

전라남도, 제주도, 군산시가 시작한 2단계 사회적 거리두기는 2020년 8월 23일부터 전국적으로 시행한다. 서울시와 부천시는 2020년 8월 21일부터 30일까지 10인 이상의 모든 집회를 전면적으로 금지하는, 사회적 거리두기 3단계에 준하는 조치를 한다.

병원의 병상도 거의 남아있는 것이 없다. 2020년 8월 20일 기준으로 경기도는 592병상 중 537병상을 사용 중이고, 서울시는 1,118병상 중 857병상을 사용하고 있다. 병상이용률이 높은 편이다. 사회적 거리두기 3단계로 넘어가면 의료기간에서 감당하기 어려운 수준이 된다.

3단계 봉쇄조치로 실시되면 생계가 곤란해지면서 방역에 협조하지 못하는 사람들도 발생할 수 있다. 의료붕괴로 이어지고 피해액은 급속하게 증가된다. 방역과 경제가 같이 악화되는 상태가 된다. 코로나19가 확산되는 시기에는 경기침체보다는 방역을 우선시해야 하지만, 시민들의 수용성을 높여서 방역활동에 적극적으로 협조하는 방역정책을 만들어야 하는 이유이다.

2020년 8월에 미국과 유럽은 2차 대유행을 막기 위해 국경 봉쇄를 다시 고려한다. 프랑스는 코로나19 재확산을 방지하고 재봉쇄가 다시 이루어지지 않기 위해 직장 내 마스크 착용 의무화를 추진한다. 이탈리아는 댄스클럽 등의 영업을 금지하고 오전 6시부터 오후 6시까지 공공장소에서 마스크 사용을 의무화한다. 또한 영국정부는 8월 14일 마스크착용 의무조치를 반복적으로 어길 경우 벌금을 가중하도록 규정을 변경한다.

개별주체의 부주의와 안일함이 가족과 이웃의 생명을 위협할 수 있기 때문에 가장 기본적인 방역원칙을 지켜가는 것이 중요하다. 필수적인 경우를 제외하고 가급적 외출을 삼가며 대인접촉을 줄이고 최소 방어장치인 마스크를 착용하고 손 씻기가 중요하다. 이렇게 개인위생과 방역수칙을 우선적으로 준수하면 일상생활을 할 수 있는 환경이 조성되어 경제활동은 자연스럽게 재개가 가능하게 된다.

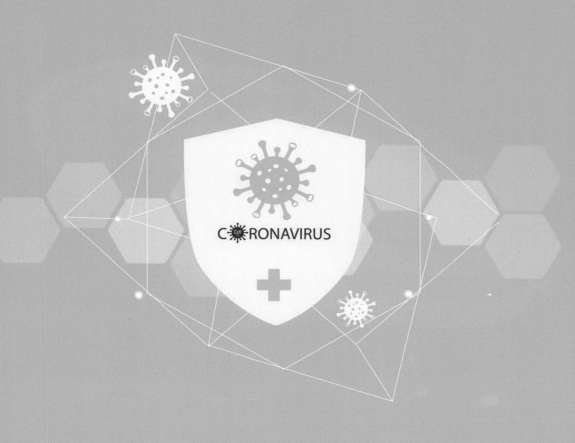

02

01 감염병의 대륙 간 교환

미생물은 인간보다 오래되었기에 인간에게 나타나는 질병의 역사는 거의 감염병의 역사라고 볼 수 있다. 우리가 알고 있는 대부분의 감염병은 역사가 오래된 것으로 예전에는 많은 인명 피해를 냈다. 그러나 현재의 감염병은 인명피해보다는 경제적 혼란이 더 큰 위협이 되고 있다.

인간은 질병이 왜 발생하는지에 대한 해답을 찾고자 했다. 현미경이 없던 시절에는 보이지 않는 물체가 전염시킨다고도 생각했고 오염된 공기가 질병을 일으킨다고도 생각했다. 어떻게 생각하는지에 따라 질병에 대한 대응이 달라진다.

오염된 공기: 장기설(瘴氣說, Miasma Theory)

장기설은 오염된 공기로 인해서 질병이 발생한다고 생각했던 이론이다.

만성질환은 현대 생활 패턴에서 식생활과 운동 등 생활습관이 문제가 되어서 발생하는 질환으로 역사가 짧으나 감염병은 인류의 역사와 함께했다. 감염병을 극복하기 위한 노력으로 예방접종제가 개발되고 치료시설이 마련되며 치료

콜레라를 발생시키는 악취의 형상화
출처: R. Seymour.(1831)

제도 개발되고 있다. 그러나 이것은 현대에 와서야 가능하게 된 것이다. 그렇다

향로 – 주변 공기를 정화시키기 위하여 사용
출처: B. Fumigator

면 예전에는 어떻게 감염병에 대처를 했을까?

개인위생과 환경관리로 현명하게 감염병을 관리하던 시절이 있었다. 오염된 공기가 전염병의 원인이 된다고 믿은 사람들은 위생과 환경관리를 철저하게 했다. 위생과 환경관리를 철저하게 해서 모성이나 어린이와 같이 감염병에 취약한 계층을 보호한 이성적이고 현명한 지도자가 모세다. 장기설에 근거한 감염병 관리활동으로 가장 오래된 기록이다.

고대에는 신과 만날 때 청결한 모습을 요구하였다. 아름다운 모습을 위해서 씻고 단정하게 꾸미는 것을 성실한 자세로 여기는 문화였다. 그러나 기독교는 로마로부터 종교로서 인정을 받고 시간이 지나면서 금욕을 강조하는 문화로 바뀌게 되었다. 개인위생을 위해서 씻고 꾸미는 고대 예절을 금욕에 위배되는 행위로 간주하여 금하면서 중세의 위생은 점점 악화된다.

그리스 로마 시절 질병에 대한 기록이 유명한 의사들에 의해 남아 있는 데 반해 르네상스 시대 이전까지는 체계적으로 기록된 것이 없어 중세를 학문의 암흑기라고 부르고 있다.

중세까지 감염병을 포함한 질병을 종교의 관점에서 종교에서 관리했던 만큼 비이성적인 처방도 많았다. 이런 배경으로 중세에는 온갖 감염병이 창궐하게 되었다.

페스트(흑사병, Pest, Plague, Black Death)

오래된 감염병으로 인류 역사상 큰 피해를 겪은 것으로는 페스트뿐만 아니라 나병, 천연두도 있다. 첫 번째 페스트 대유행은 이집트 근방에서 유럽으로, 두 번째 대유행은 유럽에서 중국으로, 세 번째 대유행은 중국에서 인도와 미국을 포함해서 전 세계로 전파됐을 가능성이 있다.

페스트에 대한 가장 오래된 기록은 히브리 성경에서 찾아볼 수 있다. 펠로폰네소스 전쟁 때 에티오피아에서 시작된 유행병이 이집트와 리비아를 거쳐 그리스에 상륙했다. 이 역병으로 아테네 인구의 1/3이 사망했다. 그러나 예전의 기록이 지금과 같은 질병명을 사용한 것이 아니므로 기록된 증상을 통해 병명을

출처: CDC Original uploader L M 123 at en.wikipedia

유추하여 판단하게 되는데 이 질병이 페스트라고 추정하나 천연두 혹은 홍역일 수도 있다는 의견이 있다.

페스트의 첫 번째 대유행의 시기를 6세기로 보고 마지막을 20세기로 봄으로 전 세계로 전파되는 데 걸린 시간은 약 1,400년이다. 세 차례에 걸친 대유행 속에서 처음에는 전쟁을 통해서 대륙으로 이동하고 후반으로 가서는 무역을 통해서 전 세계로 전파되었다.

두 번째 페스트 대유행은 중세시대에 일어났는데 14세기 유럽 인구를 약 7,500만 명으로 추정할 때 따뜻한 지중해에서부터 추운 북쪽의 스칸디나비아까지 유행한 페스트로 인구의 1/2~1/3이 사망할 정도로 피해가 컸다. 이 커다란 인명 피해로 유럽의 노동력이 급속하게 감소되어 봉건구조가 붕괴하게 되는 결정적인 계기가 되었다.

아직도 감염병이 유행하면 사망률이 높아져서 노동력이 감소하여 경제적인 피해를 야기하는 것으로 보는 시각이 있다. 그러나 현대 감염병 유행은 노동력 감소로 경제에 영향을 미친다기보다는 공포로 인해 사회적으로 혼란을 야기하고 경제활동을 단절시켜서 받는 경제적 손실이 더 크다.

페스트의 원인은 감염된 쥐벼룩이다. 감염된 쥐벼룩이 쥐를 감염시킨다. 주로 설치류 개체 수가 증가하면서 페스트 감염자도 증가하게 된다.

페스트는 일명 흑사병으로도 불리는데 검은 반점이 생기거나 신체 말단 부위의 궤사로 검은 색으로 변하는 현상 때문에 붙여진 이름이다. 질병이 경과하면서 발생하는 검은 색의 반점이나 궤사 등으로 변형되는 신체가 더욱 공포를 야기했다. 피리 부는 사나이가 성안의 쥐를 모두 피리를 불어서 바다로 데리고

간다는 유럽의 동화가 있다. 페스트가 유행했던 유럽에 너무나 많은 쥐를 누군가가 마법처럼 없애버리고 싶어 했던 것 같다.

천연두(Small Pox)

천연두 또는 두창으로 불리는 감염병은 지금은 지구에서 사라진 질병이다. 천연두 역시 매우 오래된 질병으로 19세기 말에 개발된 백신으로 점차 감소하기 시작하여 WHO는 1979년에 인간에게서 발생하는 천연두 박멸을 선언하였고, 2019년에 지구상에 남아 있는 천연두 균주를 모두 없앴다고 선언했다.[20] 천연두는 병원체가 증식하는 곳이 소와 인간뿐이어서 지구에서 종식시킬 수 있는 최초의 그리고 유일한 질병이었다.

천연두 회복 후 피부에 발진형태로 남은 모습
출처: Fox, G H.(1886)

천연두의 치명률은 유형에 따라서 10~75%까지 범위가 넓은데 보통 30%로 치명률이 높다. 천연두도 오래된 질병으로 이집트 파라오 람세스가 천연두에 걸렸다는 기록이 남아 있다. 인도에서도 유행 기록이 있고 우리나라는 6세기에 중국을 통해 들어와서 일본으로 퍼졌다. 중세가 되기 전까지만 해도 아메리카 대륙에는 천연두나 홍역에 대한 기록이 발견되지 않았는데 식민시대가 시작되면서 유럽에서 홍역과 천연두가 아메리카 대륙으로 건너가 많은 원주민들이 사망하였다.

천연두는 발진이 생기고 난 후 회복이 되어도 피부가 흉하게 남는 것이 특징이다.[21] 이 후유증은 천연두를 앓고 살아남아도 자존감을 떨어뜨리고 사회활동을 위축되게 했다.

한센병(나병, Hansen's Disease, Lepra)

한센병은 예전에 나병으로 불렸으며 아주 오래된 전염병 중 하나로 서아프리카에서 인간의 이동으로 대륙에서 대륙으로 전파된 것으로 추측하고 있다. 성경에 자주 등장하는 한센병은 죄가 형상화된 것이나 사탄이 들린 것으로 인식되었으며 부정한 자로 낙인찍혀 외곽에서 격리되어 살아야 했다. 지금의 개념으로는 감염성 질환을 예방하고 관리하는 차원에서 격리하여 거주하는 것

한센병으로 기형이 된 손
출처: B. Jehle(1990년경), Lepra

은 당연한 일이다. 하지만 과거에는 감염의 우려가 사라져도 한센병 증상으로 인해 외양에서 표시가 나타나므로 자신들이 나병이라는 것을 감추고 살기 어려웠다. 이에 따라 한센병 환자들끼리 공동체를 이루어 생활하였다.

이들은 주로 거리에서 구걸을 해서 생계를 유지했다. 구걸을 하면서도 전염을 막기 위해 본인이 가슴을 치면서 한센병 환자임을 스스로 소리쳐서 알린다거나 나팔과 같은 것을 불었다고 한다. 소리치거나 나팔을 부는 것이 전염을 막으면서 구걸할 수 있는 수단이었다. 감염병으로 인간의 기본적인 인격을 지키기 어렵거나 존중받지 못했던 시절의 잔인한 모습이다. 이외에도 감염병이 유행하면 감염자는 상대방에게 인간적 배려나 가치를 존중받지 못하는 여러 가지 사건이 발생하였다.

중세시대 십자군 전쟁의 이동경로를 따라 나병이 천연두, 페스트와 함께 창궐했다. 나환자를 수용하기 위한 시설은 11세기부터 생기기 시작했다. 이후 식민지 정책에 따라 아시아, 아프리카, 아메리카 등 전 세계에 나병이 확산되었다.

감염병 확산의 조건

페스트, 천연두, 나병은 모두 신체적 변형을 초래하고 중세를 거쳐 근대에 이르기까지 크게 유행하였으며 수많은 인명 피해를 입혔다.[22] 감염성 질환을 반복적으로 경험하면서 그로 인해 알게 되는 사실이 생겼고 예방 및 관리하는 방법도 진화되었다. 감염병으로 커다란 사회적, 경제적, 문화적 변화가 초래되

기도 하였다. 경험이 축적되었다고 해도 과학적 사실을 기반으로 한 것은 아니었으며, 여전히 대다수의 일반 대중은 글을 읽지 못하고 교회가 강한 권력을 행사하고 질병은 신의 징벌이라는 생각이 만연하였다.

십자군 전쟁 이후에는 유럽 전역에서 여전히 페스트, 한센병, 천연두는 무서운 전염병이었다. 수차례에 걸친 십자군 전쟁은 유럽을 돌아서 이스라엘까지 이르는 긴 여정이었고 그동안 군인들은 제대로 씻고 식사하며 행군할 수 없었다. 그 당시 군인들은 걸어서 이동하고 환경과 개인위생을 관리할 수 없어서 군대는 감염병의 소굴이 될 수밖에 없었다. 십자군은 병원체를 유럽에서 중동으로 이동시키는 수단이 되었다.

십자군 전쟁과 더불어 감염병을 확산시킨 곳은 교회였다. 질병은 죄의 결과이며 신의 노여움이고 사탄이었다. 그래서 신의 노여움을 풀고 죄의 사함을 받기 위해 교회에서 기도를 해야 했다. 교회는 감염병에 걸린 사람이 건강한 사람과 함께 한 공간에 모여서 시간을 보냄으로써 감염병을 확산시키는 장소가 되었다.

중세 후기에 인구가 증가하고 도시를 형성하게 되는데 이것이 전염병 확산의 또 다른 원인이 되었다. 도시가 형성되고 커지면서 인구는 도시로 집중되기 시작했다. 인구집중은 감염병이 확산되는 데 좋은 조건이 되었다.

감염병은 환경이 좋지 않은 곳에서 발생하여 집단으로 생활하고 이동하면서 유행하게 된다.

감염병의 원인을 찾아서

육안으로는 관찰할 수 없는 무언가가 감염을 일으키지 않을까? 현미경 렌즈 기술의 발전이 이 의문에 대한 해답을 주었다. 렌즈 기술을 획기적으로 발전시킨 사람은 네덜란드의 레벤훅Antoni Leeuwenhoek이었다. 그는 짧은 시간에 렌즈를 매우 정교하게 만들었다. 그의 기술로 미생물 분야가 발전하기 시작했다. 현미경을 통해 육안으로 확인할 수 없는 실체를 확인함으로써 감염병은 세균으로 발생한다는 가설인 세균설을 확인하게 되었다. 이후에는 많은 과학자들이 감염병의 원인을 모두 미생물 발생으로 귀결시켰다. 그 결과로 파스퇴르Louis

Pasteur, 코흐Robert Koch와 같은 생물학자, 세균학자를 배출하게 되고, 결핵, 콜레라, 탄저 등의 원인균을 찾게 되었다.

미생물학의 발전과 더불어 백신 개발이 함께 진행되기 시작했다. 제너 Edward Jenner가 천연두 백신 우두법을 발견하고 효과를 거두게 되면서 전염병을 예방할 수 있는 단초를 제공하게 되었다.

02 대륙 간의 감염병 교환 그리고 팬데믹

감염병 교환에 대한 콜럼버스의 영향

1492년 콜럼버스Christopher Columbus가 아메리카 대륙의 일부를 발견하면서 구대륙과 신대륙 간에 생산품과 생물의 이동이 이루어지게 되었다. 여기에 병원체 이동이 함께 이루어져 구대륙에 있던 천연두, 홍역, 수두, 장티푸스 등이 신대륙으로 건너가 원주민의 80%가 사망할 정도로 감염병의 피해 규모가 컸다.

반면 신대륙에 있던 매독이 구대륙으로 이동하였는데, 치료제가 개발되기 전까지 사망률이 매우 높았던 감염질환이다. 그 당시 콜럼버스는 물론이고 니체, 괴테, 고갱, 모파상 등 유럽의 유명 인사들이 매독에 감염되어 사망했다. 그 시기에 성병은 혼외정사에 대한 신의 저주로 생각되었고 성적 욕구 충족의 죄책감과 자유로움 사이의 줄타기에 대한 대가로 여겨졌다. 이후 페니실린을 개발하면서 매독의 공포에서 벗어날 수 있었다.

무역이 활발해지면서 더욱 빠른 속도로 대륙에서 대륙으로 전염병을 주고받게 되었다. 사람들은 선박이 정박하기 전에 무역상품도 궁금하지만 어떤 전염병이 상륙할지 몰라 불안해했다. 이를 해결하기 위한 방법이 격리였다. 배가 정박하고 병원체가 발생하는지를 관찰하는 기간을 40일로 잡고 아무 일이 없으면 상륙하여 활동하게 한 것이 검역Quarantine이다. 검역의 유래는 이탈리아어로 40을 의미하는 것이다. 고대에 격리를 7일 했다는 검역기록이 있다. 선박을 통해서 황열, 장티푸스 등 여러 가지 질병이 상륙함에 따라 베네치아에서 공식적인 검역을 하였다. 이 당시에 40일 간의 격리기록이 있다.

콜럼버스가 신대륙을 발견하고 유럽 각국에서는 식민지 정책이 시작되었다. 16세기 초반 스페인의 코르테즈Hernan Cortes가 잉카 제국을 정복하고 식민지로 만들었다. 스페인과 잉카 제국 사이에 전쟁이 일어났을 때 천연두가 유행하게 되었다. 잉카 제국에서는 천연두에 노출된 적이 없었기 때문에 전쟁 중에 피해가 컸다. 반면에 스페인군은 오랫동안 유럽에서 천연두에 노출되었기 때문에 면역이 있는 사람들이 많았다. 잉카 제국은 처음 경험하는 전염병으로 사망하는 사람이 많아지자 사기가 급격하게 저하되었다. 잉카인들은 스페인과 전쟁할 때 천연두로 인한 사망자와 감염자가 사용하던 모포 등을 상대에게 투척하면서 무기로 사용하였다고 한다. 전쟁에 패하고 문명이 사라진 데에는 지배구조가 약해지고 유언비어가 돌았던 것도 일조하였다. 그러나 새로 유입된 천연두는 잉카 제국의 멸망에 결정적인 역할을 한 일화로 유명하다.

런던에서 콜레라 유행

병원체의 규명, 백신 개발, 항생제 개발로 감염병은 정복될 것처럼 보였다. 그러나 그렇지 않았다. 감염병의 감소에 의학의 발전이 영향을 미쳤으나 더욱 중요한 결정적인 요인은 환경위생의 개선이었다. 전체 감염병 중 90% 이상이 물로 인해서 발생한다. 음용수를 관리하고 위생적인 식수를 음용함으로써 수인성 감염병의 원인요인을 감소시킬 수 있다. 도시계획으로 상수도와 하수도가 분리되어 깨끗한 물을 사용할 수 있게 된 것이 전염병을 줄일 수 있는 가장 큰 계기가 되었다. 그러나 아직도 상·하수가 분리되지 않고 안전한 식수공급이 되지 않는 지역이 있다. 이런 지역은 위험요소가 존재한다.

유럽에서는 산업혁명이 시작되면서 도시로 인구가 집중되었다. 도시의 주거환경은 노동자들에게 열악하였다. 주택공급도 밀려드는 인구를 감당하지 못했다. 가장 수월하게 거주하는 방식이 강가에 주택을 짓거나 배 위에서 생활하는 것이었다.

템스강은 주변에 거주하는 사람들로 인해 오물이 흘러들어가서 오염되고 악취가 나기 시작하였다. 1854년 런던 웨스트민스터 서쪽 소호 지역에서 음용수가 오염되어 발생한 콜레라 유행으로 약 14,000명이 사망하였다. 당시 콜레라 균의 정체를 몰랐기 때문에 오염된 공기로 인해 질병이 발생한다고 생각했다. 스노우John Snow가 지도 위에 점으로 사망자를 표시하여 사망자 밀집 지역을 파악하였고, 사망자가 많이 발생한 지역의 음용수가 다른 지역과 다른 것을 발견하였다. 그 결과 콜레라가 오염된 물을 통해 발생한다는 것을 알게 되었다.

그 이후 대도시 상수도법을 처음으로 제정하여 수질을 관리하게 되고 템스강을 모래와 자갈로 여과하여 깨끗하게 만들었다. 비용을 감당할 수 없어 부유한 사람들의 기금을 모아서 시행했다고 한다. 당시 템스강의 심한 악취로 부유한 사람들은 강에서 멀리 떨어져서 거주했다. 질병과 관련된 요인을 찾아가는 스노우가 이용한 기술적 방법은 지금까지도 사용하는 기초적인 조사방법이다.

뉴욕에서 장티푸스 유행

최초 한 명의 감염에서 시작하여 유행으로 발전하게 된 대표적인 사례가 뉴욕의 장티푸스이다. 사건의 장본인은 장티푸스 메리Typhoid Mary라는 별명으로 불렸다. 그녀는 위생관념이 부족하여 거의 손을 씻지 않았다. 이 사건은 최초 환자를 발견하고 관리하지 못했을 때 대유행으로 번지는 것을 분명하게 보여주고 있다.[23]

요리에 균을 넣는 장면으로 풍자
출처: NY PBS, June 20, 1909.

이야기의 주인공은 아일랜드에서 15세에 미국으로 건너온 이민자인 메리 말론Mary Mallon으로 시카고와 뉴욕의 부유층 요리사로 일을 했다. 근무하는 집마다 설사, 구토, 복통의 장티푸스 증상 환자가 나타나거나 사망하거나 하였다. 메리는 무증상 보균자로 자신은 증상이 나타나지 않으면서 균을 배출하는 상태였는데 요리사로 근무하는 동안에 1900년대 이후로 7회나 장티푸스를 유행시켰다.

그녀가 미국에 입국할 때와 장티푸스 유행 시 장티푸스 검사를 위한 검체 채취를 거부하여 장티푸스 보균자인지에 대한 기록이 없었다. 그녀가 강제로 입원하고 난 후 검사를 했을 때 대변에서 다량의 장티푸스균이 나왔다.

이후 미국을 비롯한 대부분의 나라에서 장티푸스 보균자는 조리업에 종사하지 못하게 하는 법이 제정되어 조리업 종사자는 취업 이전에 장티푸스 보균여부에 대한 검사를 하게 되었다. 다수의 안전을 위해 장티푸스 보균자는 조리업에 종사하지 못한다. 이 이야기는 개인이 자신의 인권과 신념을 바탕으로 검사와 격리를 거부할 때 피해 규모가 커지는 것을 보여주고 있다. 현재 코로나 역학조사에서 거짓 정보를 제공한다거나 격리기준을 어기고 전파시키는 사례와 마찬가지라고 볼 수 있다.

가장 최근에 발견된 미생물, 바이러스

미생물 중에서 가장 최근에 발견된 것이 바이러스다. 생물과 무생물의 중간에 위치하는 바이러스는 담배 모자이크병을 일으킨 담뱃잎에서 처음 발견되었다. 바이러스의 크기는 0.2㎛ 이하로, 세균보다 작아서 광학 현미경으로는 관찰되지 않으며, 전자 현미경으로만 실체를 확인할 수 있다. 박테리아보다 더 작은 필터를 발명하여 박테리아를 걸러내는 데 성공하였는데, 이 작은 필터를 통과하여 담뱃

바이러스의 무생물적 특성

생물체는 세포로 되어 있다. 세포 속에는 핵과 미토콘드리아, 엽록체 등의 세포 기관이 들어 있는데, 바이러스는 이러한 구조 없이 DNA나 RNA의 핵산과 이를 둘러싼 단백질로 되어 있다. DNA 바이러스는 핵산의 종류로 DNA 유전물질을 가지고 있다. RNA 바이러스는 핵산의 종류로 RNA 유전물질을 가지고 있다.

생물은 체내에 물질 대사에 필요한 여러 가지 효소를 가지고 있어서 영양분만 주면 필요한 물질을 스스로 합성하여 살아갈 수 있다. 그러나 바이러스는 효소와 호르몬 등을 전혀 가지고 있지 않다. 그래서 바이러스는 다른 생물체의 세포 속으로 침입하여 그 생물이 가지고 있는 효소를 이용해서 자신이 필요로 하는 물질을 합성하여 번식을 한다. 바이러스는 죽은 생물체에서는 살아갈 수 없다.

박테리아 같은 생물은 밥이나 고기 국물이 있는 곳에서도 잘 번식하지만, 바이러스는 효소를 갖고 있지 않기 때문에 그러한 곳에서는 살 수가 없다. 바이러스를 생물이라고 생각할 수 없는 점은, 바이러스를 단백질의 결정으로 만들 수 있다는 점이다.

잎 색이 변하게 하는 물질을 관찰했다. 이를 담배 모자이크병이라고 했다. 처음에는 박테리아가 원인이라고 생각했으나 필터를 통과시키고도 이 병에 걸리는 것을 보고 박테리아보다 작은 병원체가 존재한다고 생각하게 되었다. 나중에 이것을 담배 모자이크 바이러스라고 부르게 되었다. 바이러스 정체가 밝혀진 것은 불과 1890년대 전후이다. 최근 피해가 큰 감염병은 거의 모두가 바이러스가 원인이다. 현재는 가장 최근에 밝혀진 바이러스가 전염병의 가장 큰 위협이 되고 있다.

1970년대 이후로 신종 감염병이나 재출현 감염병이 매년 평균 한 가지씩 나타나고 있다. 역사적으로 오래된 것들이 있는 반면 에볼라, 에이즈, 지카 등은 밝혀진 지 얼마 되지 않았는데 병원체가 모두 바이러스이다.

최근에 출현한 약 150개 신종 질병 중 약 3/4은 동물에서 유래된 인수공통 질환이다. 이 중 40%는 바이러스가 원인이고 30%는 박테리아, 10%는 원충, 5%는 기생충이 원인이다.

원충이란?

단세포생물이다. 모든 기능이 하나의 세포 내에서 이루어지므로 그것이 하나의 개체로서 생활한다. 운동은 편모, 섬모, 위족으로 하는데 운동을 하지 못하는 것도 있다. 모양은 매우 다양하며 수생동물 유생의 먹이로 매우 중요하다. 오염된 물에서 서식하는 대부분의 편모충류는 물을 정화시키는 역할을 하는데, 부유 생활을 하는 종류는 때에 따라 이상 증식을 하여 적조현상을 일으켜 수생동물에게 큰 피해를 준다. 원생동물은 현재 전 지구상에 3만 종 이상이 알려져 있고, 하천·호수·바다 등에 살고 있다.

과학자들은 사스, 신종 인플루엔자를 경험한 후 다음 범유행 전염병은 RNA 바이러스 감염병이라고 예측하고 있었다.[24] 코로나19는 RNA 바이러스에 의한 감염이다. 바이러스는 동물과 인간과의 장벽을 쉽게 허물어뜨리는 것처럼 보인다. 일반적으로 병원체는 좋아하는 숙주가 따로 있어서 병원체와 숙주 간에 서로 교환이 이루어지기 쉽지 않다. 그러나 최근 발생한 사례는 동물에게서 인간으로 어렵지 않게 넘어오는 것을 볼 수 있으며, 특히 바이러스의 경우 인간의 세포에 선호하는 수용체를 다른 병원체보다 더 많이 만들어낸다. 인간과 인간이, 인간과 동물이 긴밀하게 접촉하면서 숙주를 찾을 수 있는 좋은 환경이 만들

어졌고, 이는 현재 코로나바이러스 말고도 다른 신종 바이러스에도 이번처럼 무기력하게 노출될 가능성이 있다는 의미다.

범유행성 감염병

현대에 들어서 가장 많이 언급되고 있는 범유행성 감염병에 제1차 세계대전 때 유행했던 스페인 독감, 2003년 사스, 2009년 신종 인플루엔자 등이 있다.

스페인 독감

스페인 독감은 1차 유행이 1918년 봄에, 2차 유행은 다음 해 겨울에 진행되었는데, 2차 유행에서 독성이 강해져서 많은 사망자를 냈다. 지역이나 기록에 따라 사망자 수가 달라지는데 적게는 2천만 명에서 8천만 명까지 범위가 넓다. 젊은 계층의 사망자 수가 많아서 이 당시 유행했던 바이러스가 젊은 계층에 더욱 위험한 것으로 추측하고 있다. 당시 전쟁 중이었기에 젊은 남자 사망자들이 많았을 것이다.

1918년에 유행했던 스페인 독감과 2009년에 유행했던 신종 인플루엔자는 같은 형태의 A형 H1N1 바이러스다. 1918년에는 세계 평균 사망률이 3~5%였다.

전쟁 중 세계적인 범유행성 감염병으로 전쟁은 서둘러서 마무리되고 독감 예방접종 문화가 시작되었다.

1957년 인플루엔자 범유행을 일으킨 아시아 독감은 중국에서 2월에 발견되어 홍콩, 싱가포르, 대만, 인도에서는 100만 명이 감염되었다. 미국에서는 7만 명의 사망자가 나왔고, 같은 해 영국에서 백신이 개발된 후 진정되었다. 아시아 독감은 인플루엔자 A형 H2N2였다.

1968년 7월에 A형 H3N2형 바이러스 감염자가 홍콩에서 최초로 발생되면서 세계적으로 1백만 명의 사망을 초래했다. 실제로는 홍콩에서 최초 발생 보고가 되었지만 중국 본토에서 홍콩으로 확산되었다는 추측이 있으며 홍콩 독감으로 알려졌다.

다음으로 영향이 컸던 감염병이 중증 급성 호흡기 증후군으로 원인균은 SARS-Co-V 코로나바이러스, RNA 바이러스이다. 2002년 11월 16일 중국 광

둥성에서 시작하여 2003년까지 아시아, 북미, 유럽, 호주에서 발생한 감염병이다. 2003년 7월 31일까지 총 29개국에서 8,096명 발생, 774명의 사망자가 보고되었다. 당시에 우리나라는 4명의 감염자가 발생하였지만 사망자는 없었다. 중국과 홍콩, 캐나다, 싱가포르에서 다수의 감염자와 사망자가 기록되었다.

이외에도 세계적으로 유행하여 팬데믹을 선언한 것이 신종 인플루엔자다. 신종 인플루엔자는 2009년 범유행했던 인플루엔자로 A형 H1N1이 원인 바이러스로 공식적 명칭이 지정되기 전에 조류 독감, 돼지 독감, 돼지 인플루엔자 등으로 불렸다. 바이러스가 조류와 돼지를 통해서 인간에게 감염시키기 적절하게 변형되어 스페인 독감보다는 감염력은 높고 병원력은 낮은 형태의 바이러스였다. 2010년 1월까지 사망자 14,378명, 의심자가 약 80,000명이었다.

이제는 국내 방역만으로는 감염병으로부터 안전하지 않다. 전 세계를 감염시키는 시간이 2000년대 들어서 유행속도가 빨라져서 첫 환자가 보고된 후 전 세계로 감염자가 확산되는 데 보름도 걸리지 않았다. 2009년 4월 호주 학생들이 집단으로 여행하면서 신종 인플루엔자 감염 사례가 나타났다. 이후 멕시코에서 휴교하고 미국 일부 지역에서도 감염 전파를 막기 위해서 휴교하였다. 휴교가 독감의 전파를 실제로 효과적으로 막았으며, 홍콩은 감염병이 발생하면 휴교부터 고려한다. 방역은 나라마다 시기마다 조금씩 다르지만 홍콩이나 싱가포르와 같이 인구가 집중되어 있는 도시 국가는 감염병에는 특히 취약한 지리적 구조를 가지고 있어 취약집단의 모임을 우선적으로 막는다. 이런 규제로 발생하는 손실에 대해 우선적으로 취약집단에게 보편적 경제적 지원을 하고 있다.

03 코로나19 확산 과정과 대응

감염병 위기경보: 관심에서 주의 단계로

2019년 12월 중국 우한시에서 처음 확인된 SARS−CoV−2의 감염증인 코로나19는 현재 전 세계에서 유행하고 있는 진행형의 감염병이다. 우리나라는 2020년 1월 3일 중국 후베이성 우한시 폐렴환자 집단 발생을 보도하였다. 우리나라 질병관리본부는 즉각적으로 우한시 원인불명 폐렴 대책반을 구성했다. 또한 우한발 항공편 입국자에 대한 검역을 강화하였다.[25]

그 후 사람 간 전파의 가능성이 있어 신종 코로나바이러스 폐렴의 조기발견 및 확산 방지를 위해 지역사회 대응을 강화한다고 밝혔다.[26] 1월 20일 중국 우한시에서 입국하는 코로나19 첫 번째 해외유입 감염자를 확인하였다. 이에 따라 감염병 위기경보 수준을 관심에서 주의 단계로 상향 조정하고, 중앙방역대책본부와 지자체 대책반을 가동하여 지역사회 감시와 대응을 강화하였다.[27] 국내에서 다른 접촉자 없이 공항 검역 단계에서 발견되어 이 시기까지는 지역사회 전파가 없는 상황이었다. 2020년 1월 24일 두 번째 감염자가 확인되었다. 1월 23일 보건소 선별진료를 통해 검사를 실시한 결과 신종 코로나바이러스로 확진되었다. 두 번째 감염자는 우한에서 상하이를 경유하였다는 사실에 유념해야 한다.

이 당시만 해도 신종 코로나바이러스 관련 WHO 긴급위원회는 아직 국제 공중보건 위기상황이라고 보지 않았다.[28] 질병관리본부는 1월 26일 세 번째 감염자를 확인하면서 중국 전역을 검역 오염 지역으로 지정하고 신종 코로나바이러스 감염병 감시를 강화하였다.[29][30]

감염병 위기경보: 주의에서 경계 단계로

2020년 1월 28일 14일 내 중국 우한으로부터의 입국자 전수조사를 실시하기로 결정하고 보건복지부 중앙사고수습본부와 질병관리본부 중앙방역대책본부는 감염병 위기 단계를 경계로 상향하였다. 지자체와 함께 지역사회 대응체계를 한층 강화했다. 무증상기에 입국한 후 지역사회에서 발생하는 환자를 조기 발견해서 조치하기 위해 지자체별 선별진료소를 추가 확대하였다. 이 당시에 중국 외 국가에서 유입된 사례 중 검역 단계에서 확인된 경우는 50건 중 7건 수준이었다. 중국뿐 아니라 그 외 국가에서도 감염자가 입국하는 것으로 나타났다. 출입국기록으로 우한에서 입국한 내국인과 외국인은 총 3,023명이었다. 내국인이 38.7%, 외국인이 61.3%였다. 지자체와 건강보험심사평가원이 함께 우한에서 입국한 전수를 일괄 조사하고 모니터링하였다. 내국인에게서 발열이나 호흡기 증상이 확인되면 국가 지정 입원치료병상에 이송해 격리·검사를 실시하였다. 외국인은 출국 여부를 우선 확인하고, 국내 체류자는 경찰청과 협조하여 조사하였다.

첫 번째 확진환자 발표 후 8일 만에 감염병 주의보를 상향 조정하였다. 하루 2회 정례 브리핑을 시작하고 확진환자 역학조사로 이동 동선을 공개하기 시작하였다. 접촉자 중 유증상자는 의심환자로 분류하여 격리병동에서 관찰하였다.

접촉자 역학조사에서 신용카드 내역과 본인 진술을 통해 일상접촉자를 더 세밀하게 찾아냈다. 확진자와 의심자가 더 증가한다면 격리병상이 더 필요한 상황이었다. 코로나19 환자와 의심자를 위해 지역사회 거점 병원 확보를 준비했다. 코로나19 예방에 관한 국민행동 수칙과 기본적인 예방수칙을 반복적으로 여러 매체를 통하여 홍보하기 시작하였다.

2020년 1월 30일 질병관리본부는 검사 소요시간을 현재의 1/4로 줄인 신종 코로나바이러스 유전자 검사의 검증절차를 완료하였다. 2월 초부터 전국 보건환경연구원은 물론 주요 민간 의료기관까지 신속검사체계를 안착시키기 위해 인허가절차를 준비하였다. 기존의 방법은 판코로나바이러스 검사 방식으로 2단계 걸쳐서 검사하고 24시간 소요되었다. 새로운 방법은 염기서열 분석인 리얼타임 RT-PCR 방식이었다. 한 단계로 줄이면서 6시간의 검사시간을 축소하는 혁신적인 방법을 개발하여 사용하기 시작하였다. 이 방식을 통해 보다 효과적으로 환자를 조기 발견할 수 있어 감염병 확산의 예방을 효과적으로 할 수 있게 되었다.

신종 감염병 발생 초기에 항상 루머가 일어나듯 중국에서의 빠른 확산 속도와 사망자 발생으로 유언비어가 퍼지기 시작하였다. 루머에 대한 대응도 함께 하기 시작하였다. 동시에 코로나 치료제 및 백신개발 연구에 국립보건원이 착수하였다. 우선 에이즈HIV/AIDS 바이러스 치료제와 에볼라 바이러스 치료제 효능에 대한 평가와 치료용 항원, 항체 개발 등에 관한 연구를 시작하였다. 메르스 환자가 발생하였을 때 검증된 치료약이 없어서 에이즈 치료제를 사용했었다. 그중에는 효과를 본 환자도 있었다. 이번에도 코로나19 치료제가 없기 때문에 우선 기존의 에볼라와 에이즈 바이러스 치료제를 사용하였다. 그중에서 에볼라 바이러스 치료제인 렘데시비르가 가장 효과가 있었다.

2월 18일까지 하루 1~2명 정도 감염자가 증가하여 누적 감염자가 31명이 었다.[31]

구분	총계	확진환자			검사현황		
		소계	격리 중	격리 해제	계	검사 중	결과 음성
2.17.(월) 16시 기준	8,718	30	20	10	8,688	708	7,980
2.18.(화) 09시 기준	9,265	31	21	10	9,234	957	8,277
증감	+547	+1	+1*	0	+546	+249	+297

출처: 질병관리본부(2020. 2. 18.), 2월 19일 09시 기준 코로나19 현황

31번 확진자는 대구 거주자로 해외여행 이력이 없었다. 31번 확진자 이후 하루 사이에 15명이 증가하여 31명에서 46명이 되었다. 새로 확인된 환자 15명 중 13명은 대구·경북 지역에서 확인되었다. 이 중 11명이 31번째 환자와 연관이 있는 것으로 확인되었다.[32] 31번째 감염자는 해외여행 이력이 없으면서 확진자가 됨으로써 지역전파를 의심하기 시작하였다. 후에 집단감염을 알려준 최초 사례였다. 역학조사 대상자가 동선이나 접촉자를 제대로 알려주지 않을 때 혼란이 발생하고 조사와 방역에 많은 시간이 소요될 수 있음을 알려준 사례이기도 하다.

31번째 확진자 이후 대구의 감염자는 급속도로 증가하기 시작했다. 2월 20일에는 31명이 증가하여 총 82명이었다. 전날의 두 배씩 증가하고 있었다. 새로 확인된 환자 31명 중 30명은 대구·경북 지역에서 확인되었다. 역시 31번 환자와 연관 있는 것으로 확인되었다. 2월 22일 142명이 증가하여 오전 9시 누적 확진자는 346명이 되었다. 대구와 경북 지역을 중심으로 빠르게 확산되었다. 31번 확진자를 포함하여 신천지 교회가 공통요인이었다.

2월 21일 경북 청도병원의 입원환자가 사망함으로써 우리나라에서 코로나19 감염 발생 이후 첫 사망자가 나왔다. 대구 경북의 신천지 관련 확진자가 급증하자 감염병 위기경보를 경계에서 심각 단계로 올렸다. 이 당시에는 대구·경북 지역의 전파가 확진자 중 거의 90% 이상이었다. 위기경보 상향으로 지역사회 전파에 준하는 대응을 선제적으로 하게 되었다.

감염병 위기경보: 경계에서 심각 단계로

2000년 2월 23일 코로나19 범정부대책회의에서 정부와 지자체 방역당국과 의료진을 포함한 전 국민이 총력대응하기 위하여 기존 위기경보를 경계에서 최상위 심각 단계로 격상하였다. 2월 24일 대구와 경북 지역을 감염병 특별관리지역으로 선포하고 빠르게 급증하는 확진자와 접촉자에 대응하였다.

경산 지역은 3월 5일 감염병 특별관리지역으로 지정되었다. 첫 번째 확진자 입국 이후 거의 1달 만에 최고 단계인 심각 단계로 상향되었다. 급증하는 확진자로 인해 코로나19 지역사회 전파가 현실화되면서 행정 · 방역체계 및 의료체계 정비와 함께 범부처 공중보건기관의 자원을 최대한 효율적으로 활용할 수 있어야 함이 제기되었다.

이미 대구 · 경북 지역에서는 확진자, 의심환자와 접촉자를 격리하고 치료할 수 있는 시설이 부족했다. 이 상태로 진행된다면 도시기능 마비가 우려되었다. 생활필수품과 의료자원이 부족하여 혼란을 초래할 수 있는 상황이었다. 생활필수품 공급, 병상 부족, 격리시설 부족, 역학조사관의 부족, 의료 인력의 부족 등 단기간에 해결해야 했다.

질병관리본부는 역학조사관을 긴급하게 모집하여 채용하고, 상시교육을 인터넷으로 시행하였다. 인력부족 지역에 공중보건의를 전환 배치하고 의료인력에 대한 교육 훈련을 강화하였다. 각 시 · 도에 소속된 공중보건의사와 간호인력에서 선별진료소와 감염병 전담병원의 운영을 위해 파견하였다. 중앙재난안전대책본부는 코로나19 치료를 위해 파견된 의료인력이 현장에서 방역활동에 집중할 수 있도록 경제적으로 보상하고 숙소를 제공하였다. 파견 종료 후에는 14일간의 자가격리 기간을 부여했다. 코로나19가 초기에 증상이 경미한 상태에서 감염력이 높아 전파가 빠르게 일어나 단기간에 확진자가 급증하였다. 대구 · 경북 지역의 병상부족으로 환자가 입원치료 받지 못하여 사망하는 사례가 발생하였다.

제한된 자원 내에서 대상자 선별작업과 치료체계 재구축의 필요성이 제기되었다.[33] 중등도 이상의 환자는 감염병 전담병원이나 국가지정입원병상으로 신속한 입원이 이루어지도록 하였다. 동시에 입원치료 필요성은 낮으나 전파 차단과 모니터링 목적으로 격리가 필요한 환자는 국가운영시설 또는 숙박시설을 활용한 지역별 생활치료센터에서 생활하고 의료지원을 하였다.

대구·경북 지역에서 발생하는 확진자, 의심환자와 접촉자를 치료하고 격리하기 위한 대응을 시행했다. 2020년 7월 24일 기준 우리나라 코로나19 감염자 사망자 298명 중 대구·경북 지역 사망자가 245명으로 82.2%를 차지할 정도로 심각했다.

우리나라는 2020년 3월 1일 일일 확진자가 1,092명으로 가장 많았다. 하루 검사는 거의 15,000건에 달했다. 3월 1일 이후 일일 확진자 추이가 감소하기 시작했다.

대구는 2월 18일 첫 번째 확진자 이후 2월 29일에 확진자 수가 741명으로 가장 많았고 그 이후 감소하기 시작하였다. 안정을 찾기까지 종교집단인 신천지교회의 협조가 제대로 이루어지지 않아 확진자가 폭증하고 방역에 애로사항이 컸다. 이를 계기로 종교시설도 다중이용시설로 지정하고 환기시설과 대피로 마련을 의무화해야 한다는 의견도 제시되었다.

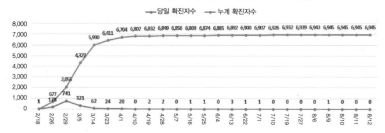

출처: 대구광역시 코로나 현황(~2020.8.12.)

대구와 경북 지역이 안정되면서 서울과 경기 지역의 감염자와 해외유입 감염자가 꾸준히 나타났다. 6월 29일 방역당국은 사회적 거리두기 3단계 지침을 발표하였다. 지역사회에서 발생하는 환자 수, 집단감염의 수와 규모, 감염경로 불명 사례와 방역망의 통제력, 감염 재생산지수를 중심으로 감염확산의 위험도를 평가하였다. 그 위험도에 따라 사회적 거리두기 3단계를 구분하여 시행하기로 하였다. 6월 29일 발표당시는 사회적 거리두기 1단계 수준으로 의료체계가 감당할 수 있는 수준의 소규모 확산이었다. 8월 11일 이전까지 일일 확진자 50명 이하 수준을 유지하고 있었다. 8월 15일 279명으로 감염자가 급증함에 따라

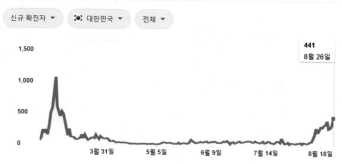

코로나19 전국 일일 확진자 추이(~2020. 8. 26.)
출처: google.com. 코로나19 관련 공식 최신정보.

생활방역 2단계로 강화하였다.

지역적으로 서울, 경기도, 인천에 거의 대한민국 인구의 절반이 거주하고 있다. 그래서 수도권의 교회나 의료기관, 요양원의 집단감염은 확산정도가 비수도권보다 위험하다.

코로나19는 집단으로 오랜 시간을 보내며 방역수칙을 지키지 않는 경우 예외 없이 발생하였다. 신천지 이외 교회 집회, 성지순례, 콜센터, 택배 출하장, 방문판매 집단감염, 요양원, 병원 감염, 이태원 발 허위진술에 따른 후속감염 등 집단감염이 발생하였다.

감염병 확산에 따른 대중의 반응

코로나19는 현재 진행형이다. 아직 치료제도 개발 중이고 백신도 개발 중이다. 현재까지 밝혀진 코로나19의 특징은 다른 바이러스와는 달리 감염력이 높으며 무증상 감염자도 높은 전염능력이 있다. 치명률은 사스와 메르스 중간이다. 신종 인플루엔자는 4월에 지구 남반부에서 발생하여 유행하고 가을에 지구 북반부에서 유행했다. 독감 바이러스는 봄과 가을의 환절기에 유행한다. 대부분의 병원체는 일반적으로 선호하는 기온과 지대가 있다. 바이러스도 이런 특성이 있는데 코로나19는 이런 특성이 없다. 같은 시기에 전 세계에 유행하고 있다. 이런 특성들이 자연계에서 나온 바이러스의 특징이 맞는지에 대한 의문을 갖게 하였다.

　중국에서 감염자가 급증할 때 여러 가지 추측과 허구의 기사가 SNS가 떠돌았다. 우리나라에서 메르스가 발생했을 때도 같은 경험을 하였다. 메르스 유행 당시 정부와 대중의 소통이 긴급할 때 즉각적으로 이루어지지 않았다. 대중의 궁금증은 SNS를 통해 허위와 사실이 뒤섞여 나오기 시작했다. 어느 것이 진실인지 알 수가 없었다. 미지의 감염병이 나타나면 불안함을 넘어서 공포로 다가온다. 감염자가 증가하면 공포는 더욱 커지고 첫 사망자가 나타나면 거의 최고조에 달한다. 이때 필요한 것은 과학적 근거를 바탕으로 한 정보 제공과 지속적인 상황의 공유다.

　메르스를 경험하고 나서 대중의 불안을 감소시키고 정확한 정보를 제공하기 위하여 부족했던 점을 보완했다. 언론에 대응하는 위기소통은 매뉴얼대로 진행하고 대중을 안정시키는 방법을 체계적으로 진행하였다. 위기상황에서 대중을 무조건 안정시키는 방향으로 의사소통하지 않도록 한다. 대중이 일정 수준으로 위험에 대해 걱정하고, 경계하도록 하는 게 중요하다. 위기 상황 초기에는 국민들이 경계심을 조금은 과도하게 갖추도록 할 필요가 있다.

　보건당국은 커뮤니케이션을 통해 대중이 수행할 수 있는 모든 예방책을 전달해야 한다. 위기에 지나친 강박관념을 갖지 않은 가운데 위기국면을 헤쳐 나아갈 수 있도록 유도하는 메시지를 전달하며 지나친 안심과 안정으로 유도하지 않도록 해야 한다.

　초기에 나온 루머로 실험실에서 의도적인 바이러스 유출, 신의 저주, 김치의 효능, 사망자 혹은 감염자 부풀리기가 있었다. 유언비어를 막기 위하여 언론에 보도자료 배부, 지나친 과장 금지, 홈페이지와 홍보자료를 통해 지속적으로 알린 것이 효과가 있었다.

　초기에 대구 확진자가 증가하기 시작할 때 쿠팡물류센터에서는 배송이 원활하게 이루어지지 않아 대구 물류만 매진으로 처리한다는 소문이 돌았다. 나중에 단순 인력부족으로 알려졌고 대구만의 상황은 아니었다.[34] 역학조사 후 확진자 동선 공개로 여러 가지 잘못된 정보가 SNS에 퍼지기 시작했다. 확진자 중 32번 환자가 송씨 성의 C제약회사 직원이고 병원 15곳에 방문했으며, 대구○○ 병원에 격리되었고 동선이 나이트클럽 → 노래방 → 모텔 → 안마방이라 와이프가 화냈단 루머가 있었으나 실제로는 32번은 미혼의 11세 여학생으로 확인되었다. 허위사실은 인터넷상에서 사실처럼 퍼졌다.[35] 이런 허위사실은 주요 일간지에서도 나타났다.

여러 종류의 해프닝을 겪고 2020년 4월 28일 한국기자협회, 방송기자연합회, 한국과학기자협회에서는 감염병 보도 준칙을 발표하였다. 정확하고 신속한 보도를 위해서 과장된 표현과 자극적 수식어 사용을 자제하자는 약속이었다. 감염병에 관련된 보도는 이런 과정을 거치면서 흥미 중심의 기사나 보도보다는 중앙대책본부의 자료를 가장 많이 사용하고 정부에서도 정해진 시간에 매일 적극적 보도를 함으로써 추측기사가 나오는 기회를 줄이게 되었다.

○○일보(2020-02-08) 의료기관에 진단키트 배부하고 난 다음의 기사

폐렴진단키트 배포 첫날, 병원 38곳 중 21곳이 그게 뭔데요? 검사기관 50곳, 준비가 덜 되었다는 이유로 38곳 발표, 이마저도 17곳만 진단 가능, 검사를 시행하는 기관은 진단시약을 지급받지 못하였으며 검사기관 지정통보도 받지 못함, 준비 없이 정부가 진단 가능한 병원부터 발표.
실상: 방역당국의 조사결과, 진단 가능 민간의료기관은 모두 46개소, 검사시행 전 2월 7일 교육을 모두 끝내고 검사 시작할 수 있음을 평가까지 완료하고 모두 정상적으로 검사가 진행 중이었음.

04 코로나19 유행에 따른 외국의 대응

국제 동향

WHO는 이번 코로나19 감염병을 전례가 없을 정도의 범유행성 감염병이라고 규정했다.[36]

한때 20세기에는 더 이상 감염병이 나타나지 않을 것같이 생각했던 때가 있었다. 그러나 감염병을 정복할 수 있다고 생각했던 것이 오만이었는지도 모른다. 2009년 신종플루 H1N1과 현재 진행 중인 코로나19가 범유행병이다. 사스,

2020년 1월 30일 국제 공중보건 비상사태 발표 당시 상황

• 총 7,818명 감염자

• 중국 확진자가 7,736명. 거의 99%가 중국 유행

• 그 외 국가 18개국 82명 확진자

콜레라, 황열, H5N1 독감, 에볼라가 있으며 코로나19가 언제 끝날지 모르는 마지막 선에 있다.[37]

2003년 사스가 유행하고 2004년에는 H5N1 조류독감이 유행했다. 다수의 과학자들은 범유행성 감염병으로 H5N1을 예측했다. 동남아에서 시작된 H5N1은 치명률이 높은 조류독감이다. 다행스러운 것은 인간에서 인간으로 전파되는 감염력이 낮아서 우리는 모르고 지나갔다.

2005년에 WHO는 세계 범유행병을 대비하면서 산하에 국제보건기구 International Health Regulation를 조직하고 전염병에 관련된 준비를 하였다. 전 세계적인 감염성 위협요인에 대한 감시 활동, 대비 및 대응전략 등을 수행하고 있는 조직이다. 이후 H5N1 바이러스가 아니고 H1N1 바이러스가 2009년에 등장하면서 전 세계를 유행시켰다.

국제보건기구IHR는 2019년 12월 31일에 중국 우한에서 원인불명의 바이러스성 폐렴 환자에 대한 보고를 받았다. 이후 2020년 1월에 WHO는 코로나19 전략대비 및 대응 계획을 발표하였다. 이 당시에는 자연계의 동물에서 인간에게 전파된 것은 확실하지만 인간에서 인간으로 전파되는 것에 대해서는 의심 정도만 하고 있었다. 그래서 인간에서 인간으로 전파를 막아보려는 것에 목표를 두고 있었다. 그러나 중국에서 급속도로 감염자가 증가하고 빠른 속도로 대륙

출처: Wikipedia. 천산갑

간에 전파되면서 1월 30일 국제 공중보건 비상사태를 선언하고 세계보건기구 사무총장은 위기관리팀을 만들어 국제적 위기관리 활성화를 요청하여 코로나19에 대응하는 나라들을 지원하는 협조 체계를 구축하고자 하였다.[38]

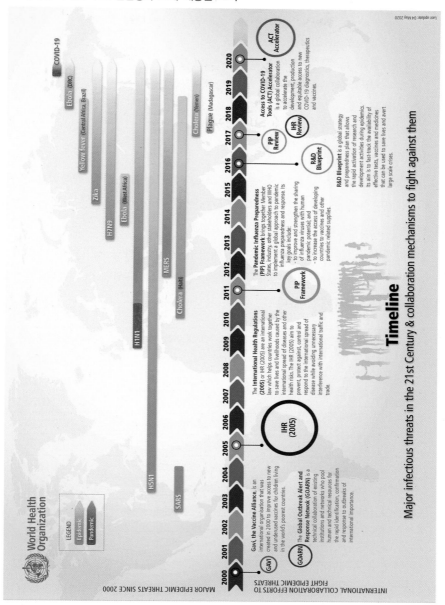

초기 감염자 중 다수가 우한 수산시장을 방문한 이력이 있으며, 그러한 연유로 바이러스 기원을 천산갑에서 유래된 코로나바이러스로 보았다. 바이러스 유전자 검사 결과로 다수의 과학자들은 자연계에서 인간에게로 전파된 것으로 결론을

내렸다.[39]

2020년 3월 11일 WHO 사무총장은 코로나바이러스로 인한 팬데믹을 선언했다.[40] 2020년 8월 13일 기준 감염자는 2,000만 명 이상이 되었고 사망자는 75만에 가깝다. 216개국에서 감염자가 발견되었다.

대한민국, 일본 등이 속해 있는 서태평양 지역이 가장 적으며 아메리카 대륙이 가장 많은 감염자와 사망자를 기록하여 현재는 아메리카 대륙이 가장 심각한 상황임을 나타내고 있다.

전 세계 WHO 지역별	누적확진(일확진자)	누적사망(일사망자)
아프리카	903,249(7,553)	16,985(272)
아메리카	10,697,832(106,903)	390,850(2,277)
중동	1,657,591(13,232)	43,878(445)
유럽	3,606,373(21,315)	217,278(267)
동남아시아	2,691,452(58,679)	54,633(956)
서태평양	378,972(8,351)	8,862(51)

(WHO 지역별 행: 19,936,210(216,033) / 732,499(4,268))

누적감염자 수(새로 확인된 확진자 수), 누적 사망자 수(새로 확인된 사망자 수)
출처: WHO(2020. 8. 11.), 2020년 8월 11일 기준 지역별 코로나19 감염자와 사망자 현황

지역별로 서태평양 감염자가 가장 적어 안정적인 양상을 보인다. 처음 시작은 중국과 우리나라가 포함되어 있는 서태평양 지역에서 시작했다. 그러나 유럽에서 증가하고 이어서 아메리카 대륙이 걷잡을 수 없이 증가하기 시작하였다. 서태평양 지역의 감염자 양상과 다른 대륙과는 비교가 되지 않는다. 유럽이 감소 추세를 보이면서 동남아시아에서 크게 증가하였다. 동남아시아 지역에서는

인도가 거의 80%를 차지하고 있으며 다음이 방글라데시, 인도네시아 순으로 인구가 많은 순서로 누적 감염자 수가 많다. 세계적으로는 8월 11일 기준으로 미국이 가장 감염자 수가 많고 브라질, 인도, 러시아 순으로 감염자 수가 많다.

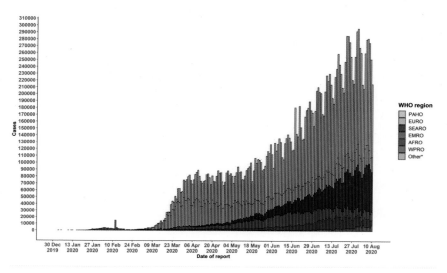

출처: WHO(2020. 8. 11). WHO region: 세계보건기구 지역, PAHO: 아메리카대륙, EURO: 유럽대륙, SEARO: 동남아시아, EMRO: 중동, AFRO: 아프리카, WPRO: 서태평양, Other: 기타

서태평양 지역

서태평양 지역 국제보건기구 사무국에는 22개 회원국이 있으며 중국, 일본, 우리나라가 서태평양 지역 사무국의 회원이다. 중국, 한국, 일본이 초기에 감염자가 매우 빠르게 증가하다가 가장 먼저 안정을 찾았다.

현재는 6개 지역사무소 중 서태평양 지역이 가장 안정적이다.[41] 대한민국이 안정을 찾아가면서 싱가포르와 호주가 증가추세를 기록하였다. 호주는 안정을 되찾았으나 싱가포르는 여전히 많은 감염자 수를 기록하고 있다. 현재 아시아에서는 필리핀이 가장 증가추세가 가파르게 나타나고 있어 심각함을 보여주고 있다. 서태평양 지역의 현재 치명률은 2.87%에 달한다.

싱가포르는 3월 중반이 지나면서 증가하다가 4월과 5월에 급증하여 방역에

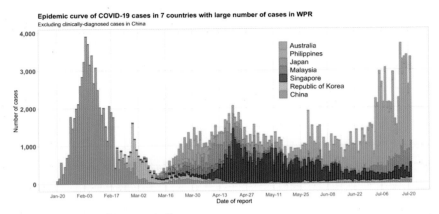

출처: WHO WEPRO (22 July 2020)

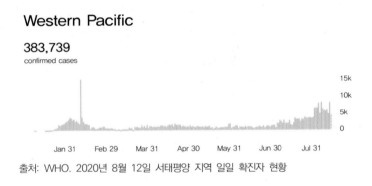

출처: WHO. 2020년 8월 12일 서태평양 지역 일일 확진자 현황

문제가 있었음을 보여주고 있다. 필리핀이 현재 통제되지 않고 있는 것을 알 수 있으며 일본이 통제되고 있는 듯 하다가 6월 하반기부터 감염자가 증가하고 있다. 방역에 성공하고 있다고 평가받는 나라도 다시 증가할 가능성이 있다.

아메리카 대륙

아메리카 대륙의 감염자가 가장 많다. 2020년 8월 12일 기준으로 전 세계 감염자의 50% 이상이 아메리카 대륙의 감염자이다. 아메리카 대륙의 감염자 중에서 미국이 50% 이상을 차지하고 있다.

미국은 6월부터 다시 일일 감염자가 증가하고 있다. 미국도 인구가 밀집된 지역을 중심으로 확산되어 전체 확진자의 40%가 5개 도시에서 발생하고 있다.

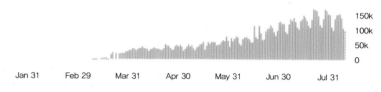

Americas

10,799,062
confirmed cases

150k
100k
50k
0

Jan 31　　Feb 29　　Mar 31　　Apr 30　　May 31　　Jun 30　　Jul 31

출처: WHO. 2020년 8월 12일 기준 누적 확진자 현황

뉴욕, 캘리포니아 등이 확진자가 많이 발생하고 있으며 인구 10만 명당 발생률은 1,561로 세계에서 가장 높다.

다음 순위가 남미 브라질로 8월 12일 기준 3,109,630명의 누적 확진자, 발생률은 인구 10만 명당 1,464명으로 미국 다음이다. 코로나19가 발생하고 유행하면서 각 나라의 최고의사결정자들이 감염병에 임하는 태도가 각양각색이고 이에 따라 감염병이 증가하기도 하고 감소하기도 했다. 브라질의 자이르 보우소나루 대통령은 감염병 대처에 가장 좋지 않은 예를 남긴 지도자이다. 코로나19 바이러스의 위험성에 대하여 수차례 경고한 보건부 장관을 해임하고 가벼운 독감으로 위험성을 축소 평가하였다. 마스크를 쓰지 않고 집단으로 모이는 곳에 방문하고 시민들과 포옹하는 등 감염병 대응에 전혀 도움이 안 되는 태도를 보이다가 양성 판정을 받았다. 브라질 외 칠레, 아르헨티나 모두 확진자가 현재 증가하고 있다.

기타 대륙

유럽은 중국, 한국, 일본에 이어서 폭발적으로 증가하였다. 3월 확진자가 많을 때는 일일 4만 명이 넘었으나 현재는 감소하여 일일 2만 명 정도의 감염자가 발생하고 있다. 절반인 50% 감소했다고 해도 아직도 적은 수는 아니다. 부분적으로는 이탈리아가 안정적으로 감소하였다. 스페인이 8월 12일 기준으로 일주일간 일일 평균 5,000명이 확진되고 있다. 스페인은 코로나19 확산 초기인 지

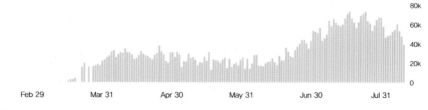

출처: WHO. 2020년 8월 12일 미국 일일 확진자 현황, 누적 확진자 5,039,709명

난 3월 유럽에서도 가장 강력한 봉쇄령을 먼저 시행했다. 생필품 구입 외 외출 금지, 재택근무의 전면 확대, 국경 통제, 상점·음식점·주점의 영업 중지 등의 강력한 봉쇄조치는 석 달이 넘은 지난 6월 21일에야 전면 해제됐다.

해제 당시 스페인의 일평균 신규 감염자 수는 238명으로 10만 명당 감염자는 8명 수준이었다. 그러나 7월 첫째 주부터 코로나19 감염은 다시 맹렬히 확산하기 시작했다. 스페인은 여름부터 수확기가 시작된다. 농번기에 농민들이 집단으로 거주하면서 수확하는 것이 집단감염의 원인으로 보고 있다.[42] 아메리카 대륙 다음으로 확진자 수가 많은 곳이 유럽으로 8월 12일 기준 3,641,603명이다.

아프리카 확진자가 현재 증가하고 있으며 아프리카 중에서는 남아프리카 공화국이 가장 확진자가 많다. 아프리카는 6월을 기점으로 감염자가 현재 감소하고 있다. 인구밀도가 높은 곳이 확진자 증가 양상이 높다. 호흡기 감염병은 인구가 밀집되어 있는 지역이 취약하다. 감염이 되면 경제적으로 취약한 계층의 어려움이 크다. 중동에서도 6월을 기점으로 확진자가 최고 2만 명이 넘었으나 현재 50% 감소한 수준인 12천 명을 유지하고 있다.

현재 공통적으로 나타나는 것은 밀집된 지역에서 발생하며 경제활동을 시작하면 감소하지 않는다는 것이다. 세계 어디에선가 코로나19는 증가하고 있다. 현재로서는 감염자 재생산률, 검사율, 환자 발견율, 치명률과 경제지표를 확인하면서 경제와 병행하는 효율적인 방역을 평가할 수 있다. 감염자가 감소하는 듯 하다가 언제 다시 증가할지 모르는 바이러스 특성 때문에 현재의 평가는 언제든지 달라질 수 있다.

Africa

909,574
confirmed cases

출처: WHO. 2020년 8월 12일 아프리카 일일 확진자 현황

Eastern Mediterranean

1,669,933
confirmed cases

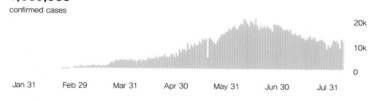

출처: WHO. 2020년 8월 12일 중동 일일 확진자 현황

05 감염병에 관한 영화와 드라마 사례

감염병을 소재로 한 영화

신종 코로나바이러스에 대한 공포가 시간이 지날수록 감소되지 않고 있다. 그래서 이를 소재로 한 영화나 드라마가 재조명을 받고 있다. 특히, 영화나 드라마에서 다루었던 작품들의 배경과 흐름이 지금의 상황과 유사하여 관심을 갖는 사람들이 증가하고 있다.

감염병 재난영화는 사실을 바탕으로 시나리오가 구성되었다. 영화가 현실과 비슷할수록 관람객이나 시청자는 집중하고 흥미를 느낀다. 영화가 가지고 있는 특성과 상상력을 잘 활용하여 사실보다 더 과장하여 연출하면 관람객이나 시청자는 몰입하게 된다.

스릴 있고 흥미를 유발하는 감염병 영화의 시나리오에는 감염자와 사망자가 많고 사회 시스템이 마비되어 순식간에 공포와 혼란의 도가니에 휩싸이게 하는 요소가 있다. 그러한 공포와 불안이 극적 재미를 더하기 때문이다.

최근에 코로나바이러스로 인해 감염병에 대한 관심이 높아지면서 감염병 영화나 드라마도 사람들에게 관심이 높아지고 있다. 그래서 감염병이 얼마나 위험한지 알고 싶다면 이 책에서 다루는 감염병 소재 영화를 한번 감상해 보는 것을 권장하면서 관련 영화와 드라마를 소개하고자 한다.

아웃브레이크 – Outbreak(1995)

제목인 〈아웃브레이크〉는 감염 질병의 대유행을 의미한다. 더스틴 호프먼과 모건 프리먼이 주연했으며 1967년 아프리카 자이르의 모바타 계곡을 배경으로 한다. 한 캠프에서 의문의 출혈열(바이러스에 감염되어 장기나 피부 등에 출혈이 나타나는 질병)이 발생하고, 캠프장은 곧바로 미군 부대에게 도움을 요청한다. 그러나 미군들은 혈액만 채취한 후 캠프에 폭탄을 투하한다. 그로부터 30년 후, 자이르에서 다시 출혈열이 발생하고, 전염병의 원인을 찾기 위하여 고군분투하는 과정을 그렸다.

국내 개봉 당시에는 16만 관객을 동원하는 데 그친 〈아웃브레이크〉가 다시금 주목받고 있다. 감염 재난이 어떤 식으로 확산 및 악화되는지를 세세하게 보여주고 있다. 25년 전의 에볼라 바이러스에 대한 대응을 어떻게 묘사하는지 감상해볼 수 있다.

블레임: 인류멸망 – 感染列島(2011)

국내에서도 꽤 인지도가 있는 츠마부키 사토시가 주연했지만, 국내 개봉 당시 약 4만 명을 동원하는 데 그치며 흥행에 실패했다는 평가를 받았다. 하지만 최근 코로나 사태에 힘입어, 6개월 만에 감염 질병으로 1,000만 명 이상이 사망한다는 줄거리가 주목받으며 9년이 지난 지금 네티즌들에게 회자된다.

한 환자가 고열 증세를 보이며 도쿄 근교의 시립병원 응급센터에 입원한다. 그리고 의사는 해당 환자를 일반적인 감기로 진단한다. 하지만 문제가 일어난 건 그 다음날. 환자의 상태가 점점 심각해지더니 얼굴의 모든 구멍으로 출혈을 일으키며 사망하기에 이른다. 더욱이 도쿄 곳곳에서 이와 비슷한 증상을 보인 사람들이 하나둘씩 속출하기 시작하며 상황이 최악으로 치닫게 된다.

개봉 당시 다소 긴 상영시간과 고루한 전개 등으로 아쉽다는 평가를 받았다. 하지만 현재 바이러스 매개 감염 질병에 대한 관심도가 높아짐과 동시에 화제를 모으고 있다.

컨테이젼 – Contagion(2011)

할리우드 배우 중에서도 인기가 높은 맷 데이먼, 케이트 윈슬렛, 주드 로, 기네스 펠트로 등이 열연했지만 국내 개봉 당시 22만여 관객에 그치며 흥행에 실패했다. 지진이나 해일 등 친숙히 다루어진 재난 상황과 달리 감염 질병으로 인한 재난은 몸에 와닿지 않았기 때문일까. 코로나19가 전 세계를 뒤덮은 오늘날 뒤늦게 온라인상에서 '바이러스 영화 하면 빠질 수 없는 작품'이라는 평가를 받으며 인기몰이를 하고 있다. 마치 코로나19 사태를 예견이라도 한 영화 내용이 인상적이라는 평가를 받는다.

영화는 기침 소리와 함께 시작된다. 갓 홍콩 출장을 다녀온 다국적 기업 임원인 기네스 펠트로는 고열에 시달리다 급작스레 사망에 이른다. 또 아들도 잇따라 숨을 거두고, 남편은 영문도 모른 채 격리당한다.

이 정체불명의 바이러스는 이내 전 세계의 인구를 위협한다. 영화는 바이러스에 감염된 사람들이 유동인구가 많은 거리를 누비고 공공장소에서 출입문 손잡이 등을 만지는 장면을 강조하며 바이러스의 전파 과정에 주목한다. 바이러스 증상과 일반적인 감기 증상을 오인하고, 마스크도 착용하지 않아 급속도로 전파되는 바이러스의 양상과 부족한 병상, 박쥐의 변을 먹고 자란 돼지를 요리한 요리사로부터 시작된다. 최초 숙주가 박쥐로 예상된다는 점 등은 최근 전 세계를 위협하는 코로나19 사태와 무척 닮아 있다.

한국 영화사상 최초로 바이러스의 감염을 다룬 작품이다. 불법 밀입국자들이 컨테이너 속에 숨어서 밀입국하려 했지만 모두 감기 바이러스에 감염되어 사망하고 한 명만이 살아남는다.

살아남은 불법 밀입국자는 도시에 들어와 감염속도 초당 3.4명, 치명률 100%인 감기 바이러스를 퍼트린다.

감염자는 빠른 속도로 증가한다. 정부는 확산을 막기 위하여 도시 폐쇄라는 극단적 방법을 선택한다. 결국 감기 바이러스 환자가 빠른 속도로 증가하는 지역을 감염자와 비감염자로 구분하여 폐쇄한다. 비감염자들은 폐쇄된 공간에서 탈출하려 하고 경찰은 발포명령을 기다린다. 미국은 전 세계적인 확산을 막기 위해 폭격을 준비한다. 하지만, 대통령의 강력한 반대로 취소되고 유일하게 감기 바이러스 항체를 보유한 주인공의 딸에 의해 감기 바이러스를 극복한다는 줄거리이다.

블레임, 컨테이젼, 감기 세 영화 모두 분비물 접촉과 공기를 매개로 전파되는 호흡기 감염병이 소재이고, 빠르게 전파되는 바이러스 질환이라는 점이 공통점이다. 모두 단시간 내에 많은 사망자가 발생하고 사회를 공포와 혼란의 도가니로 몰아넣는다.

감염병은 사람들이 밀집된 도시에서 대량으로 전파되거나 비행기와 같이 밀폐된 공간에서 첫 환자가 발생하는 것으로 시작한다. 이것은 영화나 드라마이기 때문에 가능한 설정이다. 하지만 요즘 상황이 영화나 드라마보다 더 영화 같고 드라마 같은 것이 현실이다.

바이러스 영화에 단골 소재로 등장하는 것이 에볼라 바이러스이다. 에볼라 바이러스는 분비물 접촉을 통해 감염되는데 진행속도가 빠르고 치명률이 높다. 에볼라 바이러스가 2013년까지 오랫동안 아프리카에서 다른 외부 대륙으로 확산되지 못한 것은 에볼라 바이러스가 출현한 곳이 정글과 숲, 에볼라 강이 있는 곳이고, 교통수단이 발달하지 않았기 때문이다.

에볼라 바이러스의 특징은 진행속도가 빨라서 다른 숙주를 찾아서 증식하기 전에 숙주가 사망하고 감염자의 혈액과 같은 분비물 접촉을 통해 전파되기 때문에 전파속도가 낮다.

2013년에 아프리카 5개 국가와 지역도시로 에볼라 바이러스가 확산되어 WHO가 비상사태를 선언하고 군대를 파견하여 국경을 봉쇄한 적이 있다.

지금은 코로나19 때문에 전 세계가 지역을 봉쇄하고 이동을 제한하는 영화보다 더 영화 같은 일들이 일어나고 있다. 코로나19가 종결되면 코로나바이러스 감염병을 소재로 한 영화나 드라마가 많이 제작될 것 같다. 감염병 영화를 제작할 때 소재의 특성을 충분히 이해할 필요가 있다. 사람들이 불안하고 공포를 느낄 때 얼마나 자신만을 생각하고 이기적으로 결정을 하는지, 어떻게 다른 사람에게 영향을 미치는지에 대한 심리적인 변화를 잘 묘사하여 교훈을 줄 필요가 있다.

그러나 너무 과장된 연출을 해서 관람객이 흥미를 잃거나 외면하지 않도록 시나리오를 구성해야 한다. 블레임과 같은 영화가 감염병이라는 특수한 소재에 대한 이해가 부족한 채 제작하여 관객의 흥미를 끌지 못한 것처럼 말이다.

연가시(2012)

2012년 개봉 당시 450만 명이 넘는 흥행을 기록하며 감염 재난 장르를 개척한 선구자적 영화이다. 영화는 기생충의 한 종류인 연가시가 변종하여 감염재난이 발생하는 상황으로 전개된다. 사실 기생충으로 재난 상황까지 발생하기는 현실적으로 어렵다. 그래서 변종이라는 상황을 설정하여 시나리오를 전개한 것 같다. 영화에서 설정한 기생충의 생존 방식은 독특하다.

곱등이 같은 곤충을 숙주로 하는 본래의 연가시와 달리 영화에서는 변종이 일어나 인간을 숙주로 한다. 변종 연가시는 인간의 몸속에 기생하다 산란기를 맞이하면 숙주인 인간의 뇌로 이동하고, 극도로 갈증을 느껴서 물속으로 들어가게 한다. 기생충이 증식을 위해서 인간의 행동을 조종해서 원하는 바를 달성한다는 설정이 재미있다. 그런데 실제로 메디나 기생충에 감염되면 산란기에 피부가 타는 듯이 가려운데 가려움증을 해소하고자 물을 찾게 된다.

아프리카, 파키스탄 등에서 볼 수 있는 수인성 기생충 메디나와 연가시의 특성이 매우 유사하다. 생긴 모양도 메디나와 같고 숙주가 곤충과 인간이라는 점과 물로 숙주를 유인하여 산란하는 점이 같다. 다만 공포감을 극대화하기 위하여 감염자가 물을 찾고 물속에 익사하는 것을 클라이맥스로 한 장면은 영화다운 부분이다.

실제 메디나는 약 2m 길이의 기다란 실처럼 생긴 기생충으로 몸 속에 기생하던 것이 피부 밖으로 나올 때까지 물리적으로 빼내야 하며 빼낼 때 통증이 엄청나다. 중간에 끊어지면 그 부분부터 염증과 괴사가 일어나서 절단해야 한다. 기생충 예방방법은 물을 정수해서 기생충 알을 제거하고 물을 마시는 것이다.[43]

감염병을 소재로 한 드라마

영화 이외에 감염병을 소재로 한 드라마 두 편을 더 소개한다. 2013년에 방영한 세계의 끝과 더 바이러스이다. 두 드라마는 공교롭게도 같은 시기에 방영되어 경쟁구도가 형성되기도 하였다.

세계의 끝(2013) - JTBC

2013년 3월 16일 첫 방영된 JTBC 특별기획드라마 〈세계의 끝〉은 원인이 밝혀지지 않은 괴질의 무차별 확산에 따른 사람들의 고민과 갈등을 소재로 한 작품이다.

〈세계의 끝〉은 배우 윤제문이 극 중 원인 미상의 괴질 '문 바이러스'의 역학을 담당하는 질병관리본부 역학조사 과장으로 열연하였고, 장교 출신으로 뛰어난 통찰력을 가진 인물로 묘사된다. 원인 미상의 바이러스 감염 질병의 출현 후 연인을 잃는 위험과 슬픔에 빠지지만, 그 과정에서 바이러스를 추적하는 장면은 흥미진진하다.

질병관리본부에 속한 역학 조사원들의 역학 추적 과정을 치밀하고 심도 있게 다루었다. 재난 드라마라는 국내에서 흔하지 않은 장르를 다루었다는 점이 높이 평가되고 있다.

더 바이러스(2013) - OCN

감염 후 단 3일 만에 사망에 이르는 치명적 바이러스를 조사하는 특수 감염병 위기 대책반의 이야기를 소재로 그려낸 드라마이다.

이 바이러스 정체는 H5N1 조류독감 바이러스이다. 일반적으로 H5N1 조류독감 바이러스는 조류에서 인간에게 넘어온 바이러스다. 인간과 인간 사이의 감염률은 아직 높지 않은 반면에 치명률이 높다. 드라마에서는 H5N1 조류독감 바이러스를 실험실에서 만들어진 변종바이러스로 감염력과 치명률이 높은 가상의 병원체로 설정한다. 초기에 감염된 사람들이 모두 사망하고 살아남은 한 사람이 도시를 누비면서 많은 사람들을 감염시킨다. 이로 인한 인명피해와 혼란이 커진다.

역학조사관은 최초 감염원을 여러 경로를 통해서 찾아낸다. 그 과정에서 마치 형사가 범인을 잡듯이 달리는 장면이 나온다. 역학조사관이 무엇을 하는지 잘 모르는 사람들이 보면 형사처럼 많이 뛰고 몸싸움도 하는 직업으로 오해할 수 있지만 처음 감염원을 알아내기 위해서 원인추적을 논리적으로 전개하고 있다. 역학조사관의 역할은 감염원을 정확하게 추적하는 것이다.

그래서 주인공인 역학조사관이 왜, 누가, 어디에서 바이러스를 만들어냈는지를 찾아가는 과정이 볼만하다. 드라마 전반에 걸쳐서 역학조사 전문가의 도움을 받은 것이 엿보이고 드라마로는 전문적인 소재를 상당히 길게 다루었다.

영화·드라마와 현실 세계의 차이

언급된 작품들 중 컨테이전을 비롯해 연가시, 감기에서 정부는 사실관계를 비공개하고 독점한다. 연가시만 제외하고 모두 호흡기 감염으로 감염력이 높은 것이 공통점이다. 감염된 사람은 모두 내출혈, 장기출혈로 인해 혈액이 신체내부에서 외부로 나온다. 이때 감염자의 혈액이나 배출물과 접촉함으로써 감염된다. 연가시는 기생충이 원인이지만 물을 통해서 많은 사람을 감염시킬 수 있다는 것이 영화 설정이다. 영화에서는 빠른 속도로 감염자가 사망하고 치명률이 높다. 반면에 현실은 세계보건기구WHO의 산하에 국제보건기구IHR가 있어서 감염병을 감시하고 새로운 병원체는 시시각각으로 분석한다. 코로나19도 아시아, 미국, 유

럽 등지에서 발생하는 코로나바이러스 유전자를 분석하여 변종이 몇 가지 종류가 되는지를 조사하고 업데이트하고 있다.

영화와 드라마에서는 감염병이 확산되면서 시민은 정부를 불신하고 혼란에 빠지게 된다. 그 과정에서 시민들은 물품을 사재기하고 약국과 상점을 약탈하는 등 폭력적인 상황이 연출된다. 도로가 폐쇄되기 전 탈출하는 정부 관계자, 자신만 살려고 불법을 자행하는 고위층, 정보가 부족한 시민들은 격리되거나 생사의 기로에서 살기 위해 몸부림치지만 아무런 도움도 받지 못하고 죽어간다.

그렇다면 과연 현실은 어떤가? 현실은 영화처럼 감염병이 발생해도 대응하기 힘들 정도로 혼란과 무질서에 빠지지는 않는다.

이러한 국가적 재난에 대비하여 준비를 하거나 대응지침이 없다면 발 빠르게 대처하여 위기를 극복한다. 우리나라의 경우 사스, 메르스의 감염병을 거치면서 감염병 대응지침도 마련하고 대응능력을 높여왔다.

코로나19 바이러스가 발병하자 심각한 위험성을 인식하고 시민들은 마스크를 착용하고, 필요시 자가격리에 협조하는 등 높은 공동체 의식을 발휘한다. 전 국민의 97%가 4G, 5G망에 연결되어 있어 개개인의 동선을 추적하여 관리하는 핀셋 추적관리도 하고 있다.

현실은 가상의 영화처럼 감염병이 발생해도 혼란에 빠지기보다는 냉철하게 대처한다는 것이다. 질병관리본부를 중심으로 실시간으로 공유되는 감염자 발생현황 문자와 매일 실시하는 질병관리본부의 브리핑이 그렇다.

끝으로 우리는 영화 속이나 현실이나 위험한 상황이 발생하면 자신을 희생하고 이타심을 발휘하는 사람들을 본다. 지치고 힘든 상황 속에서도 환자를 위해 지원하는 의료인과 봉사하는 시민들이 있다. 그래서 힘들고 어려운 상황이 발생해도 위기를 극복해나가는 것이다.

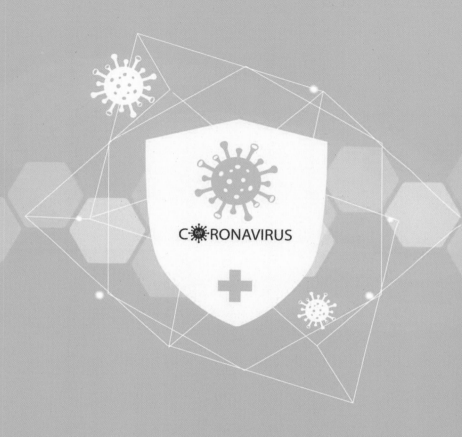

03

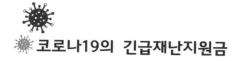
01 코로나19 대응을 위한 긴급재난지원금

긴급재난지원금의 도입 배경

　　재난은 모든 당사자에게 동질하게 영향을 미치지 않는다. 재난 피해에 대한 경제적 지원은 재난의 충격을 더 받은 그룹을 특정하고선별성, 경제적인 재기가 가능하도록충분성 지급함을 원칙으로 삼는다. 예산에 재정적 한계가 있는 경우에는 일정 조건에 부합하는 사람들만을 지급대상으로 삼는 것이 일반적이고, 구체적인 조건은 가용한 재정예산의 여력에 따라 설정된다. 예를 들면, 취약계층 지원의 경우 선별적으로 지원하고 있다.

　　코로나19는 호흡기 감염병으로 코로나19 확산으로 인해 수요와 공급, 실물과 금융에 복합적인 위기가 발생하고, 국가 단위의 폐쇄경제뿐만 아니라 글로벌 단위로 동시다발적인 영향을 미치며 위기를 유발하고 있다. 코로나19가 단기적인 위기에 그칠지 아니면 장기적인 경제위기로 발전할지 여부에 따라 처방이 달라진다. 단기적인 위기에 대한 해결책으로는 재난구호를 위한 신속하고 정확한 정부지원이 필요하다. 장기적인 경제위기로 발전하면 정기적이고 일정한 금액의 소비진작이 중요해진다.

　　2020년 상반기에 지급된 긴급재난지원금은 재난기본소득의 성격을 지니고 있다. 긴급재난지원금은 논의 초기에는 특정 계층을 대상으로 지급하려고 시도하였지만, 최종적으로는 모든 국민이 지급 대상으로 결정되었다.

> **기본소득제도의 조건**
>
> 기본소득의 핵심적인 개념은 인구집단의 지급 제한이 없는 보편성, 소득 등 조건과 무관한 무조건성, 개인에게 지급하는 개별성이다. 또한 기본욕구를 충족하는 충분성, 현금 지급을 필수 요건으로 삼기도 한다.

2020년에 진행한 긴급재난지원금은 세대주가 일괄 신청해서 수령하는 방식이다.

> **2020년 긴급재난지원금 제도**
>
> - 지급대상: 국민 전체
> - 가구당 지급액: 1인 가구 기준 40만 원
>
>   2인 가구 기준 60만 원
>
>   3인 가구 기준 80만 원
>
>   4인 이상 가구 기준 100만 원
> - 총지급규모: 14조 3,000억 원(지방자치단체별 중복지급 배제)
> - 적자 국채 규모: 3조 4,000억 원
> - 재정 절감 방안: 상위 30% 등에 기부 유도

긴급재난지원금은 재난기본소득, 긴급재난생계비, 코로나 페이라는 명칭으로도 불리고 있다. 코로나19로 인한 일회성 정책이고 직접 현금으로 지원하기보다는 체크카드나 지역화폐의 형태로 지급된다.

신용·체크카드에 충전된 긴급재난지원금의 사용 가능한 업종 범위는 보건복지부의 아동 돌봄 쿠폰 기준에 따라 전국적으로 동일하다. 전통시장, 농협 하나로마트, 동네 마트, 주유소, 정육점, 편의점, 음식점, 카페의 일반 소매점과 병원, 약국, 학원에서 쓸 수 있다. 다만 대형 마트SSM·기업형 슈퍼마켓, 백화점, 온라인 전자상거래, 대형 판매점, 클린카드 적용 업종유흥·위생·레저·사행에서는 사용이 불가능하다.

긴급재난지원금의 지급대상은 2020년 3월 29일 기준 주민등록법에 따라

가구별 주민등록표에 등재된 사람으로 3월 30일 이후 사망자는 지급대상에 포함되고 출생자는 제외된다.

긴급재난지원금 신용·체크카드 사용 허용 업종
전통시장, 동네마트(농협 하나로마트 포함), 주유소, 정육점, 과일가게, 편의점, 음식점, 카페, 빵집 등 병원(한의원 포함), 약국, 미용실, 안경점, 서점, 문방구, 학원(학원비)
긴급재난지원금 신용·체크카드 사용 제한 업종
대형마트, 백화점, 온라인 쇼핑몰, 배달 앱, 대형 전자판매점 클린카드 적용 업종(안마시술소, 골프장, 노래방, 카지노 등) 국세·지방세·공공요금 납부, 국민연금·건강보험 등

긴급재난지원금은 전 국민에게 예외 없이 최대한 많이 지급해준다는 원칙을 가지고 있다. 저소득층 취약계층이 받는 코로나 지원금은 받자마자 채권자에게 압류당하는 일을 막기 위해 압류방지통장에 지원이 가능하다. 자가격리 무단 이탈자에게도 국민이라는 이유로 긴급재난지원금을 지급한다. 범죄자도 국민이기 때문에 형이 확정된 기결수, 미결수 관계없이 받을 수 있다. 상품 지원금을 사용하기 어려운 수형자를 위해 현금을 지급하는 것도 가능하지만 수형자는 현금지급 대상자에 포함되지 않는다.

하지만 코로나19와 무관한 사람들이 지원금을 받고, 정작 지원이 필요하거나 시급한 사람들은 수령을 놓치는 경우도 생길 수 있다. 3개월 내에 받아가지 않으면 자동 기부된다는 규정이 있어 신청절차를 잘 모르는 고령자, 벽지 생활

긴급재난지원금 대상이지만 신청 또는 지급이 어려운 사례

긴급재난지원금의 지급대상에 포함되어 있지만, 현재의 신청·지급 방식으로는 적절한 지급이 어려운 경우로 거주불명자, 노숙자, 재소자, 군인 등이 있다.

42만 명으로 추정되는 거주불명자는 실제 거주 여부가 확인되지 않은 경우로 신용카드나 체크카드 신청이 불가능한 경우이다. 주민센터를 방문하면 선불카드, 지역사랑상품권으로 신청 가능하다.

또한 노숙자는 상당수가 다른 지역에 주소지를 두고 있고, 재소자는 소비가 용이하지 않아 영치품이나 영치금으로 지급한다. 지역에 거주하지 않는 군인은 5년간 사용 가능한 지역사랑상품권을 지급한다.

자 등의 미수령 사례가 발생한다.

　코로나19로 인한 긴급재난지원금은 정부가 직접 재난지원금 홈페이지를 만들지 않고 카드사 홈페이지를 통해 직접 신청하도록 하여, 신원확인이 신속하고 카드 충전금 형태로 지급이 간편하다. 행정안전부는 주민등록번호 자료는 확보하고 있지만 전화번호와 은행 계좌번호 정보는 가지고 있지 않다. 신용·체크카드의 충전 방식 지원은 2020년 6월 5일에 마감하였다. 종이상품권을 제외한 재난지원금은 2020년 8월 31일까지 모두 사용해야 한다. 사용하지 않은 지원금은 국고로 환수된다.

　신용카드나 체크카드로 긴급재난지원금을 신청하고 타 광역자치단체로 주소지를 이전한 경우, 재난지원금을 제대로 수령하지 못하거나 쓰지 못하는 경우가 발생하였다. 정부는 처음에 긴급재난지원금 사용처를 3월 29일 기준 주소지로 한정하였다. 예를 들어 부산에서 3월 29일까지 거주하다가 3월 30일에 서울에 전입신고를 한 경우, 실제 거주지가 서울이라도 부산에서만 재난지원금을 쓸 수 있다. 이러한 경우를 보완하기 위하여 제도 조정을 통해 1회에 한해 사용 지역을 변경할 수 있게 하였다.

　긴급재난지원금의 단순해 보이는 제도 설계도 충분한 준비 없이 진행하면 제도 자체의 신뢰성이 떨어지게 된다. 예를 들면 재난지원금은 세대주가 신청하거나 세대주의 위임장이 있어야 신청할 수 있다. 이에 지원 발표와 신청 시작 후 다양한 불만으로 인해 제도를 보완하게 된다. 가정폭력 피해자, 해외이주, 해외체류, 세대주 행방불명, 세대주가 의사 무능력자인 경우 등의 이유로 세대주의 신청이 곤란하거나 위임장을 받기 어려운 가정은 세대주가 아닌 가구원도 신청 가능하도록 변경되었다. 가정폭력이나 아동학대 피해자 등 서류상 내용과 달리, 실제로는 세대주와 독립적인 세대로 분리해 생활하는 경우에는 별도의 가구로 간주하여 신청이 가능하다. 이혼했지만 건강보험 피부양관계가 정리되지 않아 가구 구성이 법적 가족관계와 다른 경우도 가능하다.

긴급재난지원금의 집행 진행 과정

코로나19의 비상경제 정국에서 이재명 경기도지사가 2020년 3월 24일 재난기본소득을 제시하였다. 재원 부족을 들어 정부가 직접 나서줄 것을 요청해왔는데, 경기도민 1천326만 명 모두에게 다음 달 10만 원씩을 일괄 지급하는 안을 전격 발표한 것이다. 소액에 일회성이지만 전국 최대 지방자치단체가 전 도민에게 현금성 지역화폐를 지급하는 것이다.

경기도민의 78%가 재난기본소득 지급에 찬성하고 73%가 지역화폐 지급 방식을 선호한다는 당시 여론조사 결과를 반영한 것이다. 코로나 정국은 신천지교회 강제조사, 종교시설·다중영업시설 행정명령의 발 빠른 행정조치에 추진력을 실어주었다. 위기 극복의 마중물이 되어, 재난기본소득은 지자체 지원을 시작으로 중앙정부가 추가로 지원하였다.

코로나19의 극복을 위해 국민에게 생계비를 지원하는 재난소득 지급 문제는 대통령이 주재하는 비상경제회의에서 논의가 되었다. 이재명 경기도지사가 도민 1인당 10만 원씩을 지급하는 '재난기본소득' 도입을 전격 발표하였지만, 중앙정부는 소득 하위계층 등 필요한 곳에 우선 지원하는 방식으로 추진하였다. 재난소득의 용어로 통용되고 있는 국민들에 대한 현금성 지원 확대 문제에 대해 지급범위나 지급액수에 대해서는 합의가 이루어지지 않았다. 잠정적으로 소득을 기준으로 취약계층에 대해 선별적 우선지원을 하는 방향으로 진행하였다.

긴급재난지원금을 전 국민에게 보편적으로 지급하자는 주장과 코로나 피해자에 대한 선별적으로 지급하자는 주장이 맞서게 되었다. 소액의 보편적 지급은 기본소득의 개념을 적용하여, 피해자를 선별하는 시간과 행정력을 소모하지 않고 피해구제를 위해 시급하게 시행하자는 주장이다. 한편, 선별적 지급은 피해계층을 식별하여 충분한 금액으로 집중적으로 대응해야 하고, 선별 행정비용은 기존의 복지전달체계를 활용한다.

2020년 4·15 총선을 앞두고 여당과 야당이 모두 긴급재난지원금 지급을 공약으로 선정하였다. 야당의 선거총괄을 맡고 있던 위원장과 여당 대표가 전 국민 지급을 주장하면서 수용의 급물살을 타게 된 것이다. 결국, 소득하위 70% 가구에 지급할 예정이던 재난지원금 지급 범위를 전 국민으로 확대하였다.

정부의 재난지원금 지급안은 건강보험료의 소득을 기준으로 선별해서 가구 단위로 지급한다. 참고로 미국은 과세 자료를 기준으로 선별해 개인 단위로 지급하였다. 일시적인 현금성 지원에 따른 소비진작 효과가 어느 정도인지 확실하지 않은 상태에서 전 국민 긴급재난지원금이 결정된 것이다.

국회 예산정책처의 자료를 살펴보면 17개 광역자치단체와 45개 기초자치단체가 긴급재난지원금 추진 계획을 발표했다.[44] 보편적 지원과 선별적 지원에 대한 민심의 대등한 감정을 엿볼 수 있는 것이다. 2020년 4월 7일까지 지방의회 의결을 마친 14개 광역자치단체와 16개 기초자치단체 재난지원금 추진 현황을 분석하면, 모든 국민을 대상으로 하는 보편지원 방식을 채택한 지자체가 14곳, 일부 국민을 대상으로 하는 선별지원 방식을 추진 중인 지자체가 16곳으로 집계된다. 지급을 결정한 각 지방자치단체에서는 보편지급과 선별지급 방식이 유사한 비율이다.

광역자치단체로는 경기도가 보편지원 방식을 채택했고, 성남·화성·고양 등 경기도 내 11개 기초자치단체와 부산 사상구, 기장군 등도 모든 시·군·구민을 대상으로 보편지급을 결정했다. 보편지원 방식을 도입한 이들 지자체는 가구가 아닌 개인을 대상으로 1인당 5만~40만 원을 지원한다. 반면 대다수 광역자치단체가 검토 중인 선별지원 방식은 지급 기준이 개인과 가구 등 혼재된 모습인데 지원 규모는 1인당 40만~100만 원, 가구당 25만~100만 원 수준이다.

제21대 국회의원 선거를 마치고 정부가 4인 가구 기준 최대 100만 원의 긴급재난지원금 지급을 위한 원포인트 추가경정예산안을 국회에 제출하였는데 7조 6,000억 원 규모로 소득 하위 70% 1,478만 가구를 대상으로 하고 있었다. 그러나 여권에서는 전 국민 100%에게 지급해야 한다고 요구하여 지급대상을 소득 하위 70%로 할 것인지 100%로 할 것인지를 두고 당정 간 마찰을 빚었다.

여당안으로 모든 국민을 대상으로 가구당 최대 100만 원을 지급하면 필요재원은 14조 원으로 늘어나게 되고, 4조 원가량이 추가로 필요하여 정부는 추가 지출조정과 국채 발행 등을 통해 증액분을 충당한다. 하지만 경기부양을 위한 3차 추경까지 불가피한 상황에서 적자국채를 추가로 발행하면 국내총생산GDP 대비 국가채무비율이 41.2%로 악화되고 재정건전성 문제가 발생한다. 소득 하위 70% 지원 기준은 긴급성과 효율성, 형평성, 한정된 재정 여력 등을 종합적으로 감안해 많은 토론 끝에 결정한 사안이었다.

한편 긴급재난지원금의 지급대상과 재원마련 방안을 놓고 여야 간 이견이 감지돼 협상과정에서 충돌이 발생하였다. 여당에서는 정부가 제출한 7조 6천억 원 규모의 추경안을 국회에서 증액, 지역·소득·계층 구분 없이 모든 가구에 4인 가구 기준 100만 원을 지급하겠다는 입장이었다. 정부안에 따르면 재난지원금에는 추경 7조 6천억 원에 지방비 2조 1천억 원을 합쳐 9조 7천억 원이 투입

될 예정인데, 여기에 국채 발행 등으로 약 3조~4조 원의 재원만 추가로 마련하면 전 국민 지급이 가능하다는 것이 여당의 주장이었다. 정부는 재원 조달 방법 역시 국채 발행 없이 전액 지출구조 조정과 기금을 통해 마련하고자 하였다.

국회는 2020년 4월 30일 새벽, 코로나19와 관련해 전 국민에게 긴급재난지원금을 지급하는 2차 추가경정예산안을 표결에 부쳐 재석 206명 중 찬성 185명, 반대 6명, 기권 15명으로 가결했다. 코로나19로 어려움을 겪고 있는 국민들에게 주는 지원금을 반대하지 못하는 의견도 존재하였다.

그러나 어려움에 빠진 경제상황에서 긴급재난지원금 전 국민 100% 지급의 보편적 복지는 포퓰리즘적인 측면이 강하다. 70% 지급까지만 했으면 국채 발행 없이 가능했다. 3차 슈퍼 추경이 이어져 국가 채무가 1,700조 원에 육박하고, 국채 비율이 곧 45%를 돌파할 것이다.

긴급재난지원금의 소비 활성화

소비진작을 통한 경제 회복을 의도하는 긴급재난지원금은 소비가 시작되면 지원금액을 넘어서 소비행위를 진작하는 효과를 가져와 자영업자와 소상공인을 돕고 경제를 활성화시킬 수 있기를 기대한다. 재난지원금을 모두 소비하고 추가 소비로 지갑을 열게 하는 것이 재난지원금의 본래 효과를 극대화하는 것이다. 다만 기부운동을 벌일 만큼 재정건전성이 문제가 되면 전 국민 지급약속은 가능하지 않은 것이었다.

긴급재난지원금을 수령한 가구는 2020년 5월 4일부터 24일까지 전체 2,171만 가구의 92.6%인 2,010만 가구이고 지급액은 전체 금액 14조 2,448억 원의 89%인 12조 6,798억 원이다.

2020년 5월 28일까지 긴급재난지원금을 수령한 가구는 2,116만 가구총 가구의 97.5%이고 수령금액은 13조 3,354억 원총 예산의 93.6%이다. 지급개시 이후 이미 3주 만에 97.5%의 가구가 신청하고 금액의 93.6%가 지급된 것이다.

2020년 6월 1일 기준으로 긴급재난지원금 신청 가구는 2,132만 가구98.2%로 12조 4,282억 원94.3%이 지급되었다. 한편, 6월 4일 기준으로 신청 가구는

2,152만 가구99.1%이고 지급액은 13조 5,428억 원95.1%이다. 5월 4일부터 시작되어 1달 이내에 대부분이 신청을 완료한 것이다.

2020년 6월 15일 기준으로 전체 2,171만 가구의 99.5%인 2,166만 가구에게 전체금액 14조 2,448억 원의 95.6%인 13조 6,000억 원이 지급되었다.

지급 방식별로는 1,458만 6,671가구가 신용·체크카드 충전 방식으로 9조 5,866억 원을 신청·수령했다. 전체 신청 가구의 67.2%에 해당한다. 선불카드는 248만 8,394가구11.5%가 1조 6,203억 원, 지역사랑 및 온누리 상품권은 153만 4,307가구7.1%가 1조 79억 원을 각각 신청해 지급받았다. 정부 긴급재난지원 지급수단으로 지역사랑상품권은 7.1%에 불과한데 상품권으로 수령할 때 주어지던 할인의 추가 혜택이 사라졌기 때문이다.

취약계층 286만 804가구13.2%는 1조 3,011억 원을 현금으로 지급했다. 현금 지급 대상 286만 4,735가구의 99.86%, 총예산 1조 3,027억 원의 99.88%에 해당한다.

지급된 재난지원금은 기부로 사용되지 않고 대부분 소비로 사용되고 있다. 그러나 지급시점으로부터 한 달 정도 지난 상태에서 소비가 부진한 조짐이 보인다. 현금지원 정책은 특성상 효과가 단기적이다. 전국 소상공인 카드매출은 재난지원금 지급이 개시됐던 2020년 5월 둘째 주11~17일부터 점진적인 회복세를 보여 지수 100을 기록하여 2019년과 비슷한 수준까지 회복된다. 5월 셋째 주에 지수 106, 넷째 주에 지수 104를 기록하고, 지급 4주인 6월 첫 주1~7일 지수 98을 기록한다. 2019년 같은 기간 매출 수준을 100으로 볼 때 소상공인 매출이 2019년보다 오히려 떨어진 것이다.

긴급재난지원금의 소비 시점을 보면 2주 내에 절반 이상이 즉시 사용하였지만 추가 소비창출 효과인지 아니면 소비대체 효과인지는 아직 불확실하다. 구체적으로 살펴보면 긴급재난지원금의 59.3%인 5조 6,763억 원이 2주 내에 소비되었다. 신용·체크카드의 사용 내용을 분석해보면 대중음식점, 마트 식료품점, 병원 약국, 주유, 의류잡화, 편의점, 학원, 헬스 이미용, 여가·레저순이었다. 소비품목 중에는 안경이 2/3를 차지하고 병원·약국, 학원, 서점, 헬스 이미용, 가구순이었다. 긴급재난지원금은 어떠한 경제파급효과가 발생할지도 모르는 상황에서 막대한 재정이 지출된 정책 실험장인 것은 분명하다.

2020년 5월 4일부터 코로나19로 인해 긴급지원이 필요한 저소득가구 약

280만 가구에 긴급재난지원금의 현금 지급이 우선적으로 진행되었다. 이들을 제외한 국민은 신용·체크카드 충전 또는 지역사랑상품권지역화폐이나 선불카드로 지급받는 세 가지 방식 중 하나를 택할 수 있다. 하지만 지급 수단별로 사용처가 달라 논란이 제기되고 있다. 신용·체크카드로 받으면 전국적으로 사용처가 동일하고 대형마트, 백화점, 온라인 쇼핑몰, 유흥업소에서는 이용할 수 없다. 반면 선불카드와 지역사랑상품권은 지자체마다 업종이 달라질 수 있어 각 지자체 홈페이지를 참고해야 한다. 소비진작 효과에 제도적인 허술함이 보이는 면이다.

신용·체크카드와 선불카드는 8월 31일까지 약 3개월간 사용해야 한다. 이때까지 다 사용하지 못하면 잔액은 정부가 환수한다. 모바일 지역사랑상품권도 마찬가지다. 하지만 종이 지역사랑상품권은 법적으로 5년까지 사용이 유효하다. 정부는 8월 31일까지 사용하도록 권고할 방침이나 조례를 개정하지 않는 한 이 기간을 넘어 사용하더라도 문제가 되지는 않는다.

신용카드, 선불카드, 상품권의 재난지원 지급방식이 제대로 홍보되지 않아 일부 점주들이 카드 사용을 거절하거나 10%의 수수료를 요구하기도 한다. 선불카드는 신용카드보다 수수료율이 낮지만, 현금장사를 해온 전통시장이나 지하상가의 영세점포이기 때문에 신용카드나 선불카드 사용을 꺼린다. 1만 원 이하는 사용이 안 되거나 수수료를 요구하는 곳이 많았다. 이를 방지하기 위해 경기도는 지역화폐를 내면 수수료 명목으로 돈을 더 요구하거나 물건 값을 더 달라고 하는 등 불공정행위를 한 점포에 대해 지역화폐를 사용하지 못하도록 하고 있다. 현금결제보다 지역화폐 사용 시 수수료를 추가 결제시키는 것은 탈세 가능성도 있어 지방소득세 세무조사도 예정하고 있다.

사각지대나 문제점을 미리 고려하여 제도로 설계되어야만 한다. 충분히 준비하여 제도를 갖추지 못하고 일단 급하게 시행하게 되면 예상하지 못한 다양한 문제가 발생할 때마다 땜질하는 방식을 취한 것이다. 막대한 재정예산을 사용하고 있는 정부 사업으로 보기 어려운 경우이다. 누구도 가보지 않은 정책실험을 진행하려면 소규모 실험부터 시작하여야 하는데, 너무 급하게 정책실험을 진행한 것이다. 반면 경제의 파급효과라는 것은 가시적인 측정이 어려워 만약 경기가 좋아지면 긴급재난지원금이 얼마나 기여한 것인지 헤아리기 어려운 측면도 있다.

재정건전성

긴급재난지원금과 재정건전성

　긴급재난지원금 논란의 초점은 재원조달 방식에 있다. 추가 소요분을 적자국채로 메울지 아니면 기부금으로 일부 충당할지가 논쟁이 되었다. 재난지원금 대상의 논의는 하위 50% 지급에서 출발해 2020년 4월 총선 과정에서 70%로 확대되었다가 최종적으로 100% 지급으로 결정되었다. 국가부채를 얼마나 용인할지, 그 기준을 어떻게 설정할지, 효율적인 재정 전달방식을 어떻게 구축할지가 핵심이 되었다. 우리나라가 재정적으로 채무비율이 낮아서 많이 지출해도 된다는 주장은 경제위기 상황에서 타당하지만 이후에 포퓰리즘으로 명기될 가능성이 높다.

　전 국민에게 지급하는 기본소득 형태의 재난지원금은 소비에 재정을 투입하는 정책이다. 기업에 유동성을 집중 투자하는 기업 살리기 정책과 대척점에 있다. 전 국민에게 지급하는 방식 대신 긴급재난지원금을 소득 하위 30~50%로 제한하고, 지원금은 200만~300만 원으로 올려서 도움이 필요한 계층에 실질적인 도움이 되도록 해야 한다. 다만 보편지원 방식과 선별지원 방식의 차이가 발생한다.

　보편지원 방식은 전 국민을 대상으로 별도의 기준을 설정하지 않고 신속하게 지급한다. 차별성 논란이나 소득역전이 발생하지 않지만 재정부담이 가중된다. 한편, 선별지원 방식은 소득을 기준으로 지원하여 재정부담이 상대적으로 작다. 하지만 수용성이 높은 소득기준을 설정하기 어렵고 신청이 지연되고 행정비용이 상당부분 발생한다.

　재난지원금의 본래 취지를 보면 피해기준으로 형평성 있게 지원하는 것이 타당하다. 그러나 지원기준과 선별과정에 시간이 소요되어 재난과 같이 신속한 지급이 필요한 시점에서는 반복적인 지급은 아니라는 전제하에 전 국민에게 지급하는 것도 가능하다. 그리고 코로나19 위기로 소득이 줄고 소비가 위축되는 상황에서 단기적으로 긴급재난지원금을 지급하는 것은 가능하나 기본소득의 논의로 곧바로 연결 짓는 것은 무리이다. 재난상황에 지급된 일시적인 지급액인 것이다. 하지만 상당한 기간 심도 깊은 논의에 바탕을 두고 국민적인 합의가 이루어져야 기본소득의 시행이 가능할 것이다. 다만 전 국민에게 지급된 긴급재난지원금은 기본소득제도 시행의 첫 단계로 볼 수는 있다.

정부는 소득 하위 70% 지급을 전제로 9조 7,000억 원의 추경안을 만들었지만 당정 협의에 따라 지급대상이 전 국민으로 확대되면서 소요재원은 14조 2,000억 원으로 늘어났다. 증가된 금액 중 3조 6,000억 원은 국채발행을 통해 조달하고, 1조 원은 지방비로 부담하는 것이 당초 계획이었다. 야당에서는 지방정부 부담비율인 1조 원 규모라도 세출조정을 통해 마련하도록 요청하였다. 2차 추경원안 소득 하위 70% 재난지원금 지급을 위한 추경안은 총액 9조 7,000억 원으로 국비 7조 6,000억 원과 지방비 2조 1,000억 원의 합이다. 하지만 최종적으로 전 국민에게 재난지원금을 지급하는 것으로 결정되면서 추경안은 총 14조 2,000억 원으로, 국비 12조 2,000억 원과 지방비 2조 원을 사용하게 된다. 2차 추경원안에서 국채 3조 6,000억 원과 국비 1조 원을 추가하는 것이다.

재정지출이 많은 상황에서 국민 모두에게 코로나19 지원금을 지급하면 국가부도의 위험이 높아질까? 흑자재정은 국민에게 세금을 과도하게 거두어들이는 것이고, 국채 발행은 현세대가 후세대에게 빚을 지는 것이다. 우리나라의 국민소득대비 국가채무 비율을 살펴보면, 중앙정부와 지방정부는 44.8%, 공기업까지 합하면 73%, 준정부기관까지 합하면 145%에 이른다. 공기업과 준정부기관의 채무가 많고 국가채무 관리가 잘 이루어지지 않고 있다. 위기상황에서는 광의의 국가채무가 사용되어 우리나라는 국가채무 70%를 기준으로 한다면 위험경고국이 될 수도 있다.

중앙은행은 경제에 유동성을 공급하면서 정부의 국가채무 관리가 비상 단계에 도달하였다. 또한 가계와 기업도 채무가 급속하게 증가하게 된다. 또 다른 경제위기로 번질 가능성에 대한 경계심이 생기게 된다.

현 정부 들어서 확장적인 정부예산을 운영하면서 아동수당, 기초연금, 고용장려금 등 복지예산에 치중하고 있다. 2020년 말 국가채무는 3차 추경까지 반영하면 849조 1,000억 원으로 늘어나 44.8%에 이르게 된다. 긴급재난지원금의 지급을 위해 정부예산 항목이 변경되었다. 여비예산, 공적개발원조ODA, 국제행사 관련 예산이 조정되었다.[45] 또한 공무원 수당, 경비, 각종 사회간접자본, 산업지원 분야의 재정이 축소되었다. 이외에도 각 부처에 지출 구조조정으로 부처별 재량지출의 10%를 구조조정하였다.

지출 구조조정 중 우선 사업비 2조 8,956억 원은 국방, 사회간접자본, 공적원조 분야에서 조정된 것으로, 사업자체를 축소하기보다는 예산집행 시기를 다음 해로 조정한 것이다. 다음으로 공공자금관리기금의 지출이 축소된 금액은 2조 8,000억 원이다. 또한 기금 등 재원 활용이 1조 6,918억 원인데, 주택도시기금, 주택금융신용보증기금, 농지관리기금 등 각종 기금 여유분을 활용한다. 기금은 향후 원금과 이자를 상환해야 하므로 향후 적자국채로 충당해야 할지도 모른다.

이외에도 공무원 인건비에서 7,774억 원을 삭감하고 금리, 유가의 하락을 반영하여 국고채 이자율을 연 2.6%에서 2.1%로 낮춘다. 유류비 예산을 줄여서 5,744억 원을 절약하지만 이는 환율, 유가, 자금시장이 바뀌면 추가로 필요한 금액이다. 행사비와 연수비 384억 원은 공무원 연가보상비의 절감으로 조정한다.

긴급재난지원금을 지출하기 위해서 지급이 예정되었던 많은 정부 예산항목이 변경되고, 사업 축소가 이루어지거나 취소가 발생한다. 이러한 정부예산 항목의 갑작스러운 변경에 따라 이미 진행하기로 결정되어 있는 정부사업이 진행되지 못한 결과에 대한 검토는 반드시 진행되어야 한다. 그리고 코로나19에 대응하기 위한 적극적인 정책도 필요하지만 재정건전성 유지도 강화될 필요가 있다.

긴급재난지원금 지급 과정과 카드사의 수수료

긴급재난지원금은 지급 과정에서 신용카드사를 이용하면서 막대한 금액의 카드 수수료가 발생한다. 재난지원금 14조 3,000억 원에서 약 800억 원의 카드 수수료가 발생하여 국가 세금이 신용카드사로 들어가게 된다. 한편, 재정지출의 구조상 카드사에게 지연되어 지급되었다. 즉, 긴급재난지원금 사업에 참여한 신용카드사들이 정부와 지방자치단체에서 지급받아야 하는 금액을 제때에 지급받지 못해서 이자 부담이 늘어간 것이다.

이러한 연체가 발생하는 이유를 이해하기 위해서는 긴급재난지원금의 지급 과정에 대한 설명이 필요하다. 재난지원금의 결제 승인이 나면 2일 안으로 카드사는 가맹점에 현금을 지급한다. 정부와 지자체가 예산을 마련해 카드사에 정산해준다. 지급 책임을 정부와 지자체가 나누면서 중앙정부가 지자체에 국고보조분을 지급하고 지자체는 자체 예산을 포함해서 카드사에 주는 방안이다. 재난지원금 재원은 국비 80%, 지자체 부담분이 20%이다. 정부가 국비를 지자체에 배분해도 지자체가 지방의회의 승인을 통해서 재원 마련이 가능하다. 이 과정에서 정산지연이 발생하고, 카드사의 추가부담을 만들어낸다.

정부는 신용카드와 체크카드에 충전된 금액의 95%에 해당하는 9조 원을 2020년 6월 말까지 지급하고, 나머지 5%는 재난지원금 유효기간이 종료되면서 실제 사용액을 보고 정산한다. 다만 재원 마련에 시간이 걸리는 지자체의 사정을 고려해서 1차 지급시기를 5월에서 6월로 연기하였고, 이 과정에서 카드사에게 이체가 늦어지고 결국 카드사의 손실로 이어진 것이다. 물론, 이 문제가 부각되면서 정부는 행정절차를 신속하게 처리해서 카드사의 지연이자는 상당히 줄어들게 된다. 다만, 아쉬운 점은 이러한 행정절차상의 문제점이 제도 설계 시 충분히 고려되지 못하고, 각 단계에서 문제가 발생할 때마다 해결책을 서둘러 찾았다.

해외의 코로나 재난지원금 지급 사례

코로나19의 초기 확산시기인 2020년 3월 주요 20개국 G20의 특별 화상정상회의에서 대규모의 재정지원을 지속할 것으로 결의하였다. 여러 부작용이 예상되지만 세계 각국은 사안의 시급성 때문에 국민에게 현금을 뿌리는 '헬리콥터

머니'를 채택한다. 일본, 미국, 캐나다, 호주, 대만, 홍콩, 싱가포르, 이란 등의 국가들이 국민들에게 현금이나 바우처를 지급하였다.

일본 정부는 코로나19의 극복을 위해 모든 국민에게 1인당 10만 엔약 113만 원을 현금으로 지급하였다. 당초 소득이 감소한 가구에 30만 엔약 339만 원을 주려고 했으나 조건이 까다롭다는 비판이 나오자 주민기본대장에 등록된 전 국민으로 확대한 것이다.

미국은 연소득 75,000달러약 9,200만 원 이하 개인에게 1인당 1,200달러약 150만 원를 지급하여 부부는 2,400달러를 받고, 17세 미만 자녀 한 명당 500달러가 추가된다. 연소득이 75,000달러에서 99,000달러 사이인 경우 지원금이 축소되고, 연 소득 99,000달러가 넘으면 지원금이 지급되지 않는다. 미국 경제활동인구 1억 6,450만 명 중 91%에 해당하는 1억 5,000만 명에게 긴급재난지원금이 지급되었다.

싱가포르 정부는 모든 성인에게 600싱가포르달러약 51만 원를 지급한다. 자녀양육자, 50세 이상 고령자, 저소득층은 추가지원이 이루어졌다. 홍콩은 7년 이상 거주한 모든 성인 영주권자 700만 명에게 1인당 1만 홍콩달러약 155만 원를 지급한다. 이란은 전체 2,300만 가구에 매월 1,000만 리알약 8만 원을 생계지원금으로 지급하고, 지급 만료된 후 24개월 동안 상환해야 한다.

한편 독일 베를린시는 프리랜서, 자영업자, 5인 이하 소상공인에게 5,000유로까지, 6~10인 소상공인에게는 15,000유로를 지급하였다. 신청에 따라 선지급하지만 추후 현금흐름이 어려웠다는 입증이 필요하다.

코로나19 발생 이전에 경제위기시 전 국민을 대상으로 현금을 지급한 경우도 있다. 미국은 IT산업의 버블이 꺼지면서 경제침체가 발생한 2001년에는 전 국민을 대상으로 1인당 300달러부부 600달러를 지급하였다. 저소득층의 소비성향이 상대적으로 높게 발생한 것으로 알려져 있다.

글로벌 금융 위기 시기인 2008년에 개인 연소득 75,000달러부부 합산 150,000달러 이하 개인에게 600달러부부 1,200달러, 17세 이하 자녀당 300달러를 현금 계좌송금 또는 수표나 우편으로 발송하였다. 고령층 지출이 증가한 효과가 발생한 것으로 평가된다.

글로벌 외환위기 동안인 2009년에 일본 중앙정부는 정액급부를 국민 개인에게 지급하였다. 18~65세는 12,000엔, 18세 미만과 65세 이상에게는 20,000엔을 현금을 계좌로 입금하였다. 상당수 지방자치단체가 상품권 등으로 추가적으로 지원하였다.

대만도 2009년 전 국민에게 1인당 3,000타이완달러약 16만 원의 소비쿠폰을 지급하여 1월부터 9월까지 사용하도록 하였다. 이 기간 동안 업체들이 판촉활동을 진행하여 한계소비가 증가하였다.

핀란드의 기본소득 실험의 교훈

핀란드는 소득안정성income security을 모든 사람에게 보장하려고 기본소득을 실험적으로 도입하였다.[46] 기본소득은 주기적으로 조건 없이 현금을 모든 개인에게 지급하며 사전 검증 없이 진행되고 근로를 강요하지 않는다. 기본소득의 실험을 2017~2018년의 2년으로 정해서 매달 560유로를 25~58세의 2,000명에게 지급하였다. 핀란드에서 기본소득은 오랜 기간 동안 진행해온 공공 정책 실험으로 이러한 실험을 통해 정책 의사결정을 하고자 의도하였다.

2015년 새롭게 선출된 핀란드 수상은 정책실험을 독려하여 사회 서비스를 개발할 수 있는 획기적인 방안을 모색하였다. 기본소득은 핀란드 대표기업인 노키아가 몰락하여 실업률이 높아지는 상황에서 실업수당 지급액을 줄여 사회복지 지출비용을 줄이겠다는 취지로 시작되었다. 실업급여 등의 다른 제도하에서는 저임금 일자리에서 일할 의사를 가지고 있지 않지만, 기본소득은 저임금에서도 일할 의사를 가지게 한다. 프리랜서, 예술가, 기업가들은 기본소득의 혜택에 대해서 보다 긍정적인 의견을 가지고 있다.

취업을 하게 되면 받고 있던 실업수당은 지급이 정지되지만 기본소득은 계속 지급되어 기본소득이 상대적으로 고용에 더 효과적일 것이라는 가정이 설정되었다. 그러나 결과적으로 기본소득이 큰 유인책은 되지만 고용에 충분한 효과가 있지 않았다. 핀란드 정부는 실업자의 취업과 재정적 인센티브의 상관관계를 찾지 못하였다. 일부 사람들은 기본소득이 생산성에 전혀 영향을 주지 못하고 있다고 주장한다.

핀란드 사회보장국에서 전역에 걸쳐 기본소득 실험을 진행하고, 참여자는 2016년 11월에 실업수당을 지급받은 사람 중에 무작위로 선정하였다. 사회보장 모형이 단순화될 수 있는지를 점검하고, 새로운 일자리를 탐색할 강한 동기가 부여되는지 파악하고자 하였다. 어떠한 참여자도 기본소득 실험 중에 부정적인 금전적 결과를 가져오지 않도록 설계되었다. 즉, 구직활동을 하지 않거나 직업을 새로 구하여도 계속 기본소득을 지급하는 조건이다. 조건 없는 기본소득을 받은 수급자들이 저소득, 비정규직이라도 취업하도록 근로의욕을 유도하는 재정적 인센티브를 기대하였다.

실험과정에서 지원절차는 필요가 없으며, 실험 참여의 강제성을 줄이고 고용동기를 더 부여하였다. 실험 중에 고용 여부, 시장임금, 구직자로 등록 여부, 고용증진 조치에 참여 여부, 사회보장 혜택의 자료가 확보되었다. 핀란드의 기본소득은 전국적으로 법령에 의해서 시행되고 임의적인randomized 실험이 이루어진 최초의 시도이다. 기본소득의 참여자는 비자발적으로 결정되어 결과의 신뢰성을 높여준다. 핀란드의 기본소득 수혜자는 일자리를 찾을 의무도 없고 일자리가 생겨도 기본소득은 계속 지급된다. 저소득 일자리나 임시직 일자리를 구해도 중단되지 않고 보장되는 기본소득으로 인해 계속 일하게 된다. 핀란드 모형이 일반적인 기본소득과 다른 이유는 수혜자가 제한된 그룹에서만 선택되었고 지급액이 생활하기에 충분하지 않기 때문이다. 하지만 기본소득은 사람들의 국가에 대한 의존성을 줄여주고 근로를 하게 되므로 복지혜택이 줄어드는 장점이 있다.

2017~2018년의 핀란드 기본소득은 세금공제 혜택이고 실험참여자는 기본소득을 받아도 다른 소득이 감소되지 않고 의무적으로 기본소득을 받도록 하였다. 효과분석은 기본소득 실험을 마친 후 2019년 1월에 시작되었다. 기본소득 수혜자의 고용률, 복지wellbeing에 미치는 효과를 평가하였고 초기 잠정 결과는 2019년에 발표되었다.

핀란드 기본소득 실험의 최종결과는 2020년 5월에 발표되었다. 이 시기는 코로나19로 경제가 침체되고 실업이 전 세계적으로 증가하는 시점으로 전 세계적으로 기본소득에 상당한 관심이 쏠렸다. 또한 자동화로 인해서 많은 일자리가 소멸될 것이라는 생각하에 기본소득에 대한 관심이 높아져가고 있었다.

핀란드 기본소득의 고용효과는 2017년 11월부터 2018년 10월까지 측정되었다. 기본소득 수혜자의 고용률은 비교군보다 약간 증가하였지만, 실업급여를 받는 집단과 기본소득을 받는 집단 간의 차이는 10단계를 기준으로 0.5단계 정도의 차이로 7% 차이였다.[47] 7% 올리기 위해서 기본소득의 고비용 제도가 사용된 것이다. 따라서 불확실성이 높은 보편적 기본소득의 도입은 효과 대비 큰 비용이 사용된 것이었다.

대신 경제안전망economic security과 정신적 안녕mental wellbeing이 훨씬 더 크게 지각된다. 기본소득 실험결과 기본소득 수혜자는 비교군에 비해서 복지well-being가 더 증가하였다. 그들은 자신의 삶에 보다 만족하고 정신적인 긴장, 우울, 슬픔, 외로움이 낮았다. 그들은 인식능력, 즉 기억력, 학습능력, 집중능력이 향상되었다. 기본소득 수혜자는 비교군에 비해서 소득과 경제적 행복에 대하여 긍정적으로 지각하였다.

기본소득수혜자는 의미 있는 활동인 자발적 봉사활동에 보다 적극적으로 참여하였다. 임금보장으로 가족이나 이웃의 비공식적인 돌봄이 가능해지기도 하였다. 기본소득 실험 중에 임금이 주어지지 않는 활동에 보다 많이 참여하게 된다. 기본소득이 건강이나 사회적인 문제를 완벽하게 해결할 수는 없지만 경제위기 시기에는 부분적으로 해답을 제공하는 것으로 판단되고 있다.

정책실험을 진행하면서 참가자 행동에 영향을 미치는 요인을 통제하기 어렵고 정치 환경변화에 따라 실험설계가 바뀌기도 한다. 보편성에 기반한 기본소득제도가 현실에서는 기존 복지제도에서 소외된 30~50대의 가구를 대상으로 실험이 이루어졌다.

핀란드 기본소득 실험의 목적은 미래에 다가오는 노동시장의 변화에 맞추어 사회보장 제도를 다시 구성하려는 것이다. 기본소득 제도가 근로에 대한 동기 부여를 제공하는 관점에서 효과적인지 관찰하기 위한 것이다. 또한 행정 간섭을 줄이고 복지 혜택 제공 과정의 난해한 제도를 일부 정비하려는 목적도 가지고 있다. 실증분석에 근거해서 기본소득이라는 논쟁적이고 국가예산에 항구적으로 영향을 줄 수 있는 정책의 효과성을 논의한다는 의미를 가지고 있다.

우리나라 지자체의 재난지원금 지급 사례

긴급재난지원금 규모는 거주 지역에 따라 정부지원금1인 가구 40만 원, 2인 가구 60만 원, 3인 가구 80만 원, 4인 가구 100만 원에 추가로 지방자치단체가 보조금을 지급한다. 긴급재난지원금 재원의 80%는 중앙정부가, 20%는 지자체가 부담한다. 이는 이미 코로나19 대응에 예산을 많이 사용하였거나 재정 자립도가 낮은 지자체에게는 부담으로 작용한다.

구분	지원명칭	지원대상	총 예산규모
서울	재난긴급생활비	중위소득 100% 이하	3,271억
부산	긴급민생지원금	소상공인, 영세사업자	1,856억
대구	재난긴급생계비	중위소득 100% 이하	1,749억
강원	생활안정지원금	취약계층	1,200억
경북	재난긴급생활비	중위소득 85% 이하	2,089억
경남	선별적 재난기본소득	중위소득 100% 이하	1,665억
경기	재난기본소득	모든 도민	1조 3,642억

지자체의 재난지원금은 경기도와 서울시가 선도적으로 시행하였다. 광역시의 규모와 대선에 대한 선점을 차지하기 위해서 공격적으로 진행한 측면이 있다. 인천, 부산, 울산, 세종, 충남, 충북, 강원, 전북 등의 광역자치단체는 재정악화를 우려해 지원금을 도입하지 않았거나 지자체 사업을 정부기원금과 합해서 지급하였다. 지방자치제 정부의 정책철학과 재정여력에 따라 제도를 달리하고, 코로나19 지원금에 덜 투자한 지자체는 소상공인, 중소기업, 실업자 등 피해계층 지원 규모를 늘릴 수 있도록 했다.

우선 경기도는 주요 대기업 공장과 고소득 가구가 많아 재정여력이 있다. 소득에 상관없이 4인 가구 기준으로 총 120만 원에서 280만 원을 받게 되지만, 긴급재난지원금 지급분 중에 경기도의 지자체 부담금만큼은 추가로 주지 않는다. 경기도 재난기본소득 재원이 정부 지원금과 연계되지만 재난지원금의 중복 수령에 대한 기준이 분명하지 않은 셈이다.

정부의 긴급재난지원금과 연계하는 수원 등 25개 시군은 1인 가구 34만 8,000원, 2인 가구 52만 3,000원, 3인 가구 69만 7,000원, 4인 이상 가구 87만 1,000원을 지급한다. 성남 등 6개 시군은 자체 재원을 추가부담해 1인 가구 34

지역	광역시도별 긴급재난지원금 지급기준	가구당 지급액
서울	중위소득 100% 이하	30만 원~50만 원
경기	전도민 1인당	10만 원
인천	중위소득 50% 이하	40만 원~100만 원
세종	중위소득 100% 이하	30만 원~50만 원
대전	중위소득 100% 이하	30만 원~63.3만 원
충남	중위소득 80% 이하(소상공인포함)	100만 원
전북	청년실직자 1,000명 지원	월 50만 원
광주	중위소득 100% 이하	30만 원~50만 원
전남	중위소득 100% 이하(소상공인포함)	30만 원~50만 원
제주	중위소득 100% 이하	20만 원~50만 원
경남	중위소득 100% 이하	30만 원~50만 원
부산	영세 소상공인 지원	업체당 100만 원
울산	중위소득 100% 이하	40만 원~60만 원
대구	중위소득 100% 이하	50만 원~90만 원
경북	중위소득 85% 이하	50만 원~80만 원
충북	중위소득 100% 이하	40만 원~60만 원
강원	취약계층(실업자, 기초수급자 등)	40만 원

주: 기초자치단체 지원금 미포함

만 8,000원, 2인 가구 56만 1,000원~60만 원, 3인가구는 74만 8,000원~80만 원, 4인 이상 가구는 93만 5,000원~100만 원이 지급된다.

정부지원금은 건강보험 기준으로 경기도는 주민등록 기준으로 가구를 구분하였다. 건강보험법상 '피부양자로 등록된 배우자·자녀'의 경우 주민등록표상 세대가 다른 경우에도 건강보험 가입자와 생계를 같이 하는 경제공동체로 간주해 가입자와 동일 가구로 본다. 다만, 건강보험 가입자와 주소지를 달리하는 직계존속부모이 건강보험법상 피부양자로 등록된 경우 동일한 경제공동체로 보기 어려워 별도 가구로 간주한다.

경기도 자치단체의 기본소득은 매달 지급되지 못하여 정기지급성을 가지지 못하지만, 복지사각지대를 해소하기 위한 제도로 기본소득지급이 가능해진다. 향후에 효용성을 판단하여 복지제도로 정착될 가능성도 있다.

한편 서울시는 재난관리기금과 추경편성을 통해 자체적으로 재난긴급생활비에서 편성하였다. 중위소득 100% 이하의 가구인 117만 7,000가구 중 80%가량이 신청할 것으로 추산해서 지급하는 지원금으로 3,271억 원이 편성되었지만 재난관리기금을 동원해 예산을 추가로 확보한다. 재난관리기금은 각종 재난의 예방과 복구에 들어가는 비용부담을 위해 지방자치단체에 매년 적립하는 법적 의무기금이다.

그리고 서울시는 소상공인에게 융자나 대출이 아닌 현금으로 재난기본소득을 지급한다. 지원금액은 2개월 동안 월 70만 원씩 총 140만 원이다. 서울 전체 소상공인 사업주 57만 명 중 유흥업종이나 사행성 업소를 제외한 2019년 연매출 2억 원 이하 영세 사업주 41만 명이 대상이고, 사업장 주소가 서울이면서 2020년 2월 29일 기준 만 6개월 이상 해당 사업체를 운영해야 한다.

지자체의 재난지원금 지급방법으로는 보편지원과 선별지원에서 모두 지역화폐카드, 선불카드, 지역사랑상품권 등 사용기한이 정해진 현금성 결제수단을 활용한다. 현금을 지급하기로 한 지자체는 부산시와 부산시 기장군 등이다. 또한 지자체는 재난관리기금을 활용하고 있으며 자치단체별 재정 여건에 따라 여타 기금이나 지출 구조조정을 활용하고 있다.

광역지자체마다 신청, 지급방식, 사용처, 사용기한이 다르다. 서울시 재난

서울시형 고용유지지원금과 재난기본소득

서울시가 5인 미만 소상공인 사업체 무급휴직 근로자를 대상으로 지원하는 '서울형 고용유지지원금'을 고용인원과 상관없이 모든 소상공인에 대해 지원한다. 서울시는 사업체당 1명이었던 지원자 수를 제조·건설·운수업 최대 9명, 그 외 업종 최대 4명까지 확대한다.

서울형 고용유지지원금은 소상공인 사업체 근로자의 고용안정과 생계유지를 지원하기 위한 자금으로, 소상공인 사업체 근로자가 무급휴직 시 근로자에게 일 2만 5,000원, 월 최대 50만 원을 2개월(무급휴직일수 기준 40일) 동안 지급하여, 최대 100만 원을 휴직수당으로 지원한다.

지원대상은 서울시 소재 소상공인 사업체 고용보험 가입 근로자 중 2020년 2월 23일 이후 5일 이상 무급휴직을 시행한 근로자이다. 근로자의 주소와 국적에 상관없이 지원받을 수 있다. 고용유지지원금은 접수한 관할 자치구에서 지원대상 근로자 통장으로 바로 입금된다. 서울형 고용유지지원금은 매월 2회 접수를 받아, 예산 소진 시까지 지원한다.

긴급생활비는 가구당 30만 원에서 50만 원으로 제로페이와 선불카드 중 하나를 선택하며 2020년 6월 30일에 자동 소멸된다. 경기도는 기존에 가지고 있던 사용 카드를 등록하면 재난기본소득 1인당 10만 원을 받는다. 연매출 10억 원 이하 경기지역화폐 가맹점에서 쓸 수 있다. 경상남도는 가구당 20만 원에서 50만 원의 긴급재난지원금을 지급하고 별도의 신청절차 없이 수급대상자에게 선불카드를 제공한다.

지자체의 시도는 가처분 소득을 늘려 소비를 촉진하는 동시에 지역화폐로 사용처와 사용시간을 제한해 골목상권과 중소상공인의 응급매출을 늘리려는 복지적 경제정책으로 진행되었다. 대규모 도민세금을 투입하고 사용자인 도민들이 상대적으로 이용이 불편한 지역화폐를 사용하는 것도 자영업자들을 돕고 함께 사는 공동체를 위한 배려이다.

지급수단별로 사용처가 달라 국민의 혼선이 가장 클 우려가 있는 지자체로 경기도가 지목된다. 경기도는 전 도민에게 1인당 10만 원씩을 지급하고, 지급수단은 신용카드13개사, 경기지역화폐, 선불카드다. 사용가능처를 온라인에서 제공하고 해당 매장에 스티커를 부착하였다. 그러나 사용처를 신청자의 주민등록지 시군의 연매출 10억 원 이하 매장으로 정하면서 도민 사이에서는 내가 가는 매장이 연매출 10억 원 이하인지 아닌지 어떻게 아느냐, 일일이 사용 가능한 매장인지 물어봐야 하느냐 등의 불만이 쏟아졌다.

지방자치단체들이 중앙정부에 포괄 지방채를 허용해서 지방채에 대한 제한을 풀어달라고 요구하였다. 포괄 지방채는 지방채로 조달한 자금의 용도를 제한받지 않으며, 현행법상 지방채는 원칙적으로 일회성의 경상성 지출이 아닌 투자성 지출에만 쓸 수 있도록 제한되어 있어 지자체들은 포괄 지방채를 발행할 수 없다. 다만, 재해예방 및 복구사업이나 천재지변으로 발생한 세입 적자를 보전할 때는 지방채를 활용할 수 있다. 긴급재난지원금을 포함한 코로나19와 관련한 지원금의 투자가 아닌 일회성 지출이기 때문에 지방채를 활용하기 어렵다. 물론, 코로나19가 천재지변에 해당하는지 여부에 대해서는 법적 논란이 있다.

코로나19가 예측 불가능한 재난이어서 법해석 완화가 필요한 것도 사실이다. 특히 코로나19 발생 이후 지역경기가 어려워져 세출 구조조정과 재난관리기금만으로는 지원금을 마련하기 쉽지 않아 지방채의 발행이 필요하다. 하지만 포괄 지방채를 도입하고 지방채 제한을 완화할 경우 지방재정의 건전성이 악화될 수 있다. 법에서 지방채를 투자성 용도로 제한한 이유는 4년 임기의 지자체장이 빚을 늘리는 것을 방지하기 위한 것으로, 세수가 줄어드는 상황에서 지방채 발행이 급증하면 지자체의 재정건전성이 급격하며 심각하게 악화될 수 있기 때문이다.

광역지자체가 수해복구비로 책정된 예비비와 기금을 코로나19 초기에 경쟁적으로 주민에게 재난지원금으로 지급하여 고갈되고 있다. 중앙정부의 재난지원금과 별도로 경기도는 도민에게 10만 원씩 재난기본소득을 지급하여, 2020년 초 9,150억 원의 재난관련기금이 8월에 2,300억만 남았다. 서울시도 재난관리기금이 8,430억 원에서 950억 원만 남았다.

코로나19의 긴급재난기금 사용과 부족한 수해복구비용

전국 17개 시·도의 재난관리기금 전체액은 6조 8,491억 원이고, 2020년 8월 잔액은 2조 1,316억 원이다. 즉, 2020년 상반기에 70%에 해당하는 재난관리기금 4조 7,625억이 코로나19 대응을 위해 취약계층과 소상공인의 지원으로 사용되었다.

재난관리기금은 자연재해 등 각종 재난의 예방, 대응, 복구 비용을 충당하기 위해 지자체가 보통세의 일정비율을 매년 적립한다. 2020년 시행령에 특례조항을 삽입하여 지자체에서 재난관리기금을 코로나19에 사용하였다.

2020년 여름에 장기간의 수해기간이 발생하면서 수해복구 예산이 많이 부족하게 된다. 코로나19를 위한 긴급재난기금의 사용 후에 30%가 남았지만, 재난관리기금의 15%는 의무예치금으로 분류해서 대형 재난 상황을 위해 따로 관리해야 한다. 재난관리기금의 본래 목적을 위해 사용되기에는 부족한 실정이다.

지자체는 중앙정부에 요청하고 정부는 4차 추경을 고려한다. 전국적으로 수해가 심각하여 추가적인 재난예산이 필요하다. 지자체장의 생색내기용으로 소진하여, 여름철 장마와 태풍에 대비하지 못한 것이다. 국민의 대리인인 정부와 지자체는 재정을 집행할 때 아끼고 철저하게 관리하고 불의의 사태에 대비하여야 한다. 코로나19로 2020년에 3차례 추경을 통해서 59조 2,000억 원을 편성하고 또다시 4차 추경을 해야 하면 방만한 재정운용을 점검해야 한다.

지방자치단체의 포퓰리즘 - 현금성 복지의 중독성

우리나라는 기본소득과 유사한 현금 복지수당이 신설되거나 증가하여 외국에서는 찾아볼 수 없는 수당이 많다. 예를 들어 청년수당, 농민수당, 소풍수당, 효행수당, 청소년수당 등이 지급되고 있다. 국가재정을 동원한 포괄적인 현금성 복지에 대한 요구와 중독성이 빠르게 확산된 결과이다. 2차 긴급재난지원금은 없다는 정부의 공식적인 입장에도 긴급재난지원금 재지급 요구는 계속된다.

> **다양한 이름의 지자체 현금 복지 수당**
>
> 농민수당은 전라남도에서 농민 24만 3,122명에게 1,459억 원을 지급하고, 전라북도 14개 시군의 10만 2,000여 농가에 612억 원 지급한다. 또한 충청남도는 297억 원, 경기도 여주시는 66억 원 지급한다. 경상남도도 2022년부터 지급 예정이다.
>
> 소풍수당은 서울시 중구가 모든 어린이집 아동에게 연간 28만 원 지급한다. 효행수당은 서울시 마포구에서 100세 이상 부모를 부양하는 구민에게 매년 20만 원 지급한다. 청소년수당은 경남 고성군이 지역 내 13~18세 청소년 2,300명에게 매월 10만 원을 지급한다.

지자체 복지사업 중 현금 복지사업 비중은 70%대로 급증하였다. 농업인들에게 매월 최소 10만 원 이상의 연금을 지급하자는 법안도 발의되었는데, 연금이라고 하지만 수혜자가 납입하는 금액은 없어 수당과 유사하다. 현금성 복지정책의 연장선에서 대학 등록금 반환에 재정을 투입하자는 주장도 제기된다. 현금성 복지의 중독성은 매우 강하다.

울산시는 코로나19로 이용객이 급감한 택시 운수종사자에게 중위소득 10% 이하 또는 연소득 5,000만 원 이하로, 소득이 25% 이상 감소하거나 무급휴직일수가 30일 이상이면, 2차례에 나누어 150만 원을 지급한다. 법인택시는 지역고용대응 특별지원사업으로 연소득 5,000만 원 이하이면서 월소득이 25% 이상 감소한 종사자에게 100만 원씩 지급한다. 이윤을 창출하지 않는 국가나 지자체가 소득보존으로 현금을 지급하면, 필요상황에 따라 지속적으로 지급해야 하는 상황에 놓이는 경우 재정적으로 감당이 되지 못할 가능성이 높다.

> ### 코로나19와 교육재난지원금
>
> 전국 자치단체 중에서 '교육재난지원금'을 지급하고 있거나 관련 입법절차를 진행하고 있는 곳
> 은 서울, 울산, 세종, 부산 등 6곳이다. 울산시는 2020년 5월부터 전국 최초로 학생 1명당
> 10만 원을 현금으로 지급했으며, 세종시는 유치원생을 포함한 초·중·고교 학생에게 현금 또
> 는 온누리상품권으로 5만 원씩 지급하고 있다. 서울시는 초·중·고교 학생을 대상으로 10만
> 원 상당의 농축산물 쇼핑 쿠폰을 지급하고 있다.
> 갑작스러운 자연·사회 재난으로 학생들이 대면 수업, 급식 등 교육 혜택을 받지 못할 경우 학
> 생에게 '교육재난지원금'을 지급하는 것이다. 지급대상은 유치원생을 비롯한 초·중·고교 등
> 각급 학교 재학생이다. 등교가 이뤄지지 않으면서 불용 처리되는 의무급식 등의 예산을 일부
> 활용하기는 하지만 교육비특별회계 추가경정예산안을 편성해 진행한다.

코로나19로 인해 지급된 긴급재난지원금 사용기간의 종료시점이 다가오면서 추가로 지급하는 지방자치단체가 증가하고 있다. 긴급재난지원금의 소비진작 효과에 대한 평가가 아직 나오지 않은 상태에서 재정부담이 가중되고 있다.

대구시는 1차 재난지원금을 중위소득 100% 이하 가구에게 지급했으나, 2차는 모든 시민에게 10만 원씩 지급할 예정이다. 코로나19의 장기화로 인한 지역경제의 충격을 완화하고 시민을 위로한다는 명목이다. 전북 완주, 강원 춘천, 울산, 울주 등의 기초자치단체에서도 개인별로 2차 재난지원금을 지급하고 있다. 한편 제주도는 1차 재난긴급생활지원금은 2020년 4월 재난관리기금과 재해구호기금을 활용해 중위소득 100% 이하 세대를 대상으로 선별지급하였다. 선정기준은 주민등록세대와 건강보험료 납입내역이 활용되었다. 많은 재산을 보유하여도 건강보험료 납부액이 적으면 지원 대상에 포함되었다. 이러한 불합리성을 극복하기 위해 전 도민으로 지급해야 한다고 주장되었다. 제주도 2차분 지급은 전 도민에게 대상으로 1인당 10만 원을 현금으로 지급한다.

하지만 코로나19의 2차 대유행에 준하는 상황이 벌어지거나 자영업자 또는 소상공인의 경제적 어려움이 심화될 때까지 기다리겠다는 의견도 많다. 중앙정부는 2차 재난지원금을 편성하기보다는 고용안정망 확충에 중점을 두고 있다. 2020년 8월 중순 이후 재확산되어 사회적 거리두기의 강화가 이루어졌다.

위기극복과 복지확대를 위해 대규모 재정투입은 필요하지만, 현금 투입은

과도한 측면이 존재하고 재정 건전성과 지속가능성을 확보하기 위해서는 세입 기반을 확충하여야 한다. 특히 코로나19로 인해 경기가 위축되면서 법인세, 소득세로 추가 세금을 걷기가 어렵다. 추가로 세금을 올릴 항목도 희소하고 증세가 경기회복을 더디게 만들 수도 있다.

고소득자의 소득세나 보유세 인상의 세수증대 효과는 한정적이고, 부가가치 세율은 중산층 이상의 조세저항으로 인상하기 어렵다. 장기적으로 복지공급에 맞추어 중산층의 세금부담도 늘려야 할 수밖에 없다. 경제학에서 사용되는 공짜 점심free lunch은 없고, 국민의 세금이 복지의 돈주머니일 수는 없으며, 복지포퓰리즘은 후세대에게 큰 부담으로 남을 수 있다. 한편 세금을 걷어 제대로 복지에 사용하면 세금납부자도 추후 복지혜택을 누릴 수 있는 측면도 간과해서는 안 된다.

03 긴급재난지원금과 기부

긴급재난지원금의 기부 방법

재난지원금의 기부 방법은 신청 단계에서 기부하거나, 신청·수령 후 근로복지공단에 기부하거나, 신청기간이 끝날 때까지 신청하지 않으면 기부금으로 간주의제기부한다. 아직 재난지원금이 지급 중이어서 의제기부금의 규모는 지원금 신청이 마감되는 2020년 8월 18일에야 확정된다. 2020년 6월 15일까지 지급되지 않은 재난지원금이 6,000억 원 이하에 그치고 있다. 이 금액은 의제기부라기보다 재난지원금을 신청하지 못하는 사각지대에서 발생한 것일 가능성이 크다. 신청하기 어려운 환경으로 인해 강제로 그리고 임의로 기부 처리되는 것이다.

공식적인 기부 캠페인을 벌이지는 않지만 사회지도층과 고소득층에게는 재난지원금을 기부하지 않을 수 없는 사회적 압박감이 작용한다. 사회적 압력에 의한 관제 기부는 강제적인 징수이기 때문에 기부는 어디까지나 개인적인 선택이어야 한다. 또한 재난지원금 기부는 비공개가 바람직하다. 기부자 개인, 지역,

계층별 기부율을 공표하면 착한 고소득층과 나쁜 고소득층으로 편 가르기를 하는 것과 같다.

코로나19 지원금은 생계곤란에 빠진 가계에 소비여력을 공급해 소상공인을 돕고 경기를 활성화했지만, 기부 여부와 단체기부가 긴급재난지원금 지급의 초기 단계에서 화제의 중심이 되면서 소비진작의 목표가 희석되었다. 관제 기부로 공직사회와 기업에 반강제적 기부가 시도되었고, 일부 재벌기업 오너가 연말에 성과급으로 보상해주는 조건을 암묵적으로 제시하기도 한다.

긴급재난지원금 신청 단계에서 전액 또는 일부를 기부하거나 근로복지공단을 통해서 자발적으로 기부할 수 있다. 또한, 지급 개시일로부터 3개월 안에 신청하지 않는 경우도 자발적 기부로 간주된다. 자발적 캠페인이더라도 향후 연말정산에서 세액공제를 통해 기부 여부를 알 수 있는 구조이다.

이러한 기부 유도는 코로나19 대책에 들어가는 재원 마련의 책임과 부담을 일부 고소득자에게 미루고, 관제 기부로 환수하며 자칫 반강제적인 기부문화로 변질되어 준조세화가 될 수 있다. 기부를 하더라도 기부 여부를 공개하지 않을 필요가 있다. 재난지원금을 나누어주는 취지인 소비 활성화와도 배치된다.

정부는 기부금을 고용유지에 사용할 계획을 공표하였다. 무급휴직자, 중단된 정부 일자리 사업의 수혜자, 청년 등에게 사용된다. 기부는 좋은 일이나 기부하지 않는다고 비난해서는 안 된다. 사람마다 사정이나 생각이 다르기 때문에, 자발적 기부 분위기에 반대를 해서도 안 된다.

기부는 더 여유 있는 사람이 자기들보다 어려운 처지에 있는 사람을 위해 연대와 상생을 위해 도움의 손길을 내미는 것이다. 기부에 대한 시혜적인 시각이 존재하며, 연대와 상생 외에 사회적 공헌의 의무는 발생하여 기부는 꼭 필요한 것이다. 하지만 기부에 명시적이나 암묵적으로 부담이 느껴지면 안 된다. 기부의 취지는 재난 극복을 위해 온 국민이 사회적으로 연대하고 신뢰를 쌓는 것이다. 긴급재난지원금 기부 취지에는 전적으로 공감하지만 개인의 자발적 선택이 아닌, 눈치를 보고하는 기부가 발생하면 안 된다.

2020년 6월 15일 기준으로 자발적 기부금은 282억 1,100만 원이고 건수는 15만 6,000건으로, 한 건당 기부금액은 18만 원이다. 전체 2,171만 가구의 99.5%인 2,166만 가구에게, 전체금액 14조 2,448억 원의 95.6%인 13조 6,000억 원이 지급되어, 자발적인 기부비율은 0.2%에 불과하다.

긴급재난지원금의 제도설계 시, 17~20%의 기부의사를 추정하고 10%의 부가가치세를 고려하면 긴급재난지원금의 30%는 환수될 것이라고 기대하였다. 하지만 기부가 매우 적게 이루어진 것이다.

공식 기부처를 고용보험기금으로 고정하고 자발성을 강조하면서 심리적 부담을 준 정치권에 반발한 측면이 있다. 고소득층은 증세 부담으로 본인이 내야 할 세금이라고 인식하고 기부하지 않고 소비한 것이다.

긴급재난지원금의 기부에 따른 세액공제

정부는 모든 가구에 긴급재난지원금을 지급하는 대신, 특히 고소득자에게는 기부금으로 재원을 충당하는 방안으로 진행한다. 긴급재난지원금을 기부하고 싶으면 신청 단계에서 기부의사를 표시하거나 추후에 근로복지공단에 기부하면 된다. 기부를 하면 연말정산이나 종합소득세 신고 시에 15% 세액공제를 받고 지방소득세도 1.5% 감면받아 총 16.5%를 공제받는다. 신청 시작일로부터 3개월 안에 지원금을 신청하지 않으면 자발적 기부로 간주된다.

4인 가족 기준으로 100만 원을 기부하면 납부해야 할 세금을 감면해 15만 원을 돌려준다. 하지만 소득공제나 세액공제 모두 비환급성으로, 납부할 세금이 없으면 공제 혜택이 돌아오지 않는다. 2018년 연말정산 신고 기준 근로자 1,858만 명 중 과세 미달자는 722만 명이다. 즉, 10명 중 4명이 기부를 해도 '0'원을 돌려받게 된다.

정부가 감당해야 할 부족한 재원이나 행정비용을 개개인의 도덕성에 떠넘긴 비자발적 기부를 국민에게 방안으로 제시한 것이다. 전 국민4인 가족 기준 100만 원에게 지급하되 뒷감당은 국민에게 떠넘긴 것이다.

코로나19 관련 긴급재난지원금의 전 국민 지급을 위한 2차 추가경정예산안 처리 이후 자발적 기부 분위기의 확산을 조성해서, 지원금 대상 확대에 따른 재정 부담 우려를 덜겠다는 것이다. 고소득층의 자발적 기부를 유도하기 위한 것이다. 하지만 공무원 등을 대상으로 한 기부나 대대적인 캠페인은 오히려 '제2

의 금 모으기'인 관제 기부 비판을 불러올 수 있어 자발적 기부 참여를 유도하는 데 초점을 맞추는 것이다.

기재부 장관이 난 안 받을 것이라며 사실상 100만 공무원을 향해 행동지침을 내렸다. 그리고 부자 동네 강남구 신청 비율, 대기업 삼성전자 신청 비율 등이 언급되었다. 개개인의 선택을 존중하지 않고 획일성을 강요하는 사회에서는 정부가 개인 삶의 세세한 부분까지 침해할 권리를 행사한다. 국가가 모든 사람의 일에 간섭하며 개인적 차이가 충분히 인정하지 않는다.

정부의 반강제적 자발적 기부에 참여보다는 오히려 국민들이 능동적인 기부가 권장할 수 있다. 예를 들면 정부에서 받은 만큼 본인 이름으로 취약계층에 기부할 수도 있고, 곤란을 겪는 자영업자를 돕기 위해 한 번 할 외식을 두 번 하면서 가라앉은 소비를 진작시키는 데 일조할 수도 있다. 타인이나 정부가 개인의 도덕성을 결정하거나 강제하기는 어렵다.

기부 피싱(phishing) - 신청할 때 실수로 기부

코로나 지원금 신청 화면과 기부 신청 절차가 한 화면에 있다. 카드사 홈페이지나 애플리케이션을 통한 재난지원금 신청과정에서 실수로 기부한 경우가 발생하였다. 초기에 정부가 지원금 신청 화면에 기부금 버튼까지 넣어두어 고의적으로 기부를 유도한 측면이 있다. 기부를 위해서는 카드사 신청 화면의 기부 항목에 금액을 입력하고 신청버튼을 눌러야 하는데 신청자들이 지원 신청 버튼으로 착각한 것이다.

카드업계는 초기부터 지원금 신청화면과 기부신청 화면의 분리를 요구했지만, 정부는 신청메뉴 내에 기부신청 메뉴를 삽입하도록 기부신청 절차를 마련한 것이다.

제도설계 초기에는 한번 기부 신청을 하면 다음 날부터는 취소가 불가능하였다. 다만 카드사 신청 자료는 매일 오후 11시 30분에 행정안전부로 넘어가는 점을 감안하여, 그 이전에 카드사 홈페이지나 콜센터를 이용하여 당일 신청한 기부를 취소하거나 기부금액을 변경할 수 있었다.

기부를 신청한 당일만 취소가 가능했던 것에 많은 민원이 제기되어, 제도 개선을 통해서 신청일과 상관없이 취소할 수 있게 되었다. 문제가 발생하면 빠른 시일 내에 개선되기는 하였지만, 엄청난 금액의 정부예산을 사용하는 사업에서 어떤 문제가 발생할지에 대한 충분한 검토 없이 진행한 것은 다시 점검해보아야 할 사항이다.

인터넷 사용이 익숙하지 않은 노년층을 위해 자동응답시스템ARS으로 신청할 수 있도록 하자는 카드사의 제안을 정부가 거절하였다. 이렇게 건의사항을 수용하지 않는 것은 상당수 국민에게 기부에 대한 거부감을 가지게 하였다. 기부는 과도할 정도로 쉽게 만들어져 있고 지원금 수령은 불편하였고 전화로 신청할 수도 없었다.

04 코로나 지원금의 역설

코로나19 지원금은 초유의 경제위기 상황에서 각 가정의 소비여력을 높이기 위한 목적으로 지급되었다. 하지만 수령과 사용방법을 놓고 논란이 발생한다. 코로나 지원금이 경기회복의 수단이라기보다는 여당의 총선승리 목적으로 도입되었다는 의구심도 존재한다. 야당도 선거과정에서 전 국민에게 지급하는 방안을 주장하여 긴급재난지원금은 국회의원 선거에서 정치색이 깊어진 선심성 정책으로 출발하였다.

재난긴급지원금 사용의 사각지대 업종

소수의 전통시장 점포에서 코로나19 지원금으로 물건을 구입하면 평소보다 비싼 가격으로 부르기도 한다. 또한 긴급재난지원금은 대형마트, 기업형 슈퍼마켓, 온라인 등 수요가 많은 곳에서 사용할 수 없다. 카드사가 정한 업체의 업종분류에 따라 사용제한처를 결정하여 불만이 제기되었다. 따라서 사업체별로 긴급재난지원금 사용에 관한 정확한 기준이 필요하게 되었다.

사용처의 불합리와 모순이 정책논리에 기반해서 발생하였다. 대기업에 혜택을 주어서는 안 된다는 원칙에 따라, 대형마트에 중소기업과 소상공이 납품하지만, 대형마트에서는 사용이 가능하지 않았다. 하지만 일부 다국적 기업 매장에서는 결제가 이루어졌다. 즉, 대형마트에서 재난지원금 사용이 불가능하지만, 이케아는 가구전문점으로 업종 분류가 되어, 재난지원금 사용이 가능하다. 이케아는 인테리어 용품, 냄비, 그릇, 수건, 이불 등 다양한 생활용품을 판매한다. 이에 따라 중소가구업계와 소상공인은 크게 반발하였다.

전 국민에게 지급하는 긴급재난지원금 사용처에 따라 유통 업종별로 차이가 발생한다. 재난지원금 사용제한 업종에 포함된 대형마트와 기업형 슈퍼마켓 SSM은 지원금 사용기한 동안 매출 타격이 발생한다. 유흥, 레저, 사행업소에서 지원금을 쓸 수 없는 만큼, 지원금 대부분이 먹거리를 중심으로 한 생필품 구입에 몰리게 되었다. 생필품은 한 곳에서 사면 다른 곳에서는 굳이 추가로 살 필요가 없어 동네 슈퍼에서 구입하면 대형마트에서는 사지 않게 된다. 긴급재난지원금 지급기간 동안 마트에서 발생할 생필품 매출이 긴급재난지원금 규모만큼 줄어든다. 줄어든 매출을 보충하기 위해서 마트에서 별도의 특별할인행사가 집중적으로 진행되기도 한다.

반면 지원금 사용이 가능한 편의점 본사는 대기업이지만 매장의 90% 이상이 중소상인이 운영하는 가맹점이다 보니 사용처에 포함되었다. 주요 편의점들은 전통시장 이용이 익숙하지 않은 젊은 세대를 중심으로 편의점에서 지원금을 사용하려는 수요가 몰릴 수 있다.

시장과 음식점의 먹거리를 중심으로 소비가 증가하면서 긴급재난지원금이 음식료품 등으로 많이 쓰이게 된다. 유통·요식·식료품 업종에서 사용된 금액이 79%를 차지하고, 특히 슈퍼마켓, 편의점 등 유통업종에서 44.7%가 소비되었다. 하지만 탁구장·당구장 등의 스포츠 시설은 재난지원금 사용이 제한된 유흥사치업종에 속해서 재난지원금을 사용하지 못한다. 주점이나 클럽, 노래방 등 유흥 관련 업소, 탁구장·당구장·스크린골프장 등 생활체육시설이 유흥사치업종에 함께 묶여 있다. 재난지원금 사각지대에 놓인 업종이 발생하고 있다.

재난지원금 지출 대부분이 농축산물 등 식품과 먹을거리에 집중되어 식재료 물가가 고공행진을 하기도 하였다. 또한 안경 등 그동안 구매를 미루어왔던

물품을 구매하기도 하였다.

긴급생활비인 담배와 한우고기

화장품, 술, 담배 등의 기호품을 구입하고, 긴급생활비로 쌀과 같은 생필품 구입은 거의 보기 힘들다. 담배 소비가 늘어난 것은 불황형 소비가 증가한 영향이고 지방자치단체가 재난지원금을 지급하면서 담배 판매량이 늘어났다.

대다수 지자체는 온라인 쇼핑과 대형마트에서 지역사랑상품권 사용을 금지하고 전통시장과 동네 슈퍼마켓에서 사용하도록 한다. 슈퍼마켓의 물건 값은 대체로 대형마트보다 비싸다. 하지만 담배는 가격이 동일하다. 흡연자들이 동네 슈퍼마켓에서 담배를 사도 슈퍼마켓 주인에게 도움이 되지만 내수 진작으로 이어질 수는 없다.

동네가게와 대형마트 가격이 같은 담배 등을 동네 가게에서 대량 구매하는 현상이 발생한다. 대형마트에서는 긴급재난지원금을 사용할 수 없어 동네 슈퍼마켓에서 한꺼번에 담배를 구입한 것이다. 결국 동네에서 구입하는 항목이 매우 한정된 것이다.

국내 도축량과 미국산 수입 물량이 줄어 공급감소로 가격이 상승하고, 긴급재난지원금을 통한 소비증가와 코로나19로 지연된 개학 후 급식수요 증가가 맞물려 소고기 도매가는 역대 최고값을 유지한다. 소 한 마리의 가격이 약 1,000만 원으로, 전년도 대비 100만 원 이상 오른 금액이다. 긴급재난지원금이 한우의 추가 수요를 가져왔다. 외식소비는 줄었지만 가정에서의 한우 소비는 늘어났다. 소고기 수입이 원활하지 않아 한우 쏠림현상이 일어난 것이다. 등심, 안심 등 구이용과 부위육이 일시적인 소비로 집중적으로 팔린다. 코로나19로 인한 식당 출입이 어려워지면서 가정 내 한우 소비가 증가한 것이다.

생필품은 본래의 용돈과 생활비로 사고 평소 좋아하는 치킨을 긴급재난지원금을 사용해서 추가로 실컷 사먹기도 한다. 지방자치단체가 제공한 긴급생활비를 위한 지원금은 명칭에 맞지 않게 소비되는 것이다. 따라서 긴급재난지원금의 모호한 긴급재정예산을 투입해 헛되게 쓰인다는 의견과 어떻게 쓰든 자기

마음이고 지역경제에는 도움이 된다는 의견이 맞서고 있다.

재정이 충분치 않은 상황에서 생활비 목적으로 지원한 긴급지원금이 성격과 전혀 다른 곳에 사용된 사례들이 존재한다. 생필품이 아니고 기호품의 소비가 늘어난 것이다. 이는 일회성 임시소득에 따른 소비행위로 긴급재난지원금이 영구소득의 일부라고 생각하지 않은 데 이유가 있다. 한 번 받는 금액이 아니고 영구히 받는 액수로 생각하면 소비행위가 지속적으로 바뀌게 된다. 한 번 받는 임시소득이라고 하면 사치재나 기호품에 일시적으로 사용하는 경우가 많아지게 된다.

긴급재난지원금의 부정유통 행위

부정유통은 긴급재난지원금 지급목적과 달리 개인 간 거래 등으로 현금화하는 행위, 가맹점의 결제 거부나 추가요금 요구행위 등을 포함한다. 긴급재난지원금을 현금화할 경우 '보조금 관리에 관한 법률'에 따라 전부 또는 일부를 환수할 수 있다. 긴급재난지원금의 현금화를 목격한 사람이 신고·고발하면 포상금을 지급할 수도 있다. 포상금은 법률에 따라 환수 금액의 30% 이내에서 신고자의 기여도를 고려해 지급할 수 있다.

병원에서 재난지원금 사용이 가능하여 성형외과와 피부과에서 시술 등에 사용이 가능하고, 백화점에 입점하지 않은 명품매장에서도 소비가 가능하다. 소상공인을 돕고 동네 상권을 살린다는 취지에 위반된다.

긴급재난지원금을 받는 업소들의 부정행위도 단속 대상이다. 가맹점이 긴급재난지원금 결제를 거절하거나 불리하게 대우하는 행위는 여신전문금융업법 또는 전자금융거래법 위반 행위로 처벌할 수 있다. 가맹점 수수료를 카드 사용자가 부담하게 하는 행위는 1년 이하 징역 또는 1천만 원 이하 벌금부과 대상이다. 지역사랑상품권의 경우 결제를 거절하거나 그 소지자를 불리하게 대우한 가맹점은 지역사랑상품권 이용활성화에 관한 법률에 따라 지방자치단체장이 가맹점 등록을 취소할 수 있다.

물품·용역 제공 없이 상품권을 받아 환전해준 가맹점, 가맹점이 아닌 자에게 환전해준 환전대행점은 2천만 원 이하 과태료 부과대상이다. 위반행위 조사 등을 거부·방해·기피하면 500만 원 이하 과태료가 매겨진다. 상품권은 가맹점의 환전한도를 월 5천만 원으로 설정하고, 매출액 대비 환전액이 과다했을 때 매출과 환전액 증빙을 확인한다.

출산·가족 정책과의 충돌

가치관의 변화, 결혼기피 또는 연기, 경제적 요인 등 복합적인 요인으로 인구절벽이 발생한다. 감염병도 출산에 영향을 미치게 된다. 2002년 사스의 영향을 받은 홍콩은 9개월 후 출산율이 떨어지고, 2015년 지카 바이러스의 영향을 받은 브라질도 출산율이 떨어졌다.

폭설이나 태풍 등 자연재난이 발생하면 일시적으로 출산이 증가하기도 하였다. 미국은 2010년 2월 동부 대폭설, 2012년 10월 허리케인 샌디, 2001년 911 테러 9개월 후에 일시적으로 베이비붐이 일어났다.

그러나 코로나19로 인한 사회적 거리두기와 재택근무로 부부가 같이 한 공간에 오래 머물게 되었지만 출생률 증가로는 이어지지 않고 있다. 다만 아직 출생률 증가를 이야기하기에는 얼마 지나지 않아서 향후에 자료가 확보되면 보다 정확한 연구결과를 알 수 있다.

긴급재난지원금은 1인 가구는 40만 원, 2인 가구는 60만 원, 3인 가구는 80만 원, 4인 이상 가구는 100만 원 포인트 또는 지역화폐로 지원금을 지급하였다. 다만 가구원이 5명 이상이어도 지원 금액은 100만 원으로 4인 가족과 동일하다. 4인 가구를 기준으로 한 이유는 코로나19에 따른 지원금이어서 긴급하게 지급하고 행정비용을 책정하는 과정에서 단순화할 필요가 있었기 때문이다.

정부는 저출생 현상에 기초하여 다자녀가 많지 않다고 생각하지만 사실 3자녀 이상의 가족도 상당수에 이르고 있다. 따라서 3자녀를 둔 다섯 식구도 4인 가족과 동일한 100만 원을 받게 된다. 다자녀 우대 정책을 펴는 정부가 다자녀 가구를 배제한 것이다. 이는 개인당 지급을 하지 않고 가족 단위로 지급하면서 발생한 것으로 다자녀 가구가 배제되면서 출산장려 정책과 배치된다.

또한 가족정책과도 충돌이 일어나게 된다. 긴급재난지원금을 세대주가 신청하도록 요건을 만들었는데, 현실에서 거주와 생계를 같이하는 가구나 가족과는 상이하다. 주민등록상의 세대주가 행방불명이거나 외국에 거주하거나 시설에 들어가 있기도 하다. 세대주와 세대원이 갈등관계를 가진 경우도 있다. 이혼한 부부가 건강보험 피부양자 관계를 정리하지 않으면, 실제 거주와 생계를 같이 하는 부모가 아니라 다른 부모 앞으로 지원금이 배정된다. 정부는 이의신청을 하면 세대주와 분리할 수 있도록 정정하기도 했다.

현행 사회보장제도는 4인 가족을 기준으로, 부양자와 피부양자, 세대주와 가구주를 상정하고 있다. 현실에서 벗어나 사회보장제도는 의도하지 않는 불편을 야기한다.

이혼 소송중이거나 장기간 별거 등으로 사실상 이혼상태에 있는 가구원은 이의신청을 거쳐 긴급재난지원금을 가구주와 분리해서 받을 수 있다. 그리고 2020년 4월 30일 기준으로 이혼소송을 제기하지 않았어도 사실상 이혼상태가 인정되면 이의신청을 통해서 긴급재난지원금 수령이 가능하다. 사실상 이혼은 장기간 별거 등으로 부부 공동생활이 실질적으로 이루어지지 않는 경우이다. 별거상태를 확인할 주민등록등본, 가족 또는 친인척 등 성인 2인 이상 사실상 이혼상태 확인서가 필요하다.

긴급재난지원금은 1인 가구에게 40만 원을 지급하고 가구당 최대 100만 원을 지급해 4인 가구나 5인 가구가 분가하는 계기를 제공하였다. 긴급재난지원금이 지급되기 시작한 2020년 5월부터 주민등록에 등록된 1인 가구가 증가하였다. 통계청의 가구 기준은 주소지로 구분하고, 행정안전부가 집계하는 가구 기준은 주민등록인구로 구분해 같은 주소라도 여러 가구가 있을 수 있다.

2020년 2월에 1인 가구는 4만 5,131가구가 증가하였고, 3월에 4만 2,556가구가 증가, 4월에 3만 8,698가구가 증가, 5월에 6만 5,578가구가 증가하였다. 2020년 5월에 1인 가구 수는 870만 8,404가구가 되었다. 한편 4인과 5인 가구 수는 5월에 감소하였다. 긴급재난지원금의 지급이 1인가구의 형식적 분할을 촉진시키는 기형적인 현상이 발생하게 된다.

미등록 이주민

2020년 2월 말 기준 약 40만 명으로 추산되는 소위 불법 체류자, 특히 농어촌에 국내 미등록 외국인도 우리나라 방역체계 내에서 취약 요소가 되고 있다. 기존 방역망이 포착하지 못한 숨은 감염원이 있을 수 있다. 체류자격이 없는 미등록 이주민은 단속할 경우에 숨기 때문에 방역 차원에서 접근할 필요가 있고, 의료접근성이 확대되어야 한다.

미등록 이주민은 강제퇴거에 대한 두려움으로 숨기도 하여 법적 보호에서 배제되고, 불법체류라는 이유에서 차별과 혐오의 대상이 되기도 한다. 이주민에 대해서 방역용 마스크의 지급이나 긴급재난지원금에 대한 차별이 발생할 수도 있다.

그동안 체류자격이 없는 이주민에 대해 국제적으로 권고되고 통용되는 미등록 또는 비정규 이주민이라는 용어 대신에 차별적인 용어인 불법 체류자라는 표현을 사용해왔다. 하지만 이주민과 난민에 대한 출입국관리법의 적용과 이들의 체류자격과 무관하게, 감염병 정보가 관리되어야 한다. 진단검사를 받을 수 있는 기회, 의료서비스에 대한 접근성은 인간적인 권리로 분리해서 접근하는 것이 코로나19 시대의 방역 대처법이 될 수 있다.

정부에서 가이드라인을 만들어 코로나19 관련 지원 부탁

▶ 외국인도 대한민국에 거주하며 경제활동을 하고 세금을 내고 있으며, 지역사회에 일정 부분 공헌하고 있다고 생각, 어려울 때는 항상 같이 나누는 미덕이 있는 대한민국에서 소외되지 않고 마음이 따뜻해지는 경험을 갖도록 해주십시오. 불합리한 차별을 느끼지 않게 해주십시오 (2020년 3월, 국민청원).

이주민, 세금 꼬박꼬박 내고도 재난지원금 못 받는다는데...

▶ 정부와 지자체는 재난지원금의 재원이 국민세금이라서 원칙적으로 한국 국적자를 대상으로 지급한다는 입장이다. 반면 이주민 지원 시민단체들은 체류자격을 얻어 국내에 거주하는 이주민들은 소득세와 지방세 등 세금을 꼬박꼬박 내면서도 차별을 받는다며 반발하고 있다 (2020년 4월, ○○일보).

하루에도 몇 번씩 재난문자가 발송되지만 외국어 지원이 되지 않아 한국어가 서툰 외국인은 내용을 이해하기 어렵다. 한글로 적힌 문자 메시지를 복사하여 번역기를 이용하려고 해도 고객편의 차원에서 허용하는 핸드폰 기종을 제외하고 규정상 문자복사가 금지되어 있어 해석 또한 쉽지 않다. 국내 재난문자 전송방식은 재난문자에 대한 회신, 복사 등의 기능을 지원하지 않는 국제표준기술 규정을 따르고 있다.

중앙정부에서는 코로나19 발생으로 인한 국민생활 안정과 경제회복 지원을 위해 전 국민을 대상으로 긴급재난지원금을 지급하고 있다. 가구별로 지급함에 따라 혼인관계 중인 결혼이민자도 지급대상에 포함된다. 긴급재난지원금은 국가 경기부양과 국민경제 지원 목적을 가진 시혜적 성격의 국가 재정 작용으로, 지급대상·방법 등을 결정함에 있어 광범위한 재량이 인정되고 있다. 다만 외국인 주민에 대한 지급 근거로 재난기본소득 지급조례를 두고 있으나 일정한 기준 없이 필요에 따라 지급대상 외국인을 규정하는 경향이 있다.

서울시 재난긴급생활비의 지급 과정에서 한국 국적자와의 혼인 여부에 따라 외국인이 배제되어 사각지대가 생겼다. 긴급복지지원법에서 지원대상 외국인은 대한민국 국민과 혼인하거나 이혼, 사별한 뒤 그 가족을 돌보는 사람, 난민법상 난민 등으로 한정한다. 하지만 외국인으로만 구성된 가구는 지원 대상이 아닌 경우가 많다. 지방자치단체는 중위소득 100% 이하의 기준을 가진 주민등록이 없는 외국인 가구의 소득이나 가구원 수를 파악하기가 어렵다. 따라서 외국인을 대상으로 별도의 소득기준을 마련해야 할 것이다.

긴급재난지원금이 한정된 재원으로 지급되는 만큼 국민이 아닌 외국인의 경우 지급여부가 결정되어야 한다. 코로나19와 관련된 국내 체류 외국인의 긴급재난지원금은 체류기간, 국민과의 밀접성 정도, 세금납부 정도, 일정기간 경과 후 출국해야 할 대상인지를 고려해야 한다.

긴급재난지원금은 국가가 경기를 부양하고 국민에 대한 경제적 지원을 목적으로 하는 국가의 시혜적 재정작용이다. 따라서 국민의 권리를 제한하거나 의무를 부과하는 것이 아니므로 직접적인 법률의 근거 없이 지급이 가능하다. 긴급재난지원금 지급을 위한 예산편성은 국가재정법 제89조에 따라 가능하다. 코로나19를 이유로 외국인에 대하여 긴급재난지원금을 지급하여야 할 법률상 의무는 없으나, 인도적 차원에서 지원금을 지급하는 것은 법률의 근거 없이도 가능하다.

광역과 기초지방자치단체에서는 대부분 5만~20만 원 이내의 재난지원금을 국민과 외국인에게 동일하게 지급하고 있으나, 안산시는 국민 10만 원, 외국인 7만 원으로 차등하여 지급하고 있다. 경기도 부천시에서는 재난기본소득 지급대상에 외국인 중 지원이 필요하다고 시장이 인정하는 사람을 포함하는 부천시 재난기본소득 지급조례를 개정하여 불법체류 외국인도 재난기본소득의 지급이 가능하다.

체류 자격	지방자치단체 지급 현황 및 지급 금액	
	광역 지방자치단체	기초 지방자치단체
결혼 이민자 (F-6)	▸ 경기도(10만 원) ▸ 제주도 – 도민과 같은 세대를 이루는 외국인배우자도 포함 ▸ 서울특별시 – 혼인파탄자로서 국민인 직계존비속부양자, 난민인정자도 포함	▸ 경기도 부천시(내·외국인 5만 원), 구리시 (내·외국인 9만 원) ▸ 전라북도 익산시, 군산시, 정읍시(모두 내·외국인 10만 원) ▸ 전라북도 완주군(내·외국인 5만 원) ▸ 강원도 정선군(내·외국인 20만 원) ▸ 부산광역시 금정구, 강서구, 사하구, 수영구(모두 내·외국인 5만 원)
영주 (F-5)	▸ 경기도(10만 원)	▸ 경기도 부천시(내·외국인 5만 원), 구리시 (내·외국인 9만 원) ▸ 부산광역시 금정구(내·외국인 5만 원)
등록외국인 (거소신고자 포함) 등		▸ 경기도 부천시(내·외국인 5만 원) ▸ 부산 연제구(내·외국인 5만 원) ▸ 안산시(국민 10만 원, 외국인 7만 원) ※ 등록외국인 및 외국국적동포

가족 내 취약구성원의 지원금 지원

재난지원금 신청과 관련하여 정부재난지원금을 이혼소송, 별거 가정의 세대원도 신청할 수 있도록 청원이 계속되었다.

재난과 경제위기 시기에는 가족 내 갈등과 폭력의 비율이 증가하는 경향이 있으며 이미 코로나19로 인해 가정폭력이 증가하고 있다. 일부 가족 구성원은 가족 내 갈등이나 위계로 가구 단위로 지급된 재난자금지원에 접근이 불가능할 수 있으며 이러한 사람일수록 취약계층일 가능성이 높다.

긴급재난지원금의 사용처를 두고 부부 갈등이 발생하기도 한다. 주로 세대주인 남편의 신용카드로 일괄지급된 지원금을 남편이 독식을 하거나 부인의 사용처를 남편이 감시하는 것이 갈등의 원인이다.

재난지원금을 세대주에게 지급하는 것으로 원칙을 삼아서 보다 취약한 사람들이 사실상 혜택을 받지 못하는 사례가 발생하였다. 별거나 가정폭력 등 가족 내 갈등으로 세대주를 만나기 어려운 세대원들은 지원금을 받을 수 없다. 지원금 수령을 위해서는 세대주 위임장이 필요하다. 긴급재난지원금은 은행과 카드사를 통해 신용·체크카드에 포인트로 충전하거나 주민센터를 방문해 선불카드나 지역사랑상품권으로 받아야 한다. 신용·체크카드는 세대주 명의로 발급받은 것만 가능하다. 선불카드와 지역사랑상품권은 세대원이 신청하려면 세대주의 위임장을 받아야 한다.

정부는 긴급재난지원금 조회 서비스를 제공한다.[48] 긴급재난지원금은 마스크 5부제와 유사하게 출생연도 끝자리에 맞춰서 신청할 수 있다. 지원금은 세대주를 기준으로 지급하여 지원금을 조회할 수 있는 사람은 세대주뿐이다. 조회에 필요한 공인인증서도 세대주의 공인인증서가 필요하다.

05 긴급재난지원금의 향후 제도설계 고려사항

현금성 지원을 권리로 인식

우리나라는 2015년 메르스를 경험하여 2020년 코로나19 발생 초기부터 적극적으로 대응하였고, 광범위한 확산으로 이어지지 않을 것으로 예상되었다. 실제로 확진자들에 대한 철저한 관리, 접촉자에 대한 추적과 자가격리, 방문기관에 대한 방역조치로 잘 관리되는 것으로 보였다.

그러나 대구, 경북 지역 신천지 교회, 집단시설을 중심으로 확진자가 폭발적으로 증가하여 심각한 상황에 이르기도 하였다. 또한 코로나 사태 초반에 중국인 입국금지를 하지 않은 것에 대한 비판 여론이 많았다. 초기 중국 입국자 중에서 확인된 감염자 수는 많지 않았고 감시가 가능한 수준이었다. 그럼에도 초기 중국 입국자에 대한 방역이 조금 더 포괄적으로 이루어졌다면 지역사회 감염시기를 늦출 수 있지 않았을까 하는 아쉬움이 있다.

우리나라의 성공적 대응은 드라이브 스루 선별검사소 같은 창의적인 검사방식과 대대적인 검사, 확진자에 대한 정밀한 관리, 접촉자에 대한 신속한 진단, 진단기술과 의료기술, 마스크 착용, 사회적 거리두기를 철저히 지킨 시민의식에 기인한다. 주거지 근처에 충분한 편의점, 마트 등 유통시설이 운영되고 있었으며, 온라인 구매와 빠른 배송시스템이 이미 완벽하게 갖추어져 있어, 우리나라는 시민불안이나 생필품의 사재기가 없었다.

코로나19를 경험하면서 국민들은 긴급재난지원금을 시혜적인 복지제도로 이해하기보다는 권리로 인식한다. 유력 정치인은 전 국민에게 20만 원씩 2차 재난지원금을 지급하자고 주장하기도 한다. 경제위기가 장기화되는 상황에서 국민의 생활안정과 지역경제 활성화를 위해 경제정책의 일환으로 재난지원금의 추가 지급이 필요하다. 하지만 경제당국은 국가적으로 엄청난 예산편성이 부담되고 민간소비는 견고해서 2차 긴급재난지원금을 고려하지 않고 있다. 하지만 국민들은 또 다른 현금성 지원을 권리로서 기대하는 것이다.

코로나19 확산에 따른 경제 충격에서 벗어나기 위해 국가재정이 필요하여, 2020년 3차례 추가경정을 사용한다. 일회성 복지사업이나 현금지원이 대부분이고 민간에서 일자리를 창출할 만한 대책은 부족하다. 추경이 경제성장과 연결되어야 하지만 실업급여나 긴급복지의 일시적인 지출이 많다. 그러나 긴급재난지원금은 증세로 보충하고 부자와 대기업에게 부담을 더 지울 것이다.

중국발 입국 금지를 주저하다 초기방역에 실패한 것처럼, 재난지원금을 전 국민에게 계속 주어야 한다면 단기적으로는 경제의 어려움을 피할 수 없을 것이다. 또한 지급액이 너무 많아져 지원금이 상당 액수에 이르게 된다. 예를 들어 경기도의 지원금은 중앙정부에서 주는 긴급재난지원금, 경기도가 지급하는 재난기본소득, 성남시의 재난연대안정자금, 아동양육돌봄지원금, 소상공인 경영안정자금 등 다양한 지원금을 받으면 한 사람이 모두 받는다고 가정하면 320만 원이 된다. 3인 가족 기준 월 중위소득에 해당하는 금액이다.

경기도에서 시작해서 각 지자체들의 재정지급 경쟁이 본격화된다. 전국 지자체의 평균 재정자립도가 2019년 기준 44.9%이고 향후 지자체의 재정 지급이 더 심해질 것이다.

코로나19 지원금을 놓고 재난기본소득이라는 단어를 경기도는 사용했다. 기본소득은 무차별적, 무조건적, 정기적이라는 특징이 있다. 재산에 상관없이 모든 개인에게 조건 없이 정기적으로 돈을 지급하는 것이다. 한시적으로 실시된 긴급재난지원금이 항구적인 기본소득제도로 정착될 것인지는 향후의 정치공학적 셈법에 달려 있고, 반드시 국민의 동의가 필요한 부분이다.

세계 근현대사를 조감해보면 경제위기 때 포퓰리즘이 힘을 얻는 것을 알 수 있다. 정치성향상 진보인지 보수인지는 중요하지 않다. 집단주의가 강화되어 개별 경제주체의 자율적인 경쟁이 저하된다. 또한 개별적인 책임성은 사라지고 국가만 바라보고 국가정책에 의존하게 된다. 코로나19로 전 세계는 포퓰리즘으로 빠져들 가능성이 높아져 기대가 일상화가 되고 정부의 시혜적인 정책에 기대게 된다. 이러한 새로운 일상은 경계해야 할 미래상이기도 하다.

사회보장제도가 시행되어온 지난 기간 동안, 자신들이 부담한 조세에 비해서 별다른 지원을 받지 못한 중산층마저도 현금성 복지인 긴급재난지원금을 권리로서 환영하였다. 하지만 공짜로 주어진 것은 절대 아니고 자신이 어차피 지출해야 하는 세금이나 준세금인 것이다. 앞으로 이러한 공짜 점심free lunch을 계속 바라는 것은 바람직하지 않다. 코로나19로 인해 경제적으로 어려운 계층에게 긴급재난지원금 제공을 통해 국가공동체라는 의식을 제공하게 된 것으로도 의미는 있다.

현금성 지원과 후세대의 부담

정부와 여당의 현금지원 또는 지원약속이 표심을 흔든 것도 분명하다. 7세 미만 아동이 있는 가구는 가구당 40만 원씩 아동수당을 지급하였다. 노인 일자리 사업에 참여하지 못한 사람들에게 1,400억 원을 선지급하겠다고 발표하여, 보수성향이 높은 60대 이상의 표심을 뒤흔들었다.

추가경정예산안의 국회통과를 기다리지 말고 긴급재난지원금 지급 대상자들에게 미리 통보해주고 신청을 받으라고 선거 전날에 홍보되었다. 긴급재난지원금은 선거전략으로 이용되었다. 야당에서도 초기 태도와 달리 긴급명령권을 발동해 재난지원금을 지급하라고 민심에 호소하기도 하였다.

사회가 첨단화할수록 부富의 불균형은 심화되어, 국가는 부강해도 국민은 상대적 박탈감에 빠진다. 포퓰리즘 선거현장의 현금 지급 효과는 나타나게 된다. 여당이건 야당이건 현금지급의 유혹에 빠지게 된다.

국민에게도 아낌없이 재정보조금을 제공하여 재정건전성이 무너지고 있다. 여당이 국회에서 압승하고 지지율은 고공행진 중이어서 현금성 정책효과는 확실하다. 하지만 제대로 된 평가는 돈이 풀려 도움을 받는 현세대의 몫만이 아니고, 재정수지 악화가 경제를 망쳐버린 국가를 물려받을지도 모를 미래세대가 진행하는 것이다. 코로나19로 과도하게 공급된 유동성은 주택가격 상승에도 영향을 미쳐 집권층의 지지도를 약화시킨다.

긴급재난지원금은 가계소득 감소가 소비충격으로 이어지지 않는 역할을 하지만 일회성 정책이어서 정책효과도 단기적이다. 재난에 대한 즉각적이고 임시적인 조치와 장기적인 정책변화를 구분해야 한다. 임시적인 분위기에서 한번 시행된 제도는 상당기간 존속되어 부정적인 효과를 발휘하게 된다. 정책에 사용되는 재원에 대한 고민과 사전적으로 철저하게 검증된 정책을 만들어 실험이 아닌 정책효과성을 높여야 한다. 투명한 재원조달을 통해서 현세대뿐만 아니라 후속 미래세대에게도 부담이 가지 않도록 해야 한다.

긴급재난지원금을 신속하게 지급하기 위해서 기존의 아동돌봄쿠폰의 체계를 참고하였다. 지원금으로 구매한 고가의 물건을 중고거래로 되팔거나 병원에서 지원금으로 결제한 후에 실손의료보험을 현금화하는 방법이 등장하였다. 코로나19 지원금은 후대에 물려줄 예산을 미리 쓴 것이다. 긴급재난지원금은 국내 내수경제 활성화에 도움이 되도록 사용되어야 한다.

복지시스템의 재검토

긴급재난지원금이 지급되었지만 준비된 매뉴얼이 없어 각종 논의가 진행되었다. 제도가 하루아침에 만들어질 수는 없어 단계적으로 발전시켜 가야 하지만, 좋은 의도를 가진 제도가 정교하게 준비되지 못하면 오히려 역효과를 낼 수 있다.

코로나19는 경제사회적 불평등이 심화되고 사회보장이 축소되면 어떠한 결과를 가져오는지 여실히 보여준다. 초강대국인 미국 등 특정 국가의 사회보장제도와 공공의료체계의 민낯을 보여준 것이다. 한편, 우리나라의 보육과 장기요양제도는 특정 생애주기에 필요한 기본적인 돌봄으로 자리 잡았고 이를 국가사회가 선제적으로 제공하고 있다. 긴급재난지원금의 가구별 지급으로 인해 가구 규모에 따라 개인에게 지급되는 금액이 다르게 설계되어, 복지제도가 부여하는 형평성에 문제가 발생하였다. 물론, 긴급재난지원금의 지급과정에서 논란이 되었던 세대 중심의 복지시스템 적용은 반드시 재검토되어야 한다.

기초생활수급자 등 저소득층은 현금으로 미리 지원금을 받았다. 현금복지를 받아오던 이들은 코로나19 사태로 특별한 추가적인 타격이 없어서 유용하게 쓰기도 하지만 일부는 술, 담배, 도박에 쓴 경우도 있다. 손자 손녀에게 용돈으로 주기도 한다.

평소에 복지급여를 받지 않고 일을 해온 사람들의 경우 코로나 사태로 인해 일거리가 없어지고 임대료나 월세를 내지 못하는 경우도 발생하고 있다. 현금복지를 받고 자활의지를 잃고 수급에만 의존하는 경우도 발생하고 있다. 저소득층에 대한 지원은 현금보다는 현물이나 바우처가 바람직한 측면이 있다.

코로나19와 같이 위기상황에서 보편적 지원과 선별적 지원의 논쟁이 계속 남게 된다. 상대적으로 인구가 적은 홍콩이나 싱가포르에서는 전 국민 대상으로 보편적 지원이 가능하다. 그러나 선진국에서는 예산상의 제약으로 피해가 큰 집단을 위한 선별적인 지원을 지속적으로 할 수밖에 없다. 이러한 위기상황에 대비해서 촘촘한 사회안전망을 제공하는 복지제도를 구비하는 것이 더 나은 접근 방법이다. 그러나 이러한 촘촘한 복지제도가 때로 비효율적이고 취약점이나 사각지대를 가진 제도를 계속 생산해내기 때문에 기본소득과 같이 간결하면서도 행정비용을 줄일 수 있는 복지정책과 경제정책이 합해진 정책에 관심을 가지게 된다.

긴급재난지원금과 관련해 지급대상을 전 국민으로 넓히면서 자발적 기부를 할 수 있는 장치를 마련했다. 기부는 선의의 자발적 선택으로 기부금은 고용유지와 실직자 지원에 사용될 예정이다. 제도로 정착해서 자발적인 기부를 설계할 방안은 무엇인지에 대한 고민이 필요하다. 물론, 왜 긴급재난지원금의 기부율이 극도로 낮았는지에 대한 이해가 선행되어야 한다.

고용정책과 경제성장 정책의 단상

전 국민을 대상으로 하는 현금지원은 경제위기로 상대적으로 큰 피해를 입은 특정집단을 보호하는 데 효과적이지도 효율적이지도 않은 것은 분명하다. 그렇다면 코로나로 인해 발생한 국난극복의 핵심은 일자리일까 아니면 경기의 회복일까? 정부는 일자리를 지키기 위한 지원을 하면서 '한국판 뉴딜' 프로젝트를 발굴해 새로운 일자리 창출에 박차를 가하고 있다. 그런데 일자리가 경제위기에서 벗어나도록 할 수 있을 것인가? 공공 일자리와 소득이 경제성장을 주도할 수 있을까?

일시적 실직자들이 경제활동의 재개에 따라 빠르게 일자리로 복귀할 수 있는지 의문이 생긴다. 코로나19 발생 후 6개월 동안 기업은 해고 대신 일시적인 근무 단축을 실시해왔다. 경제가 일시적 충격에서 벗어날 때까지 기다린 것인데 경제충격이 예상보다 크게 되었다.

기업들이 고용을 창출하지 못하면 일시적 실직자가 장기 실업자가 될 것이다. 이런 상황을 맞았을 때 고용보험제도가 잘 갖추어진 국가들이 더 안정적일 것이다.

실업보험은 자신의 의지와 상관없이 해고된 사람들에게 다음 일자리를 구할 때까지 수당을 지급해 최소한의 생활이 가능하도록 보조하는 장치이다. 그러나 새로운 일자리를 찾지 않고 실업급여에만 의존하는 부작용이 발생할 수 있다. 새로운 직장을 가지는 순간 실업급여가 중단되어 오히려 새로운 일자리를 열심히 찾지 않게 된다.

긴급재난지원금을 지급하지 않고 이러한 거대한 금액을 소비진작보다는 직업훈련에 사용해서 노동생산성을 높이고, 기계설비를 구입하여 자본생산성을 높이면 과연 어떻게 되었을까? 경제위기 기간 동안에 경제구조를 개편하고 새로운 도전을 위한 발판으로 사용했으면 어떨까? 1990년대 말 외환위기 동안 소액의 소비진작 자금을 지급하지 않고, 성장일변도의 경제구조를 재정비하는 시간으로 사용해서 재도약했던 기억은 다시 반복할 수 없는 것일까?

자본주의 사회는 경기변동을 수없이 경험하면서 끊임없이 경기의 부침이 발생한다. 경기가 침체기로 들어갈 때 경기변동을 구조조정의 기회로 삼지 않으면 더 많은 도약이 어려운 상황에 직면하는 것은 당연하다.

긴급재난지원금이라는 공적 이전소득은 정부가 생산활동과 무관하게 대가 없이 지급하는 소득으로, 그 승수효과는 0.2~0.3 정도로 낮은 것으로 알려져 있다. 한편, 긴급재난지원금은 소득이 적은 사람, 소득 흐름이 끊어진 사람에게 효과가 크다. 하지만 긴급재난지원금은 재정건전성을 악화시키고 경제회복의 근본적인 대책은 아니다. 경제학 교과서에서 언급되는 경제성장의 경로는 기업투자를 늘려 일자리를 만들고 소비를 통해서 생산활동을 늘리는 것이다. 긴급재난지원금이 추가로 또 지급되면 경제정책이 아니고 복지정책으로 접근이 되어야 한다. 전 국민이 아닌 필요한 계층에만 적절히 지급이 되어야 한다.

제2차, 제3차 긴급재난지원금을 지급하고자 정치권에서는 주장하지만 경기부양효과에 논란이 발생한다. 긴급재난지원금은 복지정책의 일환이고 소비를 통한 경제회복은 효과에 한계가 있다. 오히려 경제회복을 위해서는 수출 경쟁력과 고용을 유지하는 경제정책의 지원이 더 시급하다.

복지정책은 선별지원이고 재난대책은 속도가 중요한 전 국민 지급이다. 긴급재난지원금은 소비진작과 경제활력에 상대적으로 적게 기여하며, 국채발행을 통한 지원금 마련은 국가부채를 증가시키고 국가신용등급의 하방압력으로 작동한다. 추가적인 긴급재난지원금의 지급에 대비해서 재정지출의 준칙을 설계할 필요성이 있다. 준칙을 지키지 않았을 경우 구속력을 부여하는 조항이 포함되어야 한다. 법제화하지 않고 재정 관련 가이드라인을 제시하는 수준으로는 충분하지 않다. 예외조항을 포괄적으로 정의해서는 곤란하다. 자연재해나 코로나19와 같은 상황에서 재정준칙의 경직성으로 위기상황에 대응하기 어렵기는 하지만, 재정적자와 국가채무가 급속하게 증가하는 점을 고려하여 구체적인 목표와 구속력 있는 실행계획이 사전에 설정되어야 한다.

미리 정해져 있는 원칙에 따라서 재정지출이 이루어지면, 우리가 코로나19의 긴급재난지원금의 결정과정에서 보았던 혼란도 줄이고 사전에 결정된 합의 과정으로 투명한 정책방안이 이루어질 수 있다. 코로나19와 같은 재앙수준의 경제위기가 발생하면, 새로운 사회공감대가 자연히 형성될 수 있다. 선언적 수준의 재정준칙을 통해 정치적인 책임을 지는 정도로는 후세에게 물려주는 부담이 지대하다.

코로나 감시사회 - 개인정보의 공·사적 영역의 경계선

코로나19로 감염병이 확산되면서 확진자의 동선이 공개되고, 구청 등 기초자치단체에서도 CCTV 등을 살펴 확진자의 추가 동선을 확인하였다. 정부가 핸드폰 기지국 접속, 택시미터기, 신용카드, CCTV 등 다양한 경로를 확인하여 확진자와 접촉 가능성이 있는 사람들을 추출한다. 또한 방문자가 거짓 작성할지도 모르는 명부 작성 이상의 정밀 역학조사를 하기 위해, 코로나19 감염 위험이 높은 일부 시설집합시설. 다중이용시설에서 전자출입명부QR코드 시스템을 시범운영하고 있다. QR코드 기재 정보는 기본적으로 명부 작성 시와 동일하다. 하지만 거짓 정보를 최대한 적게 만들려는 노력이기도 하다.

확진자 동선정보에 관심을 가지고 대비하면서 정보공개는 필요한 조치라고 수용하기도 하지만 한편에서는 사생활 침해이고 과도한 개인정보 공개라는 의견도 있다. 코로나19로 강화된 개인정보 추적의 통제방식은 정부의 정보독점이라는 우려가 있다. 하지만 한시적으로 코로나19 확산방지에 활용하고, 그 사유가 소멸되면 폐기하여 선의의 피해가 발생하지 않도록 해야 한다.

코로나19 바이러스 이후에도 정부와 기업이 구성원을 추적하고 감시하기 위한 정교한 기술들을 개발할 가능성도 배제할 수 없다. 개인정보 노출의 사적 영역과 감염병 확산방지의 공적 영역에서 개인정보 수집의 경계선을 탐색해서 개인정보 공유의 범위와 한계를 명확하게 사전에 정해야 한다.

사회적 거리두기社會的 距離, social distancing는 물리적 거리두기物理的 距離, physical distancing 또는 안전한 거리두기安全距離, safe distancing라는 의미의 감염관리의 한 종류이다. 개인 또는 집단 간 접촉을 최소화하여 감염병의 전파를 감소시키는 공중보건학적 감염병의 통제 전략이다.

그런데 사회과학에서는 사회적 거리가 개인 간, 개인과 집단 간, 집단 간 심리적으로 먼 정도를 의미하고, 한 사회 내에서 특정 인종집단이 거부되는 수준으로 오랫동안 사용되어 왔다. 코로나19 확산을 방지하고자 물리적인 거리를 유지하고 사회적 관계를 잠시 보류하라고 하는 의미이지만, 사회의 주류층이 소수층에 대한 편견을 나타낼 수도 있는 것이다. 사회 구성원을 잠재적 확진자와 미확진자로 경계하게 만들어, 확진이라는 재난을 당한 사람을 다르게 취급하게 할 수 있다. 코로나19의 정국에서는 누구나 확진자가 될 수 있으며, 어떤 의미에서는 다른 사람보다 일찍 감염된 사람을 의미할 수도 있다. 아직은 운 좋게 감염되지 않은 사람이 부여된 특권을 무분별하게 사용하는 폭력의 언어가 될 수 있음을 경계해야 한다.[49]

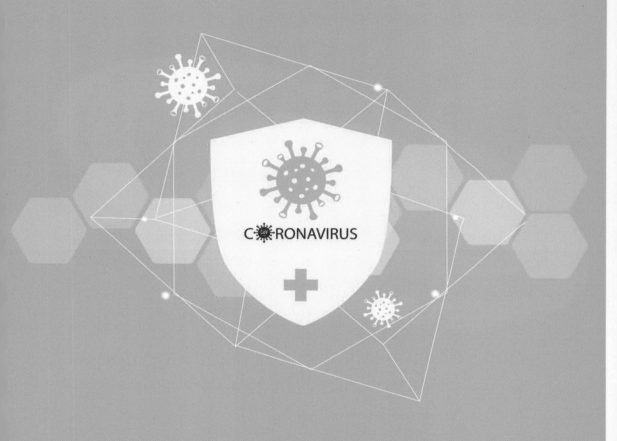

04

01 코로나19로 달라진 일터의 모습과 보건관리 환경의 변화

기업의 보건관리와 감염병 예방

근로자의 건강은 기업의 생산성 향상과 지속가능한 경영을 위한 필수요소이다. 사업주는 근로자의 신체적 피로와 정신적인 스트레스가 발생하지 않도록 근로조건을 마련하고 작업환경을 개선해야 할 의무가 있다.[50]

사업장 보건관리의 목적은 산업현장에서 발생할 수 있는 산업재해를 예방하는 것이다. 근로자의 건강을 위협하는 유해인자의 노출수준과 건강에 미치는 영향 등을 평가하고 관리하여 직업병과 업무상 질병을 예방하는 것이다.

사업장의 보건업무는 주로 보건관리자나 보건관리전문기관의 위탁관리에 의해 이루어진다. 보건관리자를 선임해야 하는 사업장에서는 의사, 간호사, 산업위생기사 등 자격요건에 적합한 사람을 보건관리자로 선임하여 사업주를 보좌하고 보건업무 전반에 걸쳐 전문가로서 지도·조언하도록 해야 한다.[51] 전담보건관리자를 선임하지 못하는 50~300인 미만의 중·소규모사업장은 보건관리전문기관에 보건관리업무를 위탁할 수 있다.

코로나19의 확산은 전 국민의 일상생활을 바꾸어 놓았다. 마스크를 착용하지 않고 사람이 다수 모인 곳을 다닐 수도 없고, 학생은 학교가 아닌 가정에서 인터넷 원격수업을 받아야 한다. 각종 모임이며 공연들은 물론 여행을 가는 것조차 쉽지 않아 불안하고 우울해진다.

직장도 재택근무나 유연근무제가 늘어나고 사업장 내의 동선과 출입에도 통제를 받는다. 출장과 회의의 형태도 달라지고, 업무수행에도 변동사항이 발생한다.

사업장의 보건관리 업무도 예외는 아니다. 근로자 건강을 위해서 진행되어야 할 업무 일정이 지연되거나 무기한 연기되고 있다. 보건관리자는 본연의 업무보다 코로나바이러스 예방업무에 더 치중해야 하는 상황이 발생한다.

근로자가 회사의 정문을 들어오면서부터 퇴근할 때까지 보건관리자는 일하는 모든 장소, 근로자의 모든 행위에서 감염과 확산의 위험요인을 찾아내야 한다. 그리고 대응에 온 정신을 집중하고 있다.

보건관리전문기관의 전문가도 마찬가지 입장이다. 대부분의 사업장에서 외부인의 출입 제한과 방역조치로 업무수행을 위한 절차가 복잡해졌다. 출입통제가 엄격할 경우 작업장으로 들어갈 수도, 근로자와 접촉할 수도 없게 된다. 접견장소에서 사업장 보건업무 담당자와 점검사항을 확인하거나 유선으로 근로자 상담을 해야 하는 경우도 발생한다.

보건관리자는 보건업무 수행 중에 바이러스에 감염되지 않고 타인을 감염시키지 않기 위해 감염병 예방과 방역조치를 철저히 실행해야 한다. 사회적 거리두기, 마스크 착용 등 모든 방역조치에 동참하면서 동시에 보건업무를 수행해야 한다. 스트레스가 많고 불편함을 감수해야 하는 근무환경이지만, 코로나19로 더욱 요구가 높아진 근로자들의 기대에 응해야 한다.

코로나19가 장기화되면서 보건관리업무 담당자의 업무부담은 늘어나고 있다. 사회적 거리두기와 각종 방역지침으로 보건업무가 제때에 진행되지 않아 시기를 놓치게 되면 근로자 건강관리에 차질을 줄 수도 있기 때문이다.

정부는 작업환경측정이나 특수건강진단과 근로자 안전보건교육 실시의 유예기간을 두어 불편을 덜어주고자 지침을 마련하였다. 그러나 2020년 4월 20일 완화된 사회적 거리두기 이전까지 연기되었던 업무가 하반기로 이월되면서 사업장과 보건관리전문기관의 업무부담과 운영상의 어려움이 가중될 전망이다.

안전·보건업무의 자체 추진능력이 부족한 소규모 사업장에서는 근로자 건강관리나 감염병 관리가 더욱 취약하다.

근로자 20~50인 미만 사업장의 경우에는 안전보건관리담당자가 사업장의 안전보건업무를 추진하고 있다.[52] 안전보건관리담당자의 직무교육에 전염병

관리의 내용을 보완하여 코로나19의 예방과 확산방지에 대한 추가 정보를 제공한다.

20인 미만의 소규모사업장은 자율 안전보건관리 능력이 부족하여 지원을 강화해야 한다. 정부에서 지원하는 소규모 사업장 보건관리 사업을 통해서 코로나19 예방지침을 홍보하고 교육하여 전염병 예방의 사각지대를 최소화해야 한다.

근로자가 작업을 하는 과정에서 혈액이나 공기 중의 병원체, 곤충과 동물에 의해 감염병에 걸릴 수 있다. 근로자는 해당 작업을 할 경우에 작업과 관련된 감염병에 대한 예방관리 조치를 준수해야 한다.

코로나19 감염의 위험이 높은 상황에서는 작업으로 인한 감염인지 코로나바이러스로 인한 감염병인지 감별진단이 필요하다. 근로자가 작업도중 발열 또는 호흡기 증상이 있을 때 작업으로 인한 감염인지 코로나바이러스 감염인지 의심스러운 경우가 있다. 이때에는 우선적으로 코로나바이러스 의심환자 발생 시의 행동요령에 따른다.

『근로자의 작업과 관련된 감염병에 대한 예방관리 조치』

• 해당 작업
 – 혈액의 검사 작업, 환자의 가검물 처리를 비롯한 의료행위를 하는 업무
 – 연구 등의 목적으로 병원체를 다루는 업무
 – 보육시설 등 집단수용시설에서의 업무와 곤충이나 동물에 노출될 수 있는 고위험 작업 등

• 직업성 감염병 예방수칙
 – 적정한 보호구를 지급한다.
 – 예방접종을 실시한다.
 – 감염의 위험이 있는 작업을 하는 경우에는 유해성에 대해 주지를 시켜야 한다.
 – 사업주는 세면·목욕 등에 필요한 세척시설을 설치하고 각 작업에 적정한 보호구를 지급하고 착용하게 하여야 한다.
 – 감염이 발생하였을 경우에 즉시 감염자의 인적사항, 감염 현황, 감염원인 제공자의 상태, 처치내용 및 검사결과에 대해 조사하고 기록·보존하여야 한다.

환자를 이송하기 전에 즉시 감염의심 근로자에게 마스크를 착용하게 한다. 다른 근로자에게 확산되는 것을 방지하기 위해서 별도의 격리장소로 이동시키고 질병관리본부 콜센터 1339나 관할 보건소로 연락을 취한다.

사업장 내의 전 근로자를 대상으로 감염 예방수칙을 적용하여 코로나 감염의 위험으로부터 보호하고 보건당국의 격리, 역학조사, 사업장 소독, 코로나19 검사 등의 지시에 따른다. 감염이 의심되는 근로자에 대해 검사결과가 나온 후에도 직업성 감염병의 여부 파악과 함께 감염에 대한 관리를 받을 수 있게 조치한다.

재택근무와 근로자의 건강

출처: 대한산업보건협회

2020년 3월 구로구 콜센터의 코로나19 집단감염이 발생하면서 인구밀집 지역인 수도권도 대규모 확산 가능성이 제기되었다. 종교시설, 콜센터, 물류센터와 같은 한정된 공간밀폐, 밀집, 밀접에 많은 인원이 모여 활동함으로써 발생한 확산의 사례가 나타났다.

정부는 사회적 거리두기를 실시하여 종교시설, 유흥시설의 운영을 자제하고 외출과 여행도 자제할 것을 권고했다.

코로나19의 감염이 유행과 소강을 반복하면서 재택근무에 대한 사회적 관심과 수요가 급증하였다.[53] 실제로 코로나19 이전에 비해 재택근무의 비율은 현저히 증가했다.

재택근무는 출퇴근 시간과 비용을 줄일 수 있고 불필요한 회의가 없어지고 비대면 방식의 업무가 효율적이어서 만족도가 높다. 재택근무는 중견기업이나 공공기관, 필요에 따라 중소기업에서도 실시하였지만 재택근무 비율이 높은 사업장은 주로 대기업이다.

재택근무는 근로자 사이에 위화감을 조장하기도 한다. 재택근무가 가능한

업무형태인데 시행하지 않을 경우 근로자들 사이에 불만을 제기하는 경우도 있다.54)

정부가 배포한 가이드라인에는 근로자와의 동의사항, 취업규칙에 포함해야 할 내용과 절차, 근로시간과 연장근무 산정 방법, 근태관리를 상세하게 안내하고 있다.55)

재택근무에 적합한 업무는 독립적이면서도 개별적인 업무수행이 가능하고 고객과의 대면접촉이 거의 없는 업무, 특정한 장소에서 이루어지지 않아도 되는 업무이다. 이러한 업무는 프로그램 및 게임 개발, 웹 디자인, 도서출판, 원격교육기관, 금융 및 보험마케팅, 유선 상담, 전산 업무가 해당된다.

최근 정보통신 기술의 발달로 일반 사무직 등 재택근무가 가능한 직무는 더욱 증가하는 추세이다. 법령상 재택근무 가능 업무가 규정되어 있는 것은 아니므로 사용자는 기업의 상황을 고려하여 자율적으로 재택근무 가능 업무를 선정할 수 있다.

재택근무는 많은 장점이 있는 반면에 스트레스 요인도 있어 근로자들의 정신건강에 문제가 생기기도 한다. 집에서 혼자 일을 할 때 동료와의 의사전달에 어려움이 있을 수 있다. 또한 상사나 동료의 조언이나 도움 없이 혼자 감당해야 할 일이 많아지면서 업무에 대해 책임감과 중압감을 느끼기도 한다.

화상회의를 하거나 이메일, SNS 등으로 업무를 전달해야 하는 경우에는 업무가 지연되면서 답답함을 느낄 수 있다.

직원들은 일과 휴식의 분리가 되지 않아 피로감을 더 느끼고, 의욕이 저하되며 기업의 생산성이 낮아질 수 있다. 이에 대한 대책으로 재택근무 중 정기적으로 사무실에 모여 회의나 미팅을 할 수 있다. 그러나 코로나의 확산으로 이것도 어렵다면 보다 다양한 방법으로 재택근무자와 사무실 근무자간에 연락을 취할 수 있는 방법을 고려해야 한다.

구글은 현재 세계 50개 이상의 나라 150개가 넘는 도시에서 10만여 명의 직원들이 일하고 있다. 구글이 제안하는 원격근무의 팁을 살펴본다.

근로자는 재택근무를 하면서 업무에 집중하다 보면 휴식의 부족이나 신체

원격 근무를 위한 5가지 팁

① 잡담 늘어놓으며 친밀감 쌓기

자신들의 사생활을 노출하는 것이 친밀감 형성에 도움이 된다. 주말에 뭘 했는지부터 시작해서 점심에 무엇을 먹을 건지, 재택근무 해서 냉장고가 빨리 빈다든지 등 함께 웃고 친밀감이 형성됐을 때 업무 주제로 넘어가면 심리적인 안정감을 높일 수 있다. 화상으로 팀 미팅을 할 경우 담소로 시작하는 것이 좋으며 그 이후 본 미팅을 한다.

② 의사결정 방식 등 팀 규칙 정하기

오프라인보다 온라인에서 일할 때 팀 규범을 정하는 것은 중요한 요소이다. 의사소통을 할 때 이메일을 쓰는 경우와 채팅을 쓸 경우 등 공통의 규칙을 정한다. 또한 의사결정의 방식, 결정 사항의 공유 방법, 대면 미팅의 주기와 시간, 방식 등을 미리 정한다.

③ 팀원 간 일정을 공유해서 업무 시간 분명히 하기

재택근무에서 일과 사생활의 경계를 정하는 것이 어렵지만 각자의 스케줄을 공유하여 서로 연락해도 되는 시간과 안 되는 시간을 정한다. 스케줄을 세분하면 팀원들끼리 배려하는 기회가 되면서 각자가 스스로 자신의 일정을 상기시킬 수 있다. 거리의 한계는 미팅을 녹화해 영상과 회의록 등을 공유한다.

④ 실제 함께 있는 것처럼 가깝게

직원 중에 소외되는 인원이 생기지 않도록 하는 것도 중요하다. 회의 중 서로 표정이나 행동. 몸짓을 읽을 수 있도록 상대방에게 웃어주고, 대답해주면서 물리적으로 같이 있을 때와 비슷한 환경을 구현한다.

⑤ 업무 공간은 사무실처럼

집에 있더라도 업무에 맞는 물리적인 환경을 조성하여 사무공간임을 스스로 인지시킨다. 생산성 향상을 위해 전날 미리 다음 날 할 일을 계획한다. 근무 시간에는 업무에만 집중한다.

활동의 감소를 경험하게 된다. 이로 인해 고혈압, 당뇨, 이상지질혈증과 같은 기저질환이 악화될 수 있다. 사업주는 근로자가 집에서 근무할 때에도 디지털 커뮤니케이션을 통해 건강상담이나 보건교육을 진행하도록 지원해야 한다.

또한 근로자가 인터넷과 모니터를 이용해 업무를 수행할 때 디스플레이 스크린 장비 DSEdisplay screen equipment의 위험에 노출될 수 있다.[56]

컴퓨터 작업 시 올바르지 못한 자세로 장시간 컴퓨터 작업을 하면 VDT증후군Visual Display Terminal Syndrome이 발생할 수 있다. 거북목증후군 또는 일자목증후군이라고도 한다.

작업능률 저하, 피로, 팔 저림, 뒷 목통증, 어깨통증, 두통

이외에도 목이나 어깨가 결리는 근골격계질환이나 작업하는 공간의 부적절한 밝기로 인한 눈부심의 시각장해가 생길 수 있다. 사업주는 근로자에게 이러한 건강상의 장해를 예방할 수 있는 정보를 제공해서 재택근무 중에도 스스로 관리할 수 있게 한다.

거북목증후군

재택근무 시에는 사무실에서 근무할 때와 달리 근로자의 근무환경이 안전한지 점검이 어렵고 통제와 조정에 한계가 있다. 재택근무 중 산업재해가 발생했을 경우 근로기준법과 산업재해보상보험법이 적용된다.

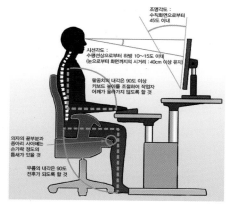

출처: 바람직한 컴퓨터 작업자세, 안전보건공단

재택근무에 따른 업무와 관련하여 발생한 부상과 질병은 업무상 재해에 해당된다. 예를 들어 업무와 무관한 근로자의 사적 행위로 발생한 부상 또는 질병은 업무상 재해로 인정되지 않는다. 그러나 업무수행 중 의자에서 일어나거나 넘어져서 골절상을 입은 경우, 재택근무제에서 출장 중 업무를 수행하다 넘어져 골절된 경우는 산업재해에 해당된다.

그러므로 사업주는 재택근무 시에도 안전보건상의 위험요인과 관리방안에 대해 근로자에게 충분히 알릴 필요가 있다. 근로자 또한 직장에서처럼 안전보건의 기본수칙을 준수해야 한다.

재택근무 전에 근로자는 사무공간 확보를 위해 점검해야 할 사항이 있다. 근무공간이 근골격계질환 예방을 위한 인간공학적 워크스테이션이 될 수 있는지, 원활한 업무진행과 소통을 위한 IT기기의 상태가 적정한지 등이다. 재택근무 중에도 규칙적으로 운동을 하고 건강한 식습관을 유지하며, 금연과 절주의 올바른 생활습관을 유지하도록 노력해야 한다.

VDT 작업 시 건강장해 예방수칙

- 실내는 가능한 한, 눈부시지 않을 정도로 밝게 유지하고, 화면에 그림자가 생기지 않도록 한다. 디스플레이 면에 있어서 조도는 500럭스(lux) 이하, 서류 및 키보드 면은 300~1000럭스 정도를 유지한다. 또, 직접 햇빛 등이 입사하는 창에 대해서는, 블라인드나 커튼으로 밝기를 조절하는 것이 필요하다. 디스플레이는 전후 기울기나 좌우방향을 바꿀 수 있도록 조절한다.
- 디스플레이 화면 작업시간은 연속해서 1시간을 넘지 않게 하고, 다음 작업 전에 10~15분 정도 휴식시간을 갖는다.
- 책상 높이는 의자에 앉아 키보드 위에 손을 얹고 작업 자세를 취했을 때 키보드 높이와 팔꿈치의 높이가 수평을 이루게 한다. 책상 높이는 조절이 가능한 것을 사용하는 것이 좋다.
- 책상 밑에는 다리를 뻗을 수 있는 충분한 공간이 확보되어야 한다.
- 책상 위 작업공간은 충분히 확보되어야 하며 작업대 위에 손을 얹은 상태에서 손목을 지지해줄 수 있는 공간이 있어야만 손목에 가중되는 압력을 줄일 수 있다.
- 의자의 높이는 작업자 오금의 높이와 책상 높이에 맞게 수시로 조절할 수 있어야 한다. 등받이는 90도 이상의 경사 각도로 조절이 가능하며 탄력성이 있고 충분한 크기의 요추지지대를 갖추어 허리를 지지해주어야 한다.
- 키보드는 편하게 조작할 수 있고, 키보드의 경사각도는 보통 15도 이내, 중간점 두께(Home키 높이)는 30mm 이내의 것을 선택한다.
- 무엇보다도 자주 자세와 위치를 변경하여 불편하고 고정된 자세를 피한다.
- 자주 일어나서 움직이거나 스트레칭 등 운동을 한다.
- 때때로 눈의 초점을 바꾸거나 깜박임으로써 눈의 피로를 피한다.

출처: 코로나바이러스로 재택근무 시 안전보건확보, 산업보건

사업주는 재택근무 환경을 구축하고, 직원들과의 커뮤니케이션을 위한 업무용 컴퓨터시스템 자원의 공유체제를 점검한다. 전체 근로자와 연락망을 구축하여 서로 감염병 현황과 예방수칙, 업무에 필요한 정보를 원활하게 교환할 수 있게 해야 한다.

많은 전문가들은 향후 사무실에 나오지 않고 일하는 자택근무 형태가 더 많아질 것으로 전망한다. 인터넷 보급률과 속도가 세계 최고인 우리나라도 예외는 아니다.

재택근무의 특성상 혼자 일하는 데서 오는 고립감이나 서로 모이는 것을

좋아하는 인간의 사회성 지향, 보수적인 조직문화와 같은 많은 장애 요인은 존재한다. 하지만 재택이나 원격근무는 포스트코로나의 뉴노멀 사회에 우리가 적응해야 할 또 하나의 현상이다.

02 코로나 시대의 건강하고 쾌적한 사업장 만들기

코로나19와 근로자 건강보호

사업장에서 매년 시행하는 근로자 건강진단·작업환경측정·보건관리 업무는 근로자의 건강을 보호하고 직업병을 예방하기 위한 최소한의 활동이다. 건강한 근로자는 더욱 건강하게 일할 수 있게 하고, 질병이 있는 근로자는 치료와 관리를 받으면서 업무를 수행하게 한다.

건강진단 결과에 따라 근로자의 질병을 치료하거나 건강을 유지하고 증진시키기 위해 관리방안을 상담해주고 교육을 실시한다. 직업환경의학 전문의는 근로자가 업무와 관련된 질병이 있는지 파악하고 현재의 건강상태가 업무에 적합한지 평가한다. 필요에 따라 근로조건을 변경하고 작업을 전환해주어 근로자가 가능한 한 자신의 업무를 지속할 수 있게 조정한다.

근로자는 현장에서 일을 하면서 많은 유해인자에 노출된다. 유해한 작업으로 인해 건강에 영향을 받거나 직업병에 걸릴 수도 있다. 작업환경측정을 통해 근로자가 작업하면서 어떤 유해인자에 노출되는지, 어느 정도 노출되는지를 평가한다. 분석을 통해 얻은 결과를 토대로 노출을 최소화하기 위한 대책을 제시한다. 작업방법과 작업환경을 개선하여 근로자의 건강위험을 낮추기 위한 활동이다.

건강진단이나 작업환경측정이 건강에 미치는 위험을 평가하고 대안을 제시한다면, 보건관리는 문제해결을 위한 개선대책이 현장에서 적절하게 구현되는지 상시적으로 관리하고 재평가한다.

보건관리자는 근로자 보건관리의 주체로서 중요한 역할을 수행한다. 사업장 내의 관련 부서와 합의점을 찾고 보건업무가 추진될 수 있게 협력과 참여를 구하는 것이 중요하다. 보건업무의 주요 영역은 근로자 건강관리, 유해물질관리, 작업환경의 점검과 공학적 개선에 대한 지도·점검, 응급처치 등 예방활동이다.

산업이 발달하고 다양해지면서 보건관리의 범위도 확대되어 왔지만 건강을 보호받지 못하는 취약계층 근로자는 여전히 존재한다.

2020년 1월 산업안전보건법이 전면 개정되면서 건강보호 대상을 근로자에서 노무를 제공하는 자로 확대하였다. 특수형태 근로종사자나 배달앱을 사용하는 배송종사자 등 플랫폼 노동제공자에 대한 안전보건조치를 신설하였다.[57] 이로 인해 안전보건 사각지대의 근로자 건강 보호에 긍정적인 영향을 줄 것으로 기대한다.[58]

특히 코로나19로 인해 사회적 거리두기와 비대면 접촉이 일상화되면서 배송종사 근로자는 주문의 폭주로 업무량이 대폭 증가한다. 감염의 위험과 고용불안으로 실직의 두려움 속에서 일해야 하는 근로자들을 안전보건관리의 대상으로 포함시킨 것은 꼭 필요한 일이다.

출처: 대한산업보건협회

근로자 건강진단과 지속관리

근로자 건강진단은 의학적 검사를 통해서 건강장해나 질병을 초기에 발견하고 치료하는 데 목적이 있다. 또한 직업성 질환을 예방하기 위하여 사업주가 실시해야 하는 의무사항이다. 근로자가 받아야 하는 건강진단의 종류는 일반 건강진단, 특수건강진단, 배치전 건강진단, 수시건강진단, 임시건강진단이 있다.

일반건강진단은 사무직에 종사하는 근로자는 2년에 1회 이상, 사무직 이외의 근로자에게는 1년에 1회 이상 실시해야 한다. 특수건강

출처: 대한산업보건협회

진단은 근로자가 업무 중 노출될 수 있는 유해인자가 건강에 미칠 수 있는 영향을 평가한다.

건강진단의 주기는 유해인자별로 건강상의 영향이나 유해성에 따라 1~12개월 이내의 주기로 실시한다.[59]

특수건강진단의 대상이 되는 유해인자는 유기화합물, 금속류, 산·알칼리류, 가스상태물질 등 총 151종의 화학적 인자와 분진 7종, 소음 등의 물리적 인자 8종과 야간작업 2종이다.

배치전 건강진단은 특수건강진단의 법적 대상이 되는 업무에 종사하는 근로자에게 실시하는데 근로자를 배치할 업무가 적합한지를 평가하기 위하여 실시한다.

이외에도 특수건강진단과 관련하여 수시건강진단이나 임시건강진단을 실시하는데 각각 근로자가 작업 중 천식, 피부질환의 증상을 호소하거나 사업장에 직업병 유소견자가 발생한 경우에 실시한다. 임시건강진단은 직업병 유소견자가 발생한 동일 부서의 근로자 모두에게 실시한다.

특수건강진단, 수시건강진단, 임시건강진단 결과 직업병의 우려가 있는 근로자에 대해서 사업주는 건강진단을 실시한 의사의 소견에 따라 사후관리를 해야 한다.

해당 근로자를 근로금지 또는 근로제한을 하거나 작업전환을 해주거나 근

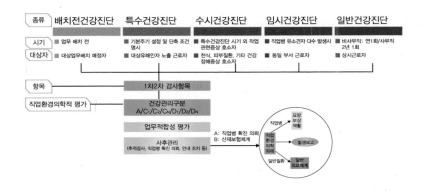

로시간을 단축하고 직업병 확진 의뢰의 조치를 한다. 근로자는 직업병 확진 의뢰 조치에 따라 산업재해 요양신청의 절차를 진행할 수 있다.

근로자 건강진단은 건강진단기관이 사업장에 출장해서 실시하거나 근로자들이 건강진단기관으로 방문하여 실시한다. 그러나 코로나19로 인해 많은 근로자가 한 공간에 모여 검진을 받을 수 없게 되자 건강진단이 제대로 시행되지 못하고 있다.

실제로 코로나19의 확산으로 사회적 거리두기가 적극적으로 실시되었던 2020년 1~5월까지의 특수건강진단 현황을 보면 전년 동기 대비하여 28% 수준이다.[60]

근로자 특수건강진단의 실시주기에 법적 위반사항이 발생할 수 있다는 우려가 제기되고 있다. 따라서 정부는 유예기간을 두어 코로나19 확산예방에 동참하면서 법을 준수할 수 있는 지침을 마련하였다.[61]

그러나 정부의 유예조치에도 불구하고 근로자가 건강진단을 원할 경우에 사업주는 건강진단을 실시하여야 한다. 건강진단기관은 코로나바이러스 감염예방을 위한 방역과 시설을 확충해야 하는 부담이 있다.

폐기능 검사나 청력검사처럼 별도의 공간에서 검사를 하는 경우에 바이러스 확산예방을 위한 검사실 내의 음압시설 설치나 검진시설의 추가 증설 등의 고민과 대처는 불가피하다.

코로나19로 인한 추가 문진표나 검진실시동의서 작성의 업무가 증가하는 부분도 감안해야 한다. 유예기간 이후로 업무가 집중되면서 업무량이 늘어날 것에 대비하여 추가인력 확보도 불가피하다.

또한 건강진단을 받는 수검자 사이의 거리두기와 인원의 분산을 위해 업무

프로세스에 대한 새로운 업무매뉴얼의 개발과 보급도 시급하다.

『특수·배치전 건강진단 실시 유예 2020.2.28.』

■ 코로나19 지역사회 전파상황을 고려하여 특수건강진단 및 배치전건강진단을 별도 시달 때*
까지 유예한다. 다만, 배치 후 첫 특수건강진단 시기가 1~3개월인 7개 유해인자*는 건강진단
을 실시한다. *2020년 6월 15일부터 재개함.

> N,N-디메틸아세트아미드, 디메틸포름아미드, 벤젠, 1,1,2,2-테트라클로로에탄,
> 사염화탄소, 아크릴로니트릴, 염화비닐 (산업안전보건법 시행규칙 별표23 참조)

■ 특수·배치전 건강진단을 유예한 노동자는 건강진단 유예가 해제 된 날부터 3개월* 이내 특
수건강진단을 실시한다.

* 유예 해제된 날부터 3개월 이내에 건강진단을 접수했으나 특수건강진단기관의 사정으로 실
시가 지연되는 경우 유예 해제된 날부터 6개월까지 실시

■ 특수·배치전 건강진단이 유예된 경우라도 노동자가 특수·배치전 건강진단을 원하는 경우
사업주는 특수·배치전 건강진단을 실시해야 한다.

  - 이 경우 노동자는 원칙적으로 건강진단기관에 내원하여 건강진단을 실시하되, 특수건강진
단기관과 사업주가 협의한 경우 출장검진*을 실시할 수 있다.

* 이 경우 특수건강진단기관은 출장검진 전에 검진장소를 소독하고 검진 실시

■ 7개 유해인자 취급 노동자 및 해당 노동자가 원하여 건강진단을 실시하는 경우에도 건강진
단 당일 노동자가 발열이나 호흡기 이상 증상이 있을 시에는 건강진단을 유예하고 발열이나
호흡기 이상 증상이 완치된 후 특검의사와 상의하여 건강진단을 실시할 수 있다.

■ 사업주·노동자로부터 특수·배치전 건강진단을 요청받은 특수건강진단기관은 정당한 사유*
없이 건강진단 실시를 거부하거나 중단해서는 안 된다.

* 특수건강진단기관 직원의 확진·의사환자 발생, 코로나19 인력지원으로 정상적인 건강진단
실시가 불가능한 경우, 해당 사업장에 확진환자가 발생한 경우 등

작업환경측정과 작업관리·작업환경관리

출처: 대한산업보건협회

근로자는 작업하는 중에 소음이나 분진, 유해화학물질과 같은 수많은 유해인자에 노출될 수 있다. 사업주는 유해인자로부터 근로자의 건강을 보호하고 쾌적한 작업현장을 조성하기 위하여 작업환경을 측정해야 한다.

작업환경측정을 통해 근로자가 유해인자에 얼마나 노출되고 있는지 노출정도를 평가할 수 있다. 측정결과에 따라 유해인자 노출을 감소하는 방식으로 작업방법을 변경하고 시설, 설비 등 작업환경을 개선하여 근로자를 유해인자로부터 보호한다.[62]

작업환경측정의 대상은 법이 정한 유해인자에 노출되는 근로자가 있는 사업장이다.[63] 작업환경측정의 대상이 되는 유해인자는 유기화합물, 금속류, 산·알카리류, 가스 상태 물질, 허가 대상 유해물질의 총 182종의 화학적 인자와 분진 7종, 소음과 고열의 물리적 인자 2종이다.

작업환경측정의 주기는 작업장이나 작업공정이 신규로 가동되거나 변경되는 경우에 측정의 대상이 되며 사유발생일로부터 30일 이내에 실시해야 한다. 그 후 작업환경 측정일로부터 반기에 1회 이상 정기적으로 작업환경측정을 실시한다.

다만 화학적 인자의 측정치가 노출기준을 초과하거나 노출기준을 2배 이상 초과하는 경우에는 3개월에 1회 이상 측정한다. 발암성 물질의 측정치가 노출기준을 초과하거나, 비발암성 물질의 경우라도 측정치가 노출기준을 2배 이상 초과하면 45일 이후에 측정을 한다.

작업환경측정의 절차는 4단계로 이루어진다. 1단계는 예비조사이다. 현장점검을 통해 해당 공정의 유해인자를 확인한다. 사업장에서 사용하는 화학물질에 대해서는 물질안전보건자료를 확인하여 누락이 없게 점검한다. 그리고 측정할 일정을 계획한다.

2단계는 현장에서 작업환경측정을 실시한다. 모든 측정은 개인시료 채취 방법을 이용해서 6시간 측정하는 것을 기본으로 한다.

3단계는 현장에서 채취한 시료를 물질별 분석방법에 따라 분석기기를 이용하여 분석한다. 4단계는 작업환경측정 기관이 결과보고서를 작성하는 것이다. 작업환경측정기관은 사업장에서 시료채취를 마친 날로부터 30일 이내에 작업환경측정 결과보고서를 관할 지방고용노동관서에 제출해야 한다.

사업주는 작업환경측정 결과 노출기준을 초과한 공정이 있는 경우에는 개선계획서를 관할지방노동관서의 장에게 제출하여야 한다.

개선계획서에는 해당 시설·설비의 설치와 개선에 대한 계획이 있어야 하고, 해당 근로자에 대한 건강진단 실시 계획이 포함되어야 한다.

작업환경측정기관은 사업장에서 노

출처: 대한산업보건협회

사를 대상으로 작업환경측정 결과를 설명해야 한다. 작업의 유해성과 관리방안, 공학적 개선대책에 대한 정보를 공유하고 개선할 수 있도록 전문적인 의견을 제시한다.

코로나19로 인해 근로자들은 작업 시 노출될 수 있는 많은 유해인자와 함께 감염성 바이러스의 유해성에 대해서도 새롭게 인식하게 되었다. 그러나 현재의 작업환경측정 제도에서는 생물학적 유해인자를 채취하고 분석하는 방법이 제시되어 있지 않다.

향후 감염병에 대비한 측정인자, 표준화된 측정방법과 분석방법이 정해지고 지속적으로 모니터링 체계를 구축할 필요가 있다.

사업장 보건관리

사업장 보건관리는 사업주가 보건관리자를 선임하거나 보건관리전문기관에 위탁하여 업무를 추진하는 방식으로 이루어진다.[64] 보건관리자와 보건관리 전문기관은 사업주를 보좌하여 보건업무를 수행한다. 보건관리는 사업장의 유해환경으로부터 근로자의 건강을 보호하고 직업병으로 인한 산업재해를 예방하는데 그 목표를 두고 있다.

	보건관리자 업무수행내용	
1	안전보건관리체제	• 보건관리조직 현황 파악 • 산업안전보건위원회 구성 및 운영, 지도 확인 • 안전보건관리규정 제·개정 지도, 확인
2	보호구 관리	• 보호구 적격품 선정의견 제시, 확인 • 보호구 현황 파악 지도 • 보호구 착용 관리 지도
3	물질안전보건자료 (MSDS)	• 취급 화학물질에 대한 MSDS 확인 • MSDS 게시·비치 확인 • 용기 등에 경고표지 부착 확인
4	위험성평가	• 위험성평가 실시 지도, 확인 • 평가결과 개선대책의 지도, 확인
5	산업보건의의 직무(의사)	• 유소견자 업무적합성 평가 • 휴직 후 복직근로자 업무적합성 평가 • 업무상 질병관리(원인조사, 재발방지)
6	보건교육	• 연간보건교육계획서 작성, 지도 • 보건교육 실시 지도, 확인 * 정기, 채용 시, 작업변경 시, 특별교육
7	의료행위 (의사, 간호사)	• 응급의료체계(응급처치, 구급용구 점검) 확인 • 근로자 건강진단 실시 지도, 확인 • 건강진단 사후관리 • 직장건강증진 활동 지도
8	작업환경관리	• 작업환경측정 실시 지도, 확인 • 전체환기장치, 국소배기장치 설비 점검 • 작업방법의 공학적 개선 지도
9	사업장 순회 점검·지도	• 작업장 순회점검 및 개선사항 조언 • 작업장 개선 시행 확인 • 일반 환경상태 점검 및 개선사항 조언
10	산업재해조사	• 업무상 질병의 발생 확인 • 재해방지를 위한 지도 및 조언
11	산업재해통계	• 재해통계지표 산출 지도

12	법령 이행	• 법령요지 게시, 지도 * 산업안전보건법, 시행령, 시행규칙 * 산업보건에 관한 기준, 예규, 고시
13	업무수행 내용의 기록 유지	• 보건관리업무 수행내용 기록 • 보건관리업무 서류 보존
14	기타 작업관리 및 작업환경 관리	• 업무상 질병 관리 프로그램 실시, 지도 * 근·골격계 유해요인조사, 뇌·심혈관 발병위험도평가, 직무스트레스 평가 지도 • 건강보호프로그램 이행, 지도 * 청력보존, 호흡기보호, 밀폐공간보건작업 • 프로그램 수립 지도

보건관리자의 업무 영역은 크게 작업환경 및 작업관리, 위험성 평가, 건강관리 및 건강상담, 보건교육, 응급처치지도, 보건정보관리, 산업재해관리 등이다.

보건관리자는 작업환경측정 결과보고서를 활용하여 현장에서 작업환경의 실태를 점검하고 유해한 공정이나 환경에 대하여 유해위험인자의 노출을 줄이기 위한 방안을 지도한다.

최근에는 코로나19와 관련하여 작업현장도 사회적 거리두기와 방역지침을 준수할 수 있게 작업방법을 지도한다. 예를 들어 근로자들이 밀집하여 작업하는 장소에서는 가능한 한 2미터 간격의 거리두기를 실천한다. 작업의 특성상 거리두기가 불가능하면 각자 같은 방향을 보고 작업하거나 칸막이를 설치하는 등 상황에 맞게 조치하도록 한다.

화학물질을 취급하는 근로자들이 화학 사고나 중독에 노출되지 않게 관리한다. 물질안전보건자료MSDS를 비치하고 근로자가 작업하는 공간에 게시한다. 근로자가 자신이 취급하는 물질의 유해성과 노출 시 응급대처방법을 숙지할 수 있게 교육하고 확인한다.

현장에서 보호구 착용은 유해인자별로 적정한 보호구를 선정해서 올바른 방법으로 착용하 출처: 대한산업보건협회

출처: 대한산업보건협회

게 한다. 이때 코로나바이러스 감염예방을 종합적으로 고려하여 보호구를 선택하고 전체 근로자를 대상으로 마스크 착용에 대한 교육을 한다.

건강관리의 영역은 근로자 건강진단을 실시하고 결과에 따라 지속관리를 하는 것이다. 근로자 건강진단은 누락 없이 실시하고 건강진단결과에 따라 사후관리 조치사항을 이행한다.

근로자의 일반질병이나 직업병을 조기에 발견하고 질환이 있는 근로자는 적절한 치료를 받을 수 있게 전문병원과 연계한다. 건강상담과 보건교육을 통해 근로자가 질병의 치료를 지속적으로 할 수 있게 지도하고 건강에 이로운 생활습관을 갖게 한다. 특히 보건교육에 감염병 예방수칙과 개인위생, 사회적 거리두기, 사업장의 방역지침에 대한 내용을 포함시킨다.

이외에도 뇌·심혈관질환 발병위험도평가, 직무스트레스평가, 근골격계질환 유해요인조사 등을 통해 건강 고위험군 근로자를 파악한다. 고위험군 집중관리를 위한 개선 대책을 수립하여 작업관련성 질환을 예방하고 관리한다.

특히 기저질환을 앓고 있어서 코로나19에 감염되면 건강이 악화될 수 있는 고위험 근로자는 미리 파악하여 집중관리를 한다. 만성질환자, 암환자, 뇌심혈관계질환자는 면역기능이 약화될 수 있으므로 질환관리와 감염예방에 특히 주의한다.

코로나19의 세계적인 유행으로 전 세계의 여러 학자들은 코로나바이러스가 당뇨, 비만, 고혈압 등 대사증후군 소견을 가진 환자에게 폭발적으로 염증을 악화시켜, 다발성 장기손상에 이르는 위중한 질병의 경과를 가져올 수 있다는 것을 밝히고 있다.[65]

대사증후군 소견을 보이는 근로자들이 건강관리에 대한 정보를 충분히 가지고 있지만 관리하지 않는 경우가 많다.

코로나 감염 시 고위험 근로자

• 장기 이식을 받은 근로자
• 특정 암 환자, 화학요법이나 방사선 치료 등 치료 중인 암환자
• 모든 낭포성 섬유종, 천식, 만성폐쇄성폐질환을 포함한 호흡기 환자
• 감염 위험을 증가시키는 희귀질환이 있는 사람
• 면역 억제 요법을 받는 사람, 약물치료로 약화된 면역체계
• 임산부, 심장질환을 가진 산모
• 만성 신장질환, 만성 간장질환, 만성 신경학적 이상
• 당뇨병, 비만(체질량지수 40 이상), 대사증후군

근로자들에게 대사증후군으로 인한 코로나19 감염의 취약성, 감염 시 병의 빠른 경과와 악화에 대한 충분한 설명을 하고 근로자 스스로 건강관리의 중요성을 인지할 수 있도록 하는 것이 중요하다.

적절한 식이습관, 운동, 절주, 금연, 충분한 휴식과 수면을 실천하여 면역력을 유지하는 것이 코로나19에 대응하는 주요 건강관리 방안임을 강조하고 이행하게 한다.

03 코로나19의 정신건강관리

코로나19로 인한 소진과 직업군 현황

코로나바이러스로 인해 사람들의 일상이 크게 변화하면서 우울감이나 무기력증에 빠지는 현상을 코로나블루Corona blue라 부른다. 코로나19 감염증의 코로나와 우울하다는 블루가 합성된 신조어이다. 코로나 감염 기간이 길어지면서 국민 10명 중 5명은 코로나블루를 경험한다.[66]

코로나블루는 자신이나 가족이 감염될지도 모른다는 불안과 두려움, 고립과 외출자제로 인한 답답함에서 오는 소통단절을 경험하게 된다. 무기력함, 경

제 침체로 인해 경제적인 위기가 올지도 모른다는 불안감에서 발생한다.

2003년 사스 발병 당시 우울증, 불안, 공황발작, 정신이상, 정신착란, 자살에 이르기까지 다양한 정신질환이 보고되었다. 특히 의료진의 외상후 스트레스장애가 보고되었다. 이처럼 전염병의 확산이 당사자, 가족, 의료진에게 미치는 정신건강의 문제는 심각하다.[67]

근로자는 일상생활의 영역을 넘어 코로나19로 인해 직장에서도 업무부담과 그에 따른 직무스트레스의 정도가 높아지면서 정신건강에 영향을 받고 있다. 콜센터, 물류센터, 음식점, 주점, 숙박시설, 게임방, 노래방, 이미용업의 서비스업 종사자는 근무시간 동안 과밀한 공간에서 함께 일하고 공동으로 시설을 이용한다. 이처럼 대면 업무가 많은 근로자가 코로나 감염과 스트레스에 취약한 계층이다.

감염병 관리로 인해 과중된 업무로 과로하게 되는 직군은 의료인, 병원시설관리자, 응급요원, 정신건강전문가, 방송종사자, 소방관, 경찰관, 택배기사, 마스크 제조업 종사자이다. 일선에서 방역에 종사하는 방역당국자들은 격무와 함께 과도한 책임감으로 불안과 업무 스트레스는 더욱 심화된다.

경제적으로 불안정한 비정규직·저임금 근로자, 자영업자, 일용직 근로자, 외국인 근로자는 감염의 불안과 함께 실직의 어려움으로 우울, 직무스트레스, 자살 등의 취약한 상황에 처한다.

사업장에서는 근로자의 감정노동과 직무스트레스로 인한 건강문제를 해결하기 위해서 개인적 관리와 함께 조직적 차원에서 예방활동을 추진하고 있다. 코로나19시대에는 직무스트레스와 정신건강의 문제가 업무상 질병으로 이어지는 상황이다. 직무스트레스 관리는 상시적인 보건관리활동으로 이루어져야 하며 사회적으로 더욱 관심이 높아지고 있다.

사업장 직무스트레스 해소방안

근로자의 직무스트레스는 피로, 수면장애, 소진 등을 유발할 뿐만 아니라 심근경색, 뇌졸중 등 뇌심혈관질환의 원인이 되기도 한다. 스트레스로 인한 근육의 긴장과 위축으로 통증과 기능장애를 일으켜 근골격계질환을 악화시키기도 한다.

코로나 시대에 근로자는 직무스트레스와 함께 바이러스 감염에 대한 불안 때문에 몸과 마음이 소진상태이다. 가정에서도 본인과 가족이 감염될까 봐 두렵고 이 때문에 개인위생과 예방수칙을 철저히 지켜야 한다. 출퇴근 시에는 감염을 걱정하며 대중교통을 이용하고 언제 어디서나 마스크를 착용해야 한다.

직장에 출근해서 업무 수행 시에도 예전과 다르게 직장의 감염 예방수칙을 준수해야 한다. 회의나 대면업무 대신 화상회의, 이메일 등으로 의사소통을 하고, IT기기와 업무용 컴퓨터시스템 공유체제의 사용에도 익숙해져야 한다.

재택근무를 하는 경우에도 스트레스는 마찬가지이다. 출퇴근의 불편함이나 비대면의 장점이 있는 대신에 혼자 일하는 데서 오는 고립감이나 불안, 과도한 책임감을 느낀다.

더구나 근로자가 장시간 근로를 하거나 야간작업, 교대작업, 정밀기계작업이나 운전업무로 인해 신체적인 피로가 겹치게 될 경우에는 스트레스에 더욱 취약해진다. 사업주는 코로나로 인한 우울증과 직무스트레스를 예방하기 위해서 종합적인 조치와 대책을 수립해야 한다.[68]

근로자 측면에서 관리와 전체 사업장 조직체계 내에서의 관리도 필요하다. 개인차원의 관리는 근로자의 불안요소와 반응에 대한 대처로 근로자 스스로 스트레스 상황에 대해 인지하고 받아들일 수 있게 한다. 스트레스를 극복하기 위한 대응능력을 높이기 위해 근로자 주변의 자원을 이용하고 상담이 필요한 경우 전문가와 연계를 해준다.

사업주와 보건관리자는 코로나 감염병의 확산예방이나 방역에 관한 정확한 정보를 근로자에게 제공하여 과도한 두려움이나 근거 없는 공포감에 빠지지 않게 한다. 충분한 휴식이나 수면, 운동을 통해 개인 건강과 면역력을 강화한다.

특히 격리상태의 근로자에게는 화상전화, 이메일, 온라인 등으로 소식을 전

출처: 근로복지넷, 코로나블루 진단검사 결과

하여 고립감을 느끼지 않게 한다. 감염병 치료지침이나 방역지침에 대한 정보를 지속적으로 전달하여 치료에 도움을 주고 스트레스를 해소할 수 있는 관리방안에 대해서도 안내한다.

필요시 전문가와 상담할 수 있게 지원기관을 안내하고 연계해주어 심리적인 안정을 찾는 데 도움을 준다.

조직차원의 관리는 스트레스의 개인적 요인과 함께 작업환경이나 작업내용, 근로시간과 같은 직무와 관련된 스트레스 요인에 대하여 평가하고 근로자의 의견을 반영하여 개선대책을 마련한다.

건강관리측면에서는 직무스트레스와 관련이 높은 뇌혈관질환, 심장혈관질환의 고위험군 근로자를 관리하는 것이 중요하다. 뇌심혈관질환에 대한 발병위험도를 평가하여 고위험군 근로자를 파악한다. 위험 단계에 따라 금연, 절주, 비만관리의 생활습관 개선프로그램과 약물치료를 병행하여 시행한다. 사업주는 직무스트레스 관리나 근로자 건강증진활동에 적극적으로 인력·시설·장비에 대한 예산을 지원한다.

코로나 우울과 직무스트레스를 성공적으로 관리하기 위해서 사업장에 추진위원회를 구성하고 보건관리자나 보건관리전문기관은 관리의 실무 책임자 역할을 해야 한다.

근로자가 프로그램에 대한 관심을 갖도록 다양한 이벤트와 활동, 교육으로 내용을 구성하여 사업장 내에 분위기를 조성하고 전사적인 참여를 유도한다. 사업장의 자체 프로그램과 함께 지역사회의 전문기관과 연계할 수 있다.

직무스트레스 관리 매뉴얼을 작성하여 프로그램에 참여하는 근로자들이 정보를 공유하고 활용할 수 있게 한다.

사업장에서 직무스트레스 관리 프로그램을 운영할 때 심리상담의 요구가 높다. 그러나 심리상담 프로그램을 사업장 자체적으로 운영하기는 어려운 경우가 대부분이다.

근로자와 기업을 대상으로 상담프로그램을 제공하기 위한 방법으로 근로복지넷의 EAP상담서비스를 활용할 수 있다. 코로나19 시대에 맞게 온라인으로 서비스도 제공하고 오프라인으로도 1:1 상담을 운영한다. 설문을 통해 코로나블루를 진단하고 결과해석과 솔루션을 제공한다.

기업을 대상으로 한 프로그램에는 근로자 감정코칭, 오피스 스트레칭과 요가, 평화적비폭력 대화법, 회복탄력성 트레이닝을 제공한다.

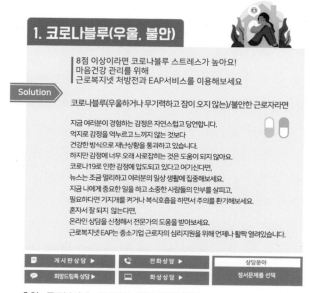

출처: 근로복지넷, 근로자를 위한 마음처방전

사업장 직무스트레스 예방 프로그램

기업에서 직무스트레스 프로그램을 계획하면서 가장 주안점을 두는 것은 사업추진 조직을 구성하는 것이다. 조직 내에는 사업을 총괄할 책임자, 직업환경의학전문의, 보건관리자, 심리상담사 등 프로그램 운영의 실무책임자와 근로자대표, 예산집행 결정권자, 관리감독자, 인사·노무담당자가 속하며 그 외에도 외부 협력기관, 보건소를 활용할 수 있다.

사업장에 안전보건관리체제가 구성되어 있다면 이를 활용하는 것이 바람직하다.[69]

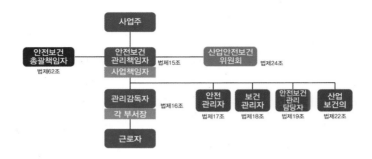

    직무스트레스 프로그램을 추진하고자 할 때 근로자의 관심을 증가시키고
프로그램 추진에 대한 인식을 향상하기 위해 회보나 포스터, 유인물을 활용한
다. 근로자가 알아야 할 추진일정이나 프로그램의 내용과 같은 정보를 제공하고
사업장 곳곳에 부착하여 참여를 독려한다.

    직장인들에게 나타나는 우울, 탈진증후군, 신체 반응과 행동장애 등 직무스
트레스의 원인을 측정하기 위해 한국인 직무스트레스 측정도구를 활용한다.

    설문사항을 입력하여 평가결과의 자동분석 및 보고서 출력이 가능한 프로
그램으로, 8개 영역의 총 43개 항목의 설문으로 구성되어 있다. 근로자의 직무
스트레스에 영향을 줄 수 있는 물리적인 환경, 직무에 대한 부담 정도를 측정하
는 직무요구, 직무자율, 직무불안정, 관계갈등, 조직체계, 보상 부적절, 직장문화
에 대한 문항이 주요 내용이다.

    직무스트레스 요인의 측정결과는 사업장 전체 근로자, 개인별, 부서별 평가
로 세분하여 볼 수 있다. 개인과 집단관리의 기준을 제시하고 직무스트레스 예
방프로그램 추진 후 효과를 평가할 때 활용할 수 있다. 전산프로그램을 활용하
여 사업장 보건업무 담당자의 업무 부담을 경감하고 보건관리 서비스의 만족도
를 향상시킬 수 있다.

    직무스트레스로 인해 악화되거나 원인이 될 수 있는 뇌심혈관질환과 근골
격계질환 예방을 위해 근골격계 유해요인조사, 발병위험도 평가를 추가적으로
실시한다. 건강증진 프로그램을 운영하고 건강상담, 보건교육을 실시한다. 프로
그램의 효과를 높이기 위해서 다양한 보건교육자료를 활용한다.

    직무스트레스 교육은 근로자뿐만 아니라 조직체계 내에서 지원과 관리의

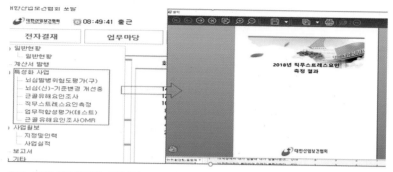

출처: 대한산업보건협회 포털사이트, 직무스트레스평가 프로그램

역할에 따라 각 주체별로 이루어져야 한다. 대상별 교육과정을 개발하여 운영하는 것이 바람직하며, 교육 대상에는 사업에 참여하는 직원, 각 부서의 팀장, 인사 및 노무 담당자, 보건관리자, 심리상담사, 사업 책임자를 포함시킨다.

출처: 대한산업보건협회

▌교육 프로그램(근로자 정신건강과 직무스트레스 관리)

과정명	근로자 정신건강과 직무스트레스 관리
과정 목표	■ 직장인 정신건강에 대한 이해를 높이고 실전을 통해 건강한 일터 조성 ■ 감정노동에 관한 보건관리전문가의 상담 기법 및 이완 요법을 습득 ■ 건강진단 결과를 이용한 사후관리 ■ 코로나19가 정신건강에 미치는 영향을 이해하고 스트레스 관리대책 이해를 통해 작업관련질환의 예방에 기여함

학습 내용	■ 정신건강에 영향을 미치는 요인 ■ 직장 정신건강 사례 ■ 코로나블루와 직무스트레스의 이해 ■ 마음방역과 직무스트레스 관리방안 ■ 근로자의 정신건강 수준 파악 및 정신건강 수준 향상 ■ 감정노동자의 정서적 면담기법 ■ 건강진단 결과를 통한 사후관리, 건강증진 활동 기획
교육 대상	각 부서 팀장, 실무책임자, 노무인사담당자, 산재업무 담당자, 고충처리 담당자 등
교육 방법	■ 집합교육 □ 사이버교육 □ 혼합 교육(집합+인터넷)
교수 방법	■ 강의 ■ 실습 □ 발표 ■ 토론 □ 팀프로젝트
성취도 평가	■ Yes (□ 선다형 □ 논술형 □ 보고서형 □ 구두발표형 □ 기타)
교재	자체교재

■ 교육 프로그램(감정노동 및 자살예방 게이트 키퍼)

과정명	감정노동 및 자살예방 게이트 키퍼
과정 목표	■ 감정노동 및 자살예방 관리법을 습득하여 개인적, 조직적 관리방안을 사업장에 적용함으 로써 감정노동 근로자의 관리와 사업장 건강증진에 기여 ■ 코로나19가 정신건강에 미치는 영향을 이해하고 스트레스 관리대책 이해
학습 내용	■ 감정노동의 이해, 법규 ■ 감정노동 평가방법, 관리 매뉴얼 ■ 감정노동대상자에 대한 정서적 면담 등 개인적 관리기법 ■ 감정노동 관리 사례 ■ 자살문제의 이해 및 사후개입 ■ 자살예방 및 대책(게이트 키퍼) ■ 코로나블루와 직무스트레스의 이해 ■ 마음방역과 직무스트레스 관리방안

교육 대상	직무스트레스 프로그램 참여자, 각 부서 팀장, 실무책임자, 노무인사담당자, 산재업무 담 당자, 고충처리 담당자 등
교육 방법	■ 집합교육 □ 사이버교육 □ 혼합 교육(집합+인터넷)
교수 방법	■ 강의 ■ 실습 □ 발표 □ 토론 □ 팀프로젝트
성취도 평가	■ Yes (■ 선다형 □ 논술형 □ 보고서형 □ 구두발표형)
교재	자체교재

직무스트레스 관리 프로그램 시행 중 건강문제를 호소하거나 뇌심혈관질
환, 근골격계질환의 유소견 근로자는 건강검진 결과를 활용하여 건강상담과 보
건교육을 실시한다.

뇌심혈관질환의 발병위험도를 평가하여 직업환경의학 전문의의 업무적합
성 평가에 따라 작업제한, 전환배치의 전문적인 소견을 제시한다.

의사와 간호사인 보건관리자는 건강상담과 보건교육을 실시한다. 산업위생
과 인간공학 전문가는 사업장의 작업환경과 근로자의 작업조건을 평가하여 직
무스트레스 예방을 위한 물리적인 환경을 조성하는 역할을 담당한다.

근로자 상담이나 안전보건교육을 실시할 때 코로나블루와 직무스트레스 예
방의 효과를 높이기 위해 각종 교육자료를 활용한다.

사업장에서 직무스트레스 프로그램을 추진할 때 각 전문 분야와 연계를 함
으로써 프로그램에 대한 사업장의 만족도를 향상시키고 근로자가 더욱 전문화
된 서비스를 제공받을 수 있도록 한다.

04 포스트코로나의 사업장 보건관리서비스 전략

기업의 위기대응 전략 - 업무연속성 유지를 위한 플랜

정부는 2020년 4월 위기상황에서 기업이 신속하고 효율적으로 대응하기 위
해 감염병 발생 시 '기업 업무연속성 계획BCP' 가이드라인을 제시하고 있다.70)

2001년 9월 11일 뉴욕의 세계무역센터와 펜타곤이 테러 발생 2시간여 만에 무너져 내렸다. 납치로 테러에 이용되었던 항공기에 탑승한 승객 전원, 뉴욕 소방관, 뉴욕 경찰, 뉴욕 항만국 직원 등 총 인명 피해는 3,130명으로 진주만 공습의 사망자보다 800명이 더 많다.

미국의 전체 영공과 뉴욕항이 봉쇄되었고, 비상휴교령이 내려졌다. 무역센터 50개 층에 3,500명의 임직원을 상주시키고 있던 모건스탠리는 당시 2,500명의 직원이 무역센터 내에서 일을 하고 있었다. 테러 30분 만에 건물이 완전히 붕괴되기 전 매우 짧은 시간에 상주해 있던 대부분의 직원들이 대피하였고 목숨을 잃은 직원은 10여 명이었다. 모건스탠리는 인명피해를 최소화한 것뿐 아니라 주요 시설과 장비, 전산시스템이 파괴되었음에도 단 하루 만에 영업을 재개했다.

모건스탠리가 위기관리시스템에 따라 비상사태 발생에 대한 재난대응계획, 위기커뮤니케이션, 비즈니스상시운영체계(BCP), 재무위험분산관리, 조기경보시스템, 백업시스템 등을 구축해놓고, 1993년 이후 매년 대피훈련을 실시하였다.

보건관리는 코로나19 상황에서 감염 예방과 확산 방지를 위한 핵심부서로서 다른 부문과 협업하여 그 기능과 역할을 정립해야 한다.

코로나19에 대응하여 기업이 업무연속성 계획을 하는 목적은 감염병으로 인한 인적·물적 자원 손실을 예방하기 위해서 직원과 고객을 보호하고, 사업 중단을 방지하고 기업의 손실을 최소화하기 위함이다.

업무연속성 계획의 수립은 '관심-주의-경계-심각'의 재난관리 단계에 따라 준비하고 가동한다.

BCP의 핵심 내용은 비상조직을 구성하여 기업의 핵심기능을 선정하고, 비상 시 필요한 자원을 파악하고 수급계획을 수립하는 것이다. 상황 발생 시 소통을 위한 연락망을 구축하고 지침이나 교육을 통해 정보를 교환한다. 그리고 비상상황 발생 시에 대응방법을 숙지한다.

보건관리 부문은 코로나19에 대비하여 감염병의 확산을 예방하고 기업 내에 확진자가 발생했을 때 환자를 모니터링하는 것이 주요 역할이다. 조직체계 내에 의료 인력으로 구성된 자문위원을 두어 감염병 발생 시 의학적 자문과 응급처치를 담당하게 한다.

핵심 내용을 바탕으로 기업 내 BCP에서 보건관리 부문이 고려할 사항은

재난관리 단계에 따른 BCP 수립 절차		
관심 ■ (Blue)	국내에 감염병 발생이 시작된 단계 또는 해외에 신종 감염병이 발생·유행하는 단계(정상업무)	「BCP 수립 단계」 현황파악 소통계획수립 핵심업무의 우선순위 결정 위험요인 분석
주의 ■ (Yellow)	국내 감염병의 제한적인 전파 또는 해외 신종감염병의 국내 유입 단계(정상업무, 개인보호구 및 위생관리)	
경계 ■ (Orange)	국내 감염병의 지역사회 전파 또는 국내에 유입된 해외 신종 감염병의 제한적 전파(정상업무, 개인보호구 및 위생관리 철저)	「BCP 가동준비 대응방안수립」 전직원 연락망 구축 물품구비 현황 업데이트
심각 ■ (Red)	국내 감염병의 전국적 확산 또는 국내에 유입된 해외 신종 감염병의 지역사회 전파 및 전국확산(정부지침 준수)	「BCP 가동」

사업장 내 전염병이 확산되었을 때를 대비하여 위생·청결 물품의 현황을 파악한다. 현재의 보유 수량을 확인하고, 감염병이 장기간 지속될 경우 수급에 차질이 발생하지 않게 준비한다. 코로나19 확산 시 개인위생과 방역을 위해 필요한 비누, 손 소독제, 일회용 마스크, 체온계, 항균티슈, 개인보호구, 소독제, 청소 물품 등이다.

근로자의 건강상태와 감염에 대한 모니터링은 비상연락망을 통해서 원활하게 유지되어야 한다. 연락망을 통해서 코로나19의 조치사항을 공유하고 올바른 정보를 제공한다. 근로자가 감염예방에 동참하도록 코로나19에 대한 기본 지식과 행동지침에 대한 교육을 실시한다.

확진자 발생 현황과 조직 내 확산 동향에 대한 정보를 전 근로자에게 투명하게 공유한다. 비상연락 시 PC, 스마트폰과 같은 소통채널을 마련하여 직원 간 접촉을 최소화한다.

소통의 대상은 사업장 근로자뿐만 아니라 사업장에 출입하는 모든 사람을 포함시켜서 감염병에 대한 정보, 사업장의 대책과 자기관리 지침을 전달한다.

감염이 의심되는 근로자나 확진 근로자가 발생했을 경우 정부의 관련 대응지침의 내용을 숙지하고 이에 따라 대응한다. 관련 대응지침은 수시로 변경될 수 있으므로 최신의 지침 내용을 숙지한다.

환자가 발생하였을 경우에는 확진환자와 접촉자 명단을 작성한다. 확진자의 이동경로 현황을 파악하고 보건관리자는 의심환자를 직접 대면하지 말고 전화상으로 신고 접수를 한다. 의심환자를 직접 대면하거나 관리하는 직원은 반드시 마스크와 일회용 장갑을 착용한다. 환자 발생에 대비하여 부문별 격리장소와 책임자는 사전에 지정하고 모든 직원에게 안내한다. 세부사항은 환자 발생 시의 대응지침에 따른다.

코로나바이러스 감염 의심·확진환자 발생 시 대응요령	
의심 환자	**(접수)** 감염병 증상을 보이는 직원 또는 방문객 발생 시, 즉시 사내 감염병 관리자(비상대책팀, 보건관리팀)에게 전화로 신고한다. **(신고)** 사업장에서 의사환자 발견 시 증상 유무를 확인하고 마스크를 착용하게 한 후 즉시 보건소 또는 질병관리본부 콜센터 1339로 신고한다. **(격리)** 의사환자 및 그와 접촉한 사람은 보건소의 검사와 역학조사 등이 이뤄질 때까지 이동하지 말고 사업장 내 격리장소에서 개인보호구(마스크, 일회용장갑 등)를 착용하고 보건소 담당자를 기다린다. **(소독)** 의사환자를 보건소로 이송한 이후에는 개인보호구(마스크, 일회용장갑 등)를 착용한 후 알콜, 락스 등 소독제를 이용하여 환자가 머물렀던 격리장소를 소독한다. **(보고)** 보건당국에 의해 자가격리 대상자로 선정된 사람은 출근하지 않고 유선으로 관리자에게 보고한 후 보건당국의 안내에 따라 병원에 입원하거나 자가격리한다. **(업무조정)** 결근 기간 동안의 업무 대체 방안을 조정한다.
확진 환자	**(공지)** 직장에서 확진환자가 확인된 경우 사업장 내 함께 근무하는 협력업체, 파견, 용역업체 근로자를 포함하여 그 사실을 즉시 사업장 내 모든 근로자에 알려야 한다. **(접촉자 파악)** 확진환자와 접촉(1m 이내 얼굴을 맞대고 대화하는 이상의 만남)한 사람을 파악하여 그 명단을 관리하고 필요시 보건당국에 제출한다.

코로나 확산에 대비하여 사업장은 청결을 유지하고 소독을 철저히 한다. 세면대, 문 손잡이, 난간, 개수대와 같은 사업장 곳곳을 소독상태로 유지한다. 휴게실과 탕비실, 대기실에 비치된 잡지와 신문은 치운다. 적절한 공기정화 시스템을 사용하거나 창문을 열어 주기적으로 실내환기를 시킨다.

감염병 발생 시 직원들 사이의 전파 위험을 최소화하기 위해 타인과의 접촉을 가능한 한 줄이는 것이 중요하다. 원격회의전화, 화상회의, 인터넷 활용 등, 재택근무, 탄력근무, 교대근무를 권장하여 실시한다.

『소독약품 안전사용수칙』

✓ 사용 설명서를 충분히 읽어본 후 사용할 것

✓ 다른 소독제와 혼합하거나 병행하여 사용하지 말 것

✓ 희석하여 사용 시 희석 비율을 반드시 지킬 것

✓ 사용 시 마스크, 장갑 등 보호구를 착용할 것

✓ 소독약에 사람이 과다 노출 시 즉시 물로 씻어낼 것

✓ 소독약 사용에 따른 환경오염을 방지하는 조치를 취할 것

출장·회의·워크숍·교육은 축소해서 운영하고 휴게실 또는 다른 사교적 공간에서 모이지 않도록 한다. 대면 회의가 불가피할 경우에는 가능한 큰 회의실을 선택하여 사람 간 거리를 최소한 1미터 이상 유지한다. 악수 또는 포옹을 삼가고 가능한 한 열린 공간에서 회의를 진행하여 회의시간을 단축한다. 직원들로 하여금 감염자와의 접촉 위험이 있는 여가, 레저, 종교의 모임을 삼가도록 권유한다.

카운터 직원, 대중교통 운전기사와의 대면 접촉 빈도가 높은 경우에는 투명한 재질의 보호 장벽을 설치한다. 콜센터와 같은 밀폐된 공간이나 다수의 사람들이 밀집된 사업장에서는 칸막이나 가림막을 설치하거나 교대근무를 통해서 동시에 근무하는 인원을 최소화한다.

모든 사업장의 출입구, 샤워실, 세면대와 같은 공공장소마다 안내문을 부착한다. 브로슈어, 뉴스레터, 이메일, 직원 게시판을 활용하여 감염병 발생 시기 동안 손 위생과 청결한 주변 환경 유지 등의 중요성을 홍보한다.

사업장 소독을 철저히 하며 소독제는 권장 사용법과 주의사항을 따른다. 소독제마다 성분이 다르므로 제품별 설명서에 따라 선택하여야 한다. 소독제는 소독 목적에 알맞은 것을 선택한다. 소독 효과를 높이기 위해 같은 종류의 소독제를 선정하여 지속적으로 사용하는 것이 좋다.

코로나 시대 확산방지를 위한 보건관리 대응방안

2020년 2월 대구·경북에서 신천지교회를 중심으로 코로나19 확진자가 급증하면서 근로자 보건관리에도 비상이 걸렸다. 공공시설과 사업장의 통제, 이동의 제한에도 불구하고 보건관리자나 보건관리전문기관은 코로나19 확산방지를 위해 적극 대응하여 집중적인 보건관리에 임해야 했다.[71]

> • 집단시설 – 학교, 사업장, 청소년·가족시설, 어린이집, 유치원, 사회복지시설, 산후조리원, 의료기관, 요양시설 등
> • 다중이용시설 – 도서관, 미술관, 공연장, 체육시설, 쇼핑센터(대형마트·시장·면세점·백화점 등), 영화관 등
> • 고객을 응대하는 서비스 업종 – 청소, 세탁, 돌봄서비스종사자(간병인, 요양보호사 등), 청원경찰 등 병원협력업체, 보험설계사, 학습지교사, 골프장캐디, 설치수리기사 등 포함

보건관리전문기관은 2020년 3월 말까지 사업장 보건관리를 집중적으로 방문지도 하되, 필요한 경우 해당 보건관리 내용을 유선이나 서면으로 지도하는 것이 허용되었다. 또한 방문 전에 유선으로 사업장의 확진자, 의심환자, 유증상자, 확진자와의 접촉자 현황을 파악한 후에 사업장을 방문하였고, 필요한 경우 유선·서면지도를 하였다.

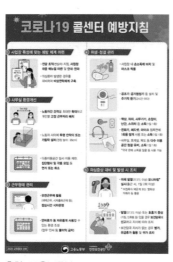

출처: 고용노동부

확진자가 발생하여 사업장이 휴업하거나 폐쇄된 경우 방문을 유예하였고, 유예가 종료되면 빠른 시일 내에 사업장과 협의하여 방문이나 유선·서면지도할 것을 지침으로 정했다.

사업장관리 시에는 자체점검표 양식을 활용하여 사업장에서 대응지침을 잘 이행하는지 점검하였다. 점검사항은 코로나19에 대한 사업장 대응계획, 사업장 위생관리, 근로자 개인위생관리, 감염예방과 확산방지 대책 등이다.

밀집·밀접·밀착의 업무나 시설로 감염확

◆ 코로나19 예방을 위한 마스크 사용 지침 ◆

(착용 시) 손을 깨끗이, 입과 코를 완전히 가릴 것, 수건 휴지 덧대지 말 것, 착용하는 동안 손으로 만지지 말 것

(일반적 원칙) 개인물품 위생관리, 사회적 거리 확보, 실내 환기 등 개인위생을 철저히 할 것, 감염 의심자와 접촉 등 감염 위험성이 있는 경우, 기저질환이 있는 고위험군은 보건용 마스크를 사용할 것, 오염우려가 낮은 경우에는 면마스크(정전기 필터 교체 포함) 사용도 도움이 됨, 혼잡도가 낮은 야외, 가정 내, 개별 공간은 마스크 착용 불필요

(KF94 이상 착용이 필요한 경우) 코로나19 의심자를 돌보는 경우

(KF80 이상 착용이 필요한 경우) 의료기관을 방문하는 경우, 기침, 콧물 등 호흡기 증상이 있는 경우, 감염·전파 위험 높은 직업군 종사자(대중교통 운전자, 판매원, 역무원, 집배원, 택배기사, 대형건물 관리원 및 고객을 직접 응대하여야 하는 직업종사자 등), 건강취약계층(노인, 어린이, 임산부, 만성질환자), 기저질환자(만성 폐질환, 당뇨, 만성 신질환, 만성 간질환, 만성 심혈관질환, 혈액암, 항암치료 암환자, 면역억제제 복용 중인 환자 등)가 환기가 잘 안 되는 공간에서 2미터 이내 다른 사람과 접촉하는 경우(예: 군중모임, 대중교통 등)

※ 방진마스크는 석면, 베릴륨, 용접 흄 등 유해인자에 대해 노출되는 분진작업을 하는 노동자를 보호하기 위한 것으로, 배기밸브가 있는 방진마스크를 환자가 착용하면 밸브를 통해 바이러스가 배출될 수 있음. 따라서 특별한 경우가 아니라면 보건용 마스크 대신 방진마스크를 사용하는 것은 권하지 않음.

산 가능성이 큰 사업장에 대해 정부는 사업장 내 감염유입과 확산을 방지하기 위한 조치사항을 제시하였다.[72]

집단시설과 다중이용시설에서는 비접촉 체온계, 열화상카메라와 같은 자체 발열측정기를 활용하여 확산 징후에 대한 상시적인 모니터링을 해야 한다. 의료기관, 항공사, 마트, 운수업과 같은 고객을 응대하는 서비스 업종은 사업장 특성을 반영하여 자체점검을 하고 대응계획을 수립하도록 한다.

고객을 응대하는 근로자는 감염예방을 위하여 손 소독제 사용과 마스크를 착용하도록 독려하고, 이를 위하여 필요한 위생용품을 비치하거나 상황에 맞게 위생용품을 구입할 수 있게 지원한다.

의료기관에서 환자를 대하거나 가검물을 취급하는 경우 외에 고객을 응대하는 근로자의 경우는 오염된 장갑을 즉시 교체하지 않고 계속 사용하면 병원체 전파의 우려가 있으므로 장갑을 착용하기보다는 손 씻기와 손 소독제를 사용한다.

배송업무를 하는 근로자는 코로나19 확산 상황을 고려하여 가급적 비대면으로 배송을 할 수 있게 하고, 손 소독제와 마스크와 같은 위생용품을 지급하거나 구입할 수 있게 지원한다.

생활 속 거리두기가 시작되면서 개인방역과 집단방역의 핵심수칙과 지침이 안내되었다.[73] 일과 관련한 11개 업무 분야에 대해 공통수칙과 해당 유형 적용사항별 수칙을 제시한다. 사업장에서 일할 때, 회의, 민원창구, 우체국, 국내출장, 방문서비스, 콜센터, 건설업, 은행지점, 물류센터, 전시행사에 대한 세부지침이다.

사업장 통합보건관리서비스 모델

보건관리자는 사업장의 보건업무를 수행하기 위하여 사업장에 보관된 작업환경측정 결과나 건강진단 결과 자료들을 활용하고 있다. 각 업무별 현황을 파악하기 위해서 작업환경측정기관이나 특수건강진단기관에서 제출한 결과보고서를 참고한다.

업무를 하면서 챙겨야 할 법적인 주기, 체크해야 할 사항들이 있을 경우에 기존 보고서의 내용을 따로 정리해야 하는 번거로움이 있다. 이 경우에 보건관리자가 일목요연하게 볼 수 있는 통합업무지원 프로그램이 있다면 보다 체계적으로 데이터를 관리할 수 있을 것이다. 여러 해 동안 축적된 데이터들을 정보화하여 업무별 분석이나 개선의 효과를 표현할 수도 있다.

기존의 수기형태의 자료에서 탈피하여 데이터가 통합적으로 관리된다면 종이기반 서비스에서 빅데이터를 활용하고 이동성이 편리한 모바일 디바이스 기반 서비스로 변경된다.

보건관리전문기관의 전문가가 업무 특성상 이동을 하면서 사업장을 관리하는 경우에도 사업장 관련 자료를 현지에서 즉시 조회하고 분석하게 된다.

산업안전보건법에서 요구하는 사업장 유해인자관리, 근로자 건강관리에 관한 자료를 연계하여 통합적으로 분석할 수 있다. 또한 기록을 즉시 전산화하는 장점을 가지고 있다.

4차 산업혁명 시대를 맞이하여 비대면 의료산업이나 디지털산업이 부각되고 있다. 감염병 시대를 맞아 보건의료 분야의 기술혁신은 더욱 가속화될 것이다.

건강보험공단은 의료 빅데이터와 민간 소셜미디어 정보를 융합하여 국민건강 알람서비스를 제공한다. 사회적 관심도가 높은 식중독, 피부병, 감기와 같은 유행성질환과 만성질환, 영유아질환에 대한 동향과 알람을 제공하는 데 코로나19 시대를 거치면서 이러한 서비스가 작동하는 것은 바람직한 현상이다.

사업장 보건관리의 분야에도 시대와 고객의 니즈에 부합하는 건강관리 모델이나 코로나19와 같은 감염병 확산 시기에도 적합한 지능형 보건관리서비스 모델이 요구되고 있다.

사업장 보건정보에 대한 통합관리의 필요성은 오래 전부터 강조되어 왔지만 민간기관에서 쉽게 접근할 수 없었다. 데이터는 산재해있지만 일반 의료 분야에 비해 상대적으로 열악한 산업보건 시장의 현실에서 보면 정보화와 상용화라는 가치를 이끌어내기 위해서는 정부와 민간기관, 기업의 협업이 절실하다.

출처: 대한산업보건협회

보건관리 분야에도 산업현장이나 근로자의 특성에 맞는 시스템적 접근이 필요하지만 건강예측서비스는 개인의 건강정보에 한정되어 근로자를 위한 유해인자의 연구가 이루어지지 않고 있다. 작업환경개선을 위한 근로자 맞춤형 건강관리 서비스가 경제적인 이익을 만들어내는 수익구조가 취약한 것도 사실이다.

보건관리전문기관에서 활용할 수 있는 통합보건관리서비스 모델은 각 사업장에서 발생하는 모든 유해인자와 작업환경 측정결과에 기반하여 건강에 대한 영향과 질병위험을 예측하는 것이다.[74]

활용도가 낮았던 공정별 유해인자 정보와 근로자 건강진단정보를 이용하여 근로자에게 개인별 맞춤형 케어플랜서비스를 제공하는 기술이다. 이러한 모형을 사용하여 특정 유해인자가 발생하거나 특수건강진단 결과에 따라 유소견 근로자에게 자동적으로 건강관리 프로그램을 추천해줄 수 있다. 과거에는 근로자의 건강상담이 기존 자료에 기반하여 이루어졌지만, 현재자료와 예측결과를 활용하여 입체적인 건강상담이 이루어진다.

이를 통해 코로나19와 같은 근로자 건강을 위협하는 예기치 않은 변수와 중대재해에 대한 예방 기반 확충이 강화될 것이다.

코로나19로 촉발된 안전한 일터 조성의 절실한 요구와 4차 산업혁명에 대비하여 안전하고 쾌적한 근무환경을 제고하고 산업재해의 예방능력을 높일 수 있는 산업보건 서비스 개발이 지속되어야 한다.

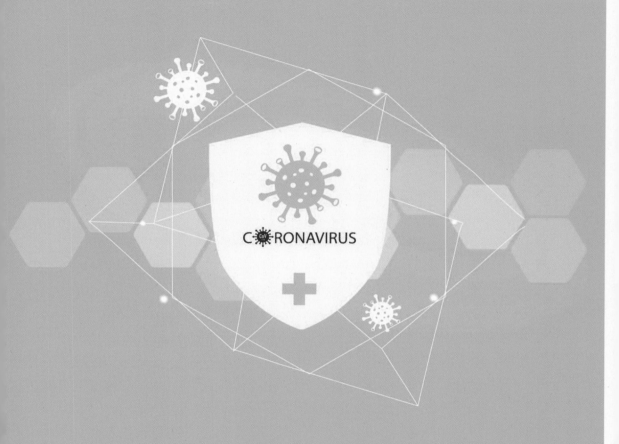

05

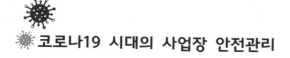

01 감염병이 사업장 안전에 미치는 영향

감염병과 사업장 안전

사업장에서 코로나19 집단감염이 잇따라 발생하여 산업현장의 안전관리에 비상이 발생했다. 감염병 관리가 취약한 택배, 콜센터, 서비스업 등 고위험 사업장에서 집단감염은 예상했던 일이다. 밀집 사업장, 배송근로자와 같은 고위험 사업장에 대한 지침과 대응책이 미비한 결과이다. 여기에 위험의 외주화라는 구조적인 문제가 있어 아직도 곳곳에 사각지대가 많다.

사스, 메르스, 신종 인플루엔자의 감염병은 사업장의 안전관리에 미치는 영향이 제한적이어서 그리 큰 문제가 되지 않았다. 그러나 코로나19는 사업장에서 비상사태로 인식되어 방역과 안전관리를 집중한 최초의 감염병이다.

비상사태란 건강과 생명, 재산, 환경에 위험한 상태가 발생한 것을 의미한다.[75] 비상이란 뜻밖의 긴급사태로 대단히 나쁜 경우를 말한다.[76] 즉 가장 최악의 상황인 것이다. 비상은 갑자기 또는 예측 불가능하게 발생하고, 위험하고 해로운 결과를 회피하기 위해 빠른 조치가 필요한 위험한 상태이다.[77] 코로나19의 영향으로 생산·설비·품질·물류·영업 등 사업 전반에 걸쳐서 산업활동이 중단되는 비상사태를 의미한다.

기업의 경영활동에 근로자의 건강은 필수적인 요소이다. 기업 내 코로나19 감염자가 발생하지 않도록 예방활동을 하는 것은 회사의 매출, 순이익, 주가, 대외 인식과 평가, 브랜드 이미지에 영향을 주기 때문이다.

구분	사스	신종 인플루엔자	메르스	코로나19
발생년도	2003	2009	2015	2019
감염자수	4	759,678	186	17,399
사망자수	0	270	38	309
치명률(%)	0	0.04	20.43	1.78

※코로나19 통계는 2020년 8월 23일 01시 기준임

리스크심리학은 사람들의 위험에 대한 인식을 다루는 학문이다. 어느 정도 위험해야 위험을 인식하고 안전관리를 시작하는지가 주요 연구사항이다. 감염병의 사망확률이 1/1,000 또는 1/10,000의 치명률에 이르면, 사람들은 해당 감염병이 자신과 가족에게도 영향을 미칠 수 있다고 인식한다. 0.1~0.01% 정도의 치명률에 도달하면 공포감을 느끼기 시작한다. 사망자수 측면에서도, 특정한 감염병으로 사망자수가 300명을 초과하면 사람들은 재난으로 인식한다.

치명률 0.1~0.01%와 사망자수 300명 이상이라는 기준에서 보면 메르스, 신종 인플루엔자, 코로나19는 국민과 기업에 영향을 미친 감염병 재난이다.

코로나19 감염병이 발생하기 전에는 사업장에서 안전보건관리는 고유한 업무영역이 있어 독자적이고 유기적인 협조하에 업무를 추진하였다. 그러나 코로나19가 발생하면서 사업장의 안전관리와 보건관리는 함께 상호 협력하여 공동으로 대응해야 한다. 왜냐하면 코로나19 대응을 위한 안전보건 분야의 업무를 명확하게 구분하기 어렵기 때문이다. 사무실, 작업장, 식당 등 사내 시설의 이용 시 안전과 보건, 코로나19의 방역에 공동으로 대처가 필요하기 때문이다. 근로자의 체온 측정, 손 소독, 마스크 착용과 같이 보건의 영역과 건물 주 출입구 소독, 사무실 방역, 출입동선 분리, 물리적 보안관리, 비상대응체계 운영은 안전의 영역이기 때문이다.

사업장 안전환경 변화와 정부의 역할

감염병이 발생하지 않았을 때는 감염이나 확산방지를 위한 활동은 매일 사업장 내에서 수행하지 않아도 된다. 그러나 코로나19가 발병하면서 예방활동이

일상의 필수적인 안전업무가 되었다. 추가된 코로나19 업무는 단기적으로 문제가 없지만 장기적으로 안전업무의 집중도와 수행도 저하를 가져올 수 있다. 코로나19 관련 업무량이 얼마나 증가하였는지 나열해보면 적지 않을 것이다. 코로나19 관련 예방업무는 매일 반복적으로 수행하여 담당자의 스트레스 수준이 올라가고 우울증으로 연결될 수도 있다.

안전관리자는 비대면의 일상화로 인해 근로자와 코로나19 이전처럼 접촉이 어렵고 안전보건교육을 제때 필요한 수준으로 진행하기 어려워졌다. 코로나19 시대 상황은 근로자 간 접촉을 최소화하기 위해 동영상 형태로 학습하는 원격교육으로 바뀌고 있다. 그러나 근로자는 아직도 집합교육을 선호하고 있다.

사업장 안전과 관련하여 정부의 안전보건 정책도 코로나19의 영향으로 달라졌다. 코로나19가 확산되는 중에도 산업현장의 사망자 수 절반 감축과 근로자 안전확보를 위해 정부는 관리감독을 강화했다. 사업장 안전보건지도감독 횟수는 전년 동기 대비 근로개선지도 횟수보다 오히려 증가했다.

2020년 1월 27일 감염병 위기경보가 주의에서 경계 단계로 격상되었다. 정부는 사업장 코로나19 대응지침을 마련하여 전국 지방노동관서, 안전보건공단, 민간재해예방기관을 통해 사업장에 전파하였다.

사업장의 코로나19 대응지침은 개인위생과 사업장 청결관리, 사업장 내 감염유입과 확산방지, 사업장의 의심·확진환자와 격리대상자 발생 시 조치 사항, 사업장 전담조직 구성과 운영, 비상연락체계 유지에 대한 내용으로 구성되었다.

코로나19 예방을 위해 손 씻기, 기침 예절 지키기, 마스크 착용의 개인위생 관리를 철저히 해야 한다. 감염의심 시에는 질병관리본부 콜센터 1339 또는 보건소에 신고하고 정부의 대응상황과 안내사항을 예의주시하면서 적극적으로 협조해줄 것을 당부하였다.

2020년 4월 2일 코로나19가 전국적으로 감염이 확산되어 재택근무 도입과 운영에 대한 사회적 관심과 수요가 증가하였다. 정부는 기업이 재택근무를 쉽고 올바르게 할 수 있도록 재택근무와 관련한 주요 Q&A를 담은 재택근무 가이드라인을 제시하였다.

코로나19로 인한 업무와 관련하여 발생한 부상 또는 질병은 업무상 재해로 인정되어 산업재해로 규정하였다.

감염병 시대의 사업장 안전관리 특징

코로나19 시대의 안전관리는 비일상의 일상화, 감염예방 지식과 경험의 실행, 비상대응의 중요성으로 특징할 수 있다. 비일상의 일상화란 감염병이 확산된 상황에서 안전보건 활동의 새로운 기준을 확립하고 실행하는 것이다. 코로나19 상황에서는 위험성평가, 공학적 관리, 관리적 통제, 안전보건 실행, 개인보호구, 안전한 통근수단 제공에 대해 검토해야 한다.

코로나19의 위험성평가 세부사항은 코로나19의 확진과 확산의 현황에 대한 수준을 식별하고, 밀집·밀폐·밀접의 특징을 갖는 근무장소와 근로형태에 속하는 근로자를 식별하는 것이다. 건강관리가 필요한 고위험군 근로자를 파악하고 건강관리 보호를 위한 특별대책도 마련해야 한다.

코로나19 예방을 위해 사업장 전체에 대한 환기와 공학적 관리대책을 세워야 한다. 특히 사업장의 전체 환기시스템과 자연환기를 효율적으로 관리하여 코로나19의 공기 확산을 통제해야 한다. 근로자 간 접촉의 차단과 거리두기를 위해 공동 작업공간에 대해서 칸막이 설치 등 물리적 환경을 조성해야 한다. 공동작업을 할 때에도 거리두기를 적용하고 칸막이 등 보조기구를 활용하여 근로자 간에 거리를 둔다.

관리적 통제는 의심근로자에 대한 증상을 파악하고 선별검사를 받도록 조치한다. 동시에 다른 근로자가 전염되지 않게 접촉을 최소화하고 격리장소를 사전에 마련한다. 재택근무와 유연근무제를 적극적으로 검토하고 업무에 따라 최소한의 인력으로 운영하는 업무방식을 선택한다. 근로자와 회사의 연락망을 구축하고 확인하여 업무와 감염의 전반적인 상황에 대한 커뮤니케이션을 원활히 한다. 회사 내의 조직은 역할분담을 하여 부문별 현황을 파악하고 비상시에 대비한다. 모든 지침에 대해 전 직원에게 비대면 매체를 활용하여 교육한다. 통근시에는 폭로를 최소화할 수 있는 대책을 마련하여 통근수단을 운영하고 통근버스 운전자, 안내자 각 개인에 대한 관리대책을 세운다.

업무구분	코로나19 예방을 위한 세부 검토사항
위험성평가	폭로수준 식별
	고도접촉 식별
	보호를 위한 근로자와 특별대책 파악
공학적 관리	환기
	물리적 방책(칸막이)
	사회적 거리두기를 위한 작업장 개선
관리적 통제	선별, 증상보고, 병가
	접촉 최소화
	직무순환과 교대작업
	재택근무 전략
	커뮤니케이션과 안내 전략
	안전보건위원회와 대표의 역할
	교육과 훈련
	통제 목적의 사건보고
	공중보건 목적의 보고(접촉 추적, 선별, 검사와 감시)
안전보건 실행	소독, 소독제
	개인위생
개인보호구	마스크
	장갑
	보안면
통근수단 제공	개인위생
	사회적 거리두기
	통근 관련 폭로 최소화 대책
	마스크
	개인보호구(통근버스 운전자, 안내자)

출처: COVID-19 OHS

감염병에 대한 기본적인 지식과 경험의 축적은 감염병 예방의 실행을 위해 필요하다. 코로나19의 위험성은 숙주, 바이러스, 환경의 측면에서 이해가 필요하다.

숙주host는 균이 기생하거나 공생하는 생물을 말한다. 숙주 측면에서는 발

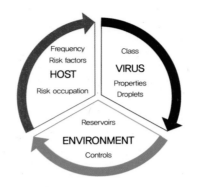

생가능성frequency, 위험요소risk factors, 위험직업risk occupation을 검토해보아야한다. 바이러스virus는 세포에 기생하고 증식 가능한 미생물이다. 바이러스 측면에서는 종류class, 특성properties, 비말droplets 전파를 검토해보아야 한다. 환경environment 측면에서는 격리reservoirs, 통제controls를 검토해보아야 한다. 감염된 사람과 건강한 사람이 서로 접촉하지 않도록 최대한 기회를 줄이는 것이다.

우리나라는 감염병을 1~4급으로 분류하고 있다. 1급은 생물테러 감염병 또는 치명률이 높거나 집단 발생 우려가 커서 발생 또는 유행 즉시 신고하고 음압격리가 필요한 감염병이다. 에볼라, 페스트, 탄저, 사스, 메르스, 신종 인플루엔자가 해당된다. 2급은 전파가능성을 고려하여 발생 또는 유행 시 24시간 이내에 신고하고 격리가 필요한 감염병이다. 결핵, 홍역, A형 간염, 한센병이 해당한다. 3급은 발생 또는 유행 시 24시간 이내에 신고하고 발생을 계속하여 감시할 필요가 있는 감염병이다. 파상풍, B형 간염, C형 간염, 일본뇌염, 에이즈가 해당된다. 4급은 유행여부를 조사하기 위해 표본감시 활동이 필요한 감염병이다. 인플루엔자, 수족구병, 급성호흡기 감염증이 해당된다.

코로나19는 감염예방을 위해 통제를 철저히 하더라도 전염력이 강해서 예방에 완벽을 기하기 어렵다. 그러므로 예방차원의 위험성 관리에 철저를 기하는 것이 중요하다. 관리 대책은 감염자와 접촉자를 관리하는 것으로 공중보건 위험성을 줄이는 것이다.[78] 구체적인 관리대책은 감염병의 형태에 따라 다르나 마스크 착용, 손 씻기와 같이 위험성을 피하거나 최소화하도록 특정 계층이나 대중에게 홍보하는 것이다.

위험관리도 중요하지만 현재의 상황과 향후 대처방안을 알려주는 감염병 위험에 대한 커뮤니케이션도 중요하다. 커뮤니케이션은 감염병 발생 시 관리를 포함해서 대유행 상황에 대응하기 위한 핵심활동이다. 이해관계자 그룹 간의 커뮤니케이션의 목적과 복잡성은 대유행 상황의 진행 단계에 따라 변화한다.

국가, 지역, 병원, 기업의 커뮤니케이션과 홍보를 담당하는 사람은 기관의 모든 잠재위험 관리계획과 통합의 커뮤니케이션 전략을 수립해야 한다. 포괄적인 커뮤니케이션 전략은 대중매체와의 외부 커뮤니케이션과 건강관리를 담당하는 직원과의 내부 커뮤니케이션 양쪽의 채널을 모두 커버해야 한다. 각 부서장과의 실시간 커뮤니케이션, 전 직원과의 채널구성과 정보공유 활동도 중요하다.

기업의 신뢰도는 투명한 정보공개에 근거한다. 코로나19에 대한 막연한 공포나 혼란을 방지하기 위해서는 정확하고 투명한 정보를 제공하는 것이 필요하다.

02 사업장 안전보건 업무의 협업 강화

사업장 안전과 보건

코로나19 시대에는 안전 분야의 고유 업무를 수행하면서 보건 분야와 긴밀하게 협업함으로써 코로나 확산방지의 시너지 효과를 낼 수 있다. 안전과 보건은 같은 분야인 것 같으면서도 다른 분야이다. 동일한 이슈도 다르게 생각하고 접근한다. 지금까지는 안전과 보건을 이분법적으로 구분하고 접근하는 경향이 강했다.

그러나 선진 안전보건을 달성하기 위해서는 안전의 위험요인뿐만 아니라 보건의 유해요인에도 충분한 주의를 기울이는 것이 필수적이다. 안전과 보건관계자는 학문적 배경 등에서 차이가 나지만 긴밀한 파트너가 되어야 한다.[79]

협업은 공동으로 함께 일하는 것을 의미하며 하나의 공유된 목적을 이루기 위하여 협력하는 것이다. 과거에는 개인만의 재능이 중요한 시대였지만 현대에는 여러 사람과의 협업이 중요한 시대가 되었다. 혼자 복잡한 여러 가지 거대한 문제를 해결하는 것은 비효율적이고 효과적이지도 않다.

안전보건 업무 담당자는 본인의 업무뿐만 아니라 관련 업무 분야도 스스로 익히고 제대로 알아야 한다. 직무를 잘 수행하려면 소방과 가스 안전, 대기·수질·폐기물과 같은 환경 분야의 지식도 알아야 한다. 기업의 위기상황에서는 안전보건 분야의 협업뿐만 아니라 생산, 설비, 품질, 물류, 영업, 지원 부문의 협업도 중요하다.

안전보건과 환경 분야는 서로 밀접한 업무적인 관련이 있어 환경안전보건을 통합하여 관리해야 한다. 안전·보건·환경 분야가 서로 통합적으로 관리하여 당면한 문제에 대응하는 것이 더 효율적이기 때문이다.

글로벌 회사 A의 환경안전보건방침

- 지속적인 환경, 직업안전보건 관리 및 성과 향상
- 특정 사업장에 적합한 환경, 직업안전보건 목적과 목표 설정
- 주기적인 환경, 직업안전보건 목적과 목표와 진전의 검토
- 환경, 직업안전보건 성과 자체평가 수행
- 건강하고 안전하며 친환경적으로 일하도록 근로자 교육
- 환경문제, 작업관련 재해와 질병 원인조사 및 적절한 개선조치
- 근로자가 적절한 안전 작업 실행을 따르도록 보증
- 근로자가 건강한 삶의 스타일을 리드하도록 격려
- 직업안전보건 잠재위험 제거, 위험성 감축, 재해, 질병, 환경영향과 에너지 소모 감축 등 우수사례 고려를 위한 설비, 과정 계획, 디자인
- 오염예방, 기술적 경제적으로 설비에 적절한 계획과 방법 실행, 근로자 오염예방 계획과 실행활동에 참여
- 근로자와 협의하고 근로자 참여를 독려하는 안전문화 창조 및 유지
- 기술적 경제적으로 실현가능한 에너지 효율화 프로젝트, 프로그램 계획, 디자인
- 화학물질과 원재료 사용 감축 노력
- 대기, 수질, 토양 오염물질 유출 최소화 노력
- 고객이 구매한 제품의 환경영향 감축 노력

구분	사업주와 관리감독자의 안전보건 책임과 의무
사업주	• 안내, 지시, 감독 제공에 의해 안전하게 일하도록 근로자에게 잠재위험과 현재위험에 대해 알도록 해야 함 • 일터에서 근로자 건강과 안전 보호를 위해 무엇이 요구되는지 관리감독자가 알도록 해야 함 • 일터 안전보건방침과 절차 개발 • 모두가 법과 일터 안전보건방침 절차에 따르도록 함 • 적절한 개인보호구 제공 • 근로자가 올바른 보호구를 착용하고 사용하도록 함 • 다치거나 작업관련 질병을 얻는 것으로부터 근로자를 보호하기 위해 환경에서 가능한 모든 지침을 수행
관리 감독자	• 근로자에게 건강과 안전 위험성 교육 • 일터에서 건강 또는 안전 위험성 조언 • 근로자에게 보호구, 방호장치 또는 방호복이 요구될 때 사용 또는 착용하도록 함 • 잠재위험이 보고되면 상황이 개선되거나 경고표지가 부착되도록 함

출처: Agency for Health Protection and Promotion

사업주와 관리감독자의 역할은 사업장 안전보건의 핵심이다. 사업주와 관리감독자는 안전과 보건 분야에 대한 책임과 의무를 다하여 근로자에게 재해가 발생하지 않도록 해야 한다.

안전과 보건은 사업장 내에서 발생하는 문제를 함께 검토하고 개선하고 있으며 협업이 이루어져야 한다. 사업장 안전보건뿐만 아니라 소방, 가스, 환경 등의 관련 분야도 모두 협업해야 한다. 하나의 큰 틀 안에서 협업하고 전문성을 발휘해야 무사고zero accidents, 무재해zero injuries라는 안전보건의 궁극적인 목표 달성이 가능하다.

안전과 보건의 강화된 협업 필요성

안전보건위원회는 사업장의 안전보건문제를 심의하고 의결하며 개선하기 위해 노사 동수로 구성되는 조직이다. 100인 이상 근로자를 사용하는 사업장과 일부 50인 이상 사업장 중 유해하고 위험한 업종은 의무적으로 안전보건위원회를 설치하고 분기별로 회의를 개최해야 한다. 근로자 대표는 안전보건과 근로환경 문제에 많은 관심을 갖고 개선의견을 반영하고 관철하기 위해 노력한다. 기

출입동선 구분

자동 체온측정

업의 코로나19 감염 예방활동과 사업의 중요한 결정권한이 감염병 비상대책위원회에 있다. 그러나 코로나19 시대에도 회사의 공식적인 노사협의 기구는 안전보건위원회이다. 안전보건 협업에 적극적이고 긍정적인 역할을 하도록 실질적으로 운영하는 것이 바람직하다.

코로나19를 보건의 영역으로 인식하지만 상당부분 안전과 보안의 영역과 연결되어 있다. 코로나19 초기부터 방역을 위한 아이디어가 인터넷에서 공유되고 있다.

출입동선 구분은 코로나19 감염예방을 위해 영업, 물류, 생산, 지원과 같이 맡은 역할, 직군에 따라 통행로를 분리하는 것이다. 이 조치를 확대하여 시행하면 타부서 방문자제와 대면회의가 금지되고, 더 확대하면 출장금지와 재택근무가 시행된다. 모두 접촉을 최소화하거나 감염기회를 줄이는 고립화isolation 대책이다.

건물 주출입구에 실시간 자동 체온측정기를 설치하여 카메라로 체온이 37.5도를 넘으면 자동으로 근로자의 사진을 촬영해 외장 하드디스크에 저장하여 의심환자를 파악하는 데 활용한다. 편리한 점은 있으나 주변 온도와 습도에 측정기기가 민감하게 반응하여 온도와 습도 조절이 가능한 실내는 운영이 가능하나 온·습도 조절이 어려운 실내와 실외에서는 운영이 어렵다는 단점이 있다.

소독과 방역, 사내식당 칸막이는 바이러스를 박멸하고 감염 위험성을 낮추는 활동이다. 소독과 방역 약품은 살균·소독제 성분이 함유되어 피부 화상과 눈 손상을 일으킬 수 있다. 보건관리자가 물질안전보건자료MSDS를 확인하여 인체에 미치는 영향과 보호 장갑, 보호복, 보안경과 안면보호구 착용, 응급 시 조치사항에 대해 교육을 해주어야 한다.

사내식당 칸막이는 아크릴로 근로자의 앉은키 높이 이상으로 설치한다. 의자 시트에서 한국인 평균 앉은키 높이인 95센티미터 이상으로 제작하여 테이블에 설치하는 것이 바람직하다.

　　보안카메라 설치 및 보안카드 설정은 사업장 내
에서 확진자가 발생하면 감염 의심자를 식별하고 자
가격리, 진단검사를 진행할 수 있도록 하는 대책이다.
정부 방역관이 코로나19 확진자와 누가 접촉했는지
식별할 수 없으면 사업장을 폐쇄하고 방역을 실시하
며 전 직원을 자가격리하고 진단검사를 한다. 사업장
은 최소한 2~3일 폐쇄되고 감염자가 근무한 장소는
방역이 실시된다. 기업은 감염의심 또는 확진된 직원

사내식당 테이블 칸막이

의 2주 이상의 자가격리로 영업, 물류, 생산의 주요 비즈니스와 업무의 정상적
인 운영이 어렵다. 지역사회의 비난과 방역실패에 대한 정부의 사법적 책임소재
가 발생할 수 있다.

　　사업장 내 비상대응체계 구축과 운영이 중대재해, 화재폭발, 오염물질 유출
사고, 지진과 풍수해, 밀폐공간 작업에 한정되어 운영되었다. 그러나 코로나19
시대에는 감염병에 대한 대응 시나리오 준비와 훈련, 대응활동과 같이 부가적인
업무 부담이 발생하여 안전 분야에서 적극 협력해 감염병 예방업무를 분담해주
어야 한다.

감염병 시대의 안전보건 동향

　　세계보건기구WHO는 코로나19 시대에 글로벌 노동시장과 경제 전반에 커다
란 변화가 일어날 것으로 예측하면서 디지털 경제, 인공지능, 로봇산업의 비약
적인 발전이 있을 것으로 전망하였다. WHO는 코로나19 시대의 근로자 안전보
건의 위기와 대응방안에 대한 입장을 최근 표명하였다. 감염병 예방을 위한 손
씻기, 마스크 착용의 개인위생뿐만 아니라 최소 1미터 거리두기, 수시로 환기와
소독의 기본수칙 준수, 작업환경관리에 만전을 기해줄 것을 당부하였다. 특히
우리나라의 기업, 근로자, 안전보건관계자에게 메시지를 전달하였다.[80]

　　감염병 확산에 대해 정부는 사업장의 대응 현황과 문제점을 조사하고 정책

적, 제도적 개선방안을 모색하여 기업특성에 적합한 업종별, 직무별 대응방안을
개발할 필요가 있다. 감염병 유행 시 취약 근로자 집단을 파악하고 사업장의 감
염병 대응현황을 조사하여 업종별, 직무별 공기매개 감염병 대응 표준매뉴얼을
마련할 필요도 있다. 향후 코로나19로 인해 달라지는 사회경제적 변화에 발맞춰
새로운 연구주제를 지속적으로 탐색하고 산업재해 예방정책에 활용할 수 있어
야 한다. 보건, 복지의 다양한 전공 인력을 활용하고 신규 예산을 투입하는 연
구를 위한 정책적 지원도 필요하다.

유럽 산업안전보건청EU-OSHA은 유럽의 성장목표를 달성하기 위한 필수항
목은 건강수준 향상이라고 언급하였다. 건강을 유지하고 활동수명이 증대되면
생산성과 경쟁력에서 긍정적인 영향을 끼친다. 일터에서의 건강과 안전, 직업안
전보건은 능률적이고 지속가능하며 포괄적인 성장을 이룩하는 데 도움이 된다
고 하였다.[81]

EU-OSHA는 사업장의 코로나19 관리를 위한 일반 정보, 호흡기 감염병
확산방지 방법, 직장 내 코로나19 의심자와 확진자 발생 시 대응방법, 여행과
회의개최에 대한 자료를 제공하고 있다.

미국 질병통제예방센터CDC는 국민을 대상으로 하는 마스크 착용 지침과
방역 인력에 대한 안전지침을 포함하여 2020년 4월 말 기준 총 100여 건의 지
침을 발표했다. 원격근무, 근무시간 시차제와 같은 유연근무제 운영, 근로자 간
물리적 거리 유지와 같은 코로나19 대응방법이 포함된 사업체와 사업주를 위한
지침과 위기대응 전략을 제공하고 있다.[82]

감염병 시대 안전보건 리더십 향상

코로나19 시대에는 안전보건경영시스템ISO45001의 운영을 국제안전보건기준 수준으로 준수하여 사업장의 안전성과를 지속적으로 확보해야 한다. 우리나라의 산업안전보건법 준수도 중요하지만 국제안전보건 기준을 준수하여 안전보건을 한 단계 업그레이드해야 한다.

법령이란 사회의 모든 구성원이 지켜야 하는 최소한의 사항만을 법으로 제정해놓은 것이다. 기업은 법령만 지켜서 세계 최고 수준에 도달할 수 없고 최고의 자리를 지킬 수도 없다. 세계 최고 수준에 오르고 그 자리를 지키려면 글로벌 수준의 국제 안전보건 기준을 준수해야 한다.

우리나라의 산업재해 사망률보다 1/4~1/7 낮은 수준의 선진 외국을 보면, 근로자의 안전을 어떻게 확보하고 생산과 품질을 안전과 어떻게 연계해서 추진하는지, 그 철학이나 경영방침에 있어 큰 차이가 있다. 최고경영자CEO가 안전보건을 경영의 중요 요소로 강조하며 인체에 해롭고 위험한 작업이나 제품과 원재료는 안전한 것으로 변경하도록 한다.

안전보건 분야의 최초 국제기준은 2001년에 공표된 국제노동기구ILO의 안전보건경영시스템 가이드라인이다. 당시 ISO표준이 없는 안전보건 분야에 근로자를 위한 건강과 안전에 대한 기준을 제시하였다. 주로 국가가 해야 할 사업장 안전보건의 정책적 사항이 중심이다.[83]

세부내용을 보면 사업장에서 펼쳐야 할 안전보건 구조가 제시되어 있다. 주요내용은 안전보건 방침, 조직체계, 계획과 실행, 평가, 향상을 위한 개선으로 구성되어 있다.

미국의 통계학자인 에드워드 데밍Edward Deming이 생산관리와 품질개선의 도구로 만든 PDCAplan do check act로 이루어져 있다. 안전보건 방침과 조직체계는 PDCA의 앞 단계에 추가되어 있다.

안전보건경영시스템ISO45001은 영국 표준규격BS8800으로부터 출발하여 2018년 새로 제정된 국제인증이다. 기업의 안전보건을 체계적으로 관리하기 위한 국제기준이다. 기업은 ISO45001을 통해 산업재해를 예방하기 위하여 사전에 관리 시스템을 도입하여 근로자의 안전을 확보할 수 있다. 사업장의 안전사고

구분	ILO 안전보건경영시스템 세부내용
방침	• 안전보건방침 • 근로자 참여
조직체계	• 의무와 책임 • 역량과 훈련 • 안전보건경영문서 • 커뮤니케이션
계획 및 실행	• 초기검토 • 시스템 계획, 개발, 실행 • 안전보건목표 • 잠재위험 예방 – 관리대책, 변경관리, 비상사태 예방·준비·대응, 구매계약
평가	• 성과 모니터링과 측정 • 재해, 질병, 사건조사와 성과영향 • 감사, 경영층 검토
개선	• 예방과 개선조치 • 지속적 개선

예방을 위해 안전보건 목표를 계획하고 잠재위험을 발굴하고, 현장의 예방활동을 모니터링하는 안전보건 업무의 수행내용이 포함되어 있다.

ISO45001은 국제표준화기구의 다른 국제표준International Standards인 ISO14001환경경영시스템, ISO9001품질경영시스템과 기본구조가 일치한다. 조직상황, 리더십, 지원을 제외하면 기획, 운용, 성과평가, 개선이 PDCA에 해당하므로 ILO의 안전보건경영시스템 가이드라인과 일치한다.

영국과 같은 안전보건 선진국 그리고 ILO, ISO와 같은 국제기관의 안전보건 철학이 PDCA를 근간으로 하고 있다. PDCA는 안전보건 업무를 추진해나가는 방법이다. 계획을 세우고 실행하며 체크하고 지속적으로 개선해나가는 것이다.

또한 과학적 지식과 기술에 기반한 안전보건 업무를 추진한다. 안전보건에 대한 장기간의 핵심연구가 안전보건의 중요성을 실현하는 철학과 가치매김을 가능하게 한다.

ISO45001의 기본구조	
조직상황	• 조직과 조직상황 이해 • 이해관계자의 니즈와 기대 이해 • 시스템의 적용범위 결정
리더십	• 리더십과 의지표명 • 방침 • 조직의 역할, 책임 및 권한
기획	• 리스크와 기회를 다루는 조치 • 목표와 목표달성 기획
지원	• 자원 • 역량, 적격성 • 인식 • 의사소통 • 문서화된 정보
운용	• 운용기획 및 관리
성과평가	• 모니터링, 측정, 분석 및 평가 • 내부심사 • 경영검토
개선	• 일반사항 • 부적합 및 시정조치 • 지속적 개선

코로나19 시대에 기업은 ISO45001 인증을 기본적으로 취득하고 감염병 예방업무도 ISO45001의 체계 안에 포함하여 지속적으로 발전시켜 나가야 한다. 정부도 지도감독 시 법규 준수뿐만 아니라 ISO45001의 운영여부, 모범사례도 함께 발굴하여 산업재해 예방에 활용할 수 있는 데이터로 축적해야 한다. 중대재해 다발 업종이나 사업장은 반드시 ISO45001 기준을 운영하도록 정책적 지원이나 제도 신설도 고려해야 한다.

코로나19 시대의 안전보건 리더십 향상을 위해서는 안전보건관계자의 역량향상이 중요하다. 글로벌 경영시대에는 안전보건관계자가 국제안전보건자격 수준의 능력을 갖추는 것이 기본이다.

국제안전보건자격으로 우리나라에 널리 알려진 것으로는 영국 안전보건시험원NEBOSH의 국제일반자격international general certificate이 있다. 우리나라의 국가기술자격인 산업안전기사에 해당하는 자격인데 국제적으로 안전전문가로 인정받을 수 있다.

1979년에 설립된 NEBOSH는 자격제도 자체만을 운영하지 않는 독특함이 있다. 우리나라의 국가자격은 기술자격과 전문자격으로 나누어 시행된다. 한국산업인력공단은 시험을 주관하여 시행하고 자격증을 발행한다. 자격취득이나

유니트unit		요소element
국제일반자격1: 안전보건관리	1	작업장 안전보건관리
	2	안전보건경영시스템
	3	위험성 관리 – 사람과 프로세스 이해
	4	안전보건 모니터링, 측정
국제일반자격2: 위험성평가	5	육체적 심리적 건강
	6	근골격계 건강
	7	화학적, 생물학적 물질
	8	일반 작업장 이슈
	9	작업설비
	10	화재
	11	전기

보수교육, 자격수여를 위한 교육프로그램은 운영하지 않는다.

NEBOSH는 자격시험 운영과 자격증 발행, 자격취득과 보수교육 운영, 학위수여를 위한 프로그램도 병행한다. 코스course, 어워드awards, 서티피케이트 certificates, 디플로마diplomas, 마스터masters가 있다.

코스는 모든 사람에게 개방되어 있는 안전보건 도입과정이다. 다음으로 어워드는 다음 단계의 자격취득을 위한 인식과 기본과정을 제공한다. 서티피케이트는 관리자, 감독자, 안전보건 초급자를 위한 기본 자격증이다. 디플로마는 실무업무를 독자적으로 수행할 수 있는 자격이다. 마스터는 공동연구를 수행할 수 있는 자격이다.

국제일반자격의 강의계획서를 살펴보면, 안전보건관리의 기본으로 ISO45001, 위험성 관리, 신체·물질·설비·화재·전기 요소에 대한 위험성평가를 중시한다.[84]

IOSHInstitution of Occupational Safety and Health는 1945년 설립된 영국의 안전보건 교육연구기관이다. 대표적인 교육프로그램이 안전하게 관리하기managing safely이다. 이 과정을 보면 위험성 평가, 위험성 관리, 책임 이해, 잠재위험 이해, 사고조사, 성과측정으로 구성되어 있다.

안전하게 리드하기leading safely과정은 안전보건과 리더십 역할은 무엇을 어떻게 정립해야 하는가, 리더의 책임과 행동, 효과적인 안전보건 리더십은 어떻게 구축해야 하는가, 리더는 조직을 어떻게 발전하게 리드하는가, 효과적인 안전보건 리더십에 대한 인문·사회과학적, 철학적 학습으로 진행한다.

출처: 안전콘서트(KISA)

안전하게 일하기working safely과정은 잠재위험과 위험성, 통상적인 잠재위험 확보와 파악, 안전성 개선 방향에 대한 내용을 학습한다.

교육내용을 보면 안전보건이나 의학, 기술이나 공학적 지식이 없어도 관심이 있는 사람은 누구나 참여할 수 있게 설계한 입문과정이다. 우리나라도 어렵고 전문적인 안전보건 교육에만 치중할 것이 아니라 다양하고 흥미로운 주제를 안전보건 교육에 반영하여 관심 있는 일반인도 쉽게 수강할 수 있도록 해야 한다.

안전보건 전문가의 역량향상을 위한 다양한 교육프로그램이 필요하다. 기존에는 2년마다 안전관리자와 보건관리자에게 24시간 실시하는 보수교육이 전부였다. 민간기관에서 실시하는 안전콘서트와 안전보건 세미나 참석을 직무교육 시간으로 인정해주는 방안에 대한 검토가 필요하다. 안전콘서트는 가슴으로 느끼고 실천으로 나누는 안전문화의 일환으로 우리 삶 전반에 걸친 안전문제와 실천하는 안전문화를 조성하기 위한 강연회이다. 안전관리자와 보건관리자의 직무교육 방법을 다양하게 선택할 수 있도록 폭을 넓혀야 한다. 그래서 획일적 교육이 아닌 새로운 관점에서 접근할 수 있는 방법을 찾아야 한다.

매년 7월 첫 주 안전보건강조주간에 개최되는 안전보건 세미나와 우수사례 발표회, 국제안전보건전시회가 안전보건 정보를 얻는 귀중한 기회가 된다. 2020년에는 코로나19로 온라인 행사인 동영상으로 대체되었다. 거리와 시간적 제약을 극복할 수 있어 동영상 세미나와 우수사례 발표회가 코로나19 시대 안전보건관계자 역량향상의 좋은 대안이 될 수 있다.

2020년 안전보건강조주간 세미나의 콘텐츠를 살펴보면 코로나와 4차 산업혁명이 핵심어key word임을 알 수 있다.

연번	2020년 안전보건강조주간 세미나 콘텐츠 주제	시간(분)
1	코로나19와 정신건강	42
2	코로나19와 정신건강 취약노동자	22
3	집단감염의 예방과 정신건강	42
4	집단감염의 예방과 관리를 위한 근로자 건강관리	31
5	위험인식과 재난심리를 통해 코로나19 장기화대비 전략 찾기	42
6	코로나바이러스 감염증 2019 불안, 어떻게 할까요	26
7	근로자 집단의 코로나바이러스 감염과 건강진단 실태	18
8	감염유행 시 근로자 건강진단	51
9	스마트 기술을 활용한 건설안전사고 저감 및 예방	26
10	스마트 안전의 방향	16
11	건설안전과 4차 산업혁명 기술	40

03 사업장 안전보건 지도감독의 변화

감염병과 사업장 안전보건 정책

정부는 2022년까지 자살, 교통, 산업재해 분야 사망자를 절반으로 줄이기 위한 국민생명 지키기 3대 프로젝트를 추진하고 있다. 산업재해 사망자는 프로젝트 기간인 5년 동안 1,000명에서 500명으로 50%를 감소할 계획이다.

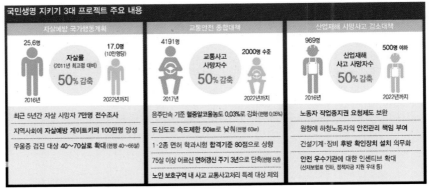

출처: 고용노동부

중점감독 사항	사업주가 이행해야 할 내용
원동기·회전축 등의 위험방지	원동기, 회전축, 기어, 풀리, 플라이휠, 벨트 및 체인 등 부위에 덮개, 울, 슬리브 및 건널다리 설치
방호장치 해체금지	기계, 설비에 대한 방호장치 미설치, 임의해제 또는 사용정지 금지
기계 동력차단장치	동력으로 작동되는 기계에 스위치, 클러치 및 벨트이동장치 등 동력차단장치를 작업위치에서 조작 가능하도록 설치
비상정지장치	컨베이어 등에 끼임 위험이 있는 경우 및 비상시 운전정지를 위한 비상정지장치 설치
정비 등의 작업 시 운전정지	정비, 청소, 수리 등 작업 시 해당 기계의 정지 기동장치에 잠금(lock out) 후 열쇠를 별도관리, 표지판(tag out) 설치 작업과정에서 기계의 불시가동이 우려될 경우 작업지휘자 배치

정부는 산업재해 감소와 근로자의 생명보호를 위해 총체적인 노력을 기울이고 있다. 2019년은 건설업 추락사고 사망예방에 중점을 두었고 2020년에는 50인 미만 소규모 제조업 사업장을 대상으로 끼임사고·사망을 예방하기 위해 기획 감독을 실시하고 있다.

중점감독 사항은 원동기와 회전축의 위험방지, 방호장치 해체금지, 기계 동력차단장치 설치, 비상정지장치 설치, 정비작업 시 운전정지와 잠금과 표시적용이다. 기계에 끼이는 사고를 예방하기 위해서는 안전커버와 인터록interlock 설치, 잠금lock out과 표시tag out의 적용이 중요하다. 사업주가 핵심지침을 이행하지 않으면 사망과 같은 중대재해가 반복하여 발생될 수 있다.

정부는 2020년 5월 파쇄기 상부에서 작업 중이던 근로자가 파쇄기에 끼여 사망하는 사고가 발생하자 제조업 끼임 위험 감독을 실시하고 있다.

감독 대상은 컨베이어, 크레인, 지게차, 식품설비, 사출기, 승강기, 산업용 로봇, 혼합기, 파쇄·분쇄기, 프레스의 10대 위험 기계기구 보유 사업장이다.

감독 내용은 기계기구 안전인증·검사 여부, 기계·기구에 대한 끼임 사고 예방조치, 안전난간, 작업발판과 추락위험 장소 덮개 설치여부와 같은 조치사항이다.

감독inspection은 시정지시 명령을 내리지 않고 즉시 과태료 또는 벌금을 부과하고 개선결과를 보고하게 한다. 코로나19로 인한 기업경영의 어려움을 감안하여 정부가 한시적으로 시정지시서를 발부하고 시정결과를 보고하도록 기회를

파쇄기 상부에서 재료 투입작업 중 끼임 중대재해 발생 사례	
발생개요	2020년 5월 22일 광주광역시 광산구 하남공단 소재 사업장에서 재해자가 파쇄기 상부에 올라가 원재료(폐기물)를 재투입하던 중 회전 중인 파쇄기에 전신이 끼여 사망함
관련사진	기인물 : 파쇄기 재해 발생 상황도
재발방지 대책	파쇄기 정비·청소·인력으로 재료투입 작업 시 운전정지 파쇄기의 가동부분(파쇄날) 접촉방지를 위한 커버 또는 방책 설치

출처: 고용노동부

주고 있다.

중대 사망사고를 발생시키거나 사회적 물의를 일으키는 경우와 안전보건 문제에 대한 고소, 고발, 진정이 있는 경우에는 바로 조사하고 사법조치에 착수하므로 안전보건 업무를 적당히 수행해서는 안 된다. 코로나19로 어려운 상황일수록 근로자의 안전과 건강을 최우선으로 기업경영을 해야 한다. 안전보건을 소홀히 하면, 기업경영의 기본이 흔들려 사고가 발생하고 사회적으로 지탄을 받으며 제품 불매운동이 발생할 수 있다.

구분	업무상 질병 조사대상과 인정요건 세부내용
업무상 질병 조사 대상	• 해당 바이러스 감염원을 검색하는 공항, 항만 검역관 • 고위험 국가(지역) 해외 출장자 • 출장 등 업무상 사유로 감염자와 함께 비행기를 탑승한 자 • 업무수행 과정에서 감염된 동료 근로자와 접촉한 자 • 기타 업무수행 과정에서 불가피하게 감염환자와 접촉한 자
업무상 질병 인정 요건	조사대상에 해당하는 근로자로서 아래에 모두 해당하면 인정 가능 • 업무활동 범위와 바이러스 전염경로가 일치될 것 • 업무수행 중 바이러스에 전염될 만한 상황을 인정할 수 있을 것 • 바이러스에 노출되었다고 인정될 것 • 가족이나 친지 등 업무 외 일상생활에서 전염되지 않았을 것

종류	코로나19 산재보험 급여 내용
요양	• 코로나19 치료와 관련된 진료비, 간병료, 이송료
휴업	• 코로나19 치료기간 중 일하지 못한 기간 동안 평균임금의 70%에 해당하는 휴업급여 지급
장해	• 코로나19 치료 후 신체에 장해가 남은 경우 해당 급수에 따른 장해급여 지급
간병	• 코로나19 치료 후 간병이 필요한 경우 간병급여 지급
유족	• 코로나19로 사망한 경우 근로자와 생계를 같이 하는 유가족에게 유족급여 지급
장의	• 코로나19로 장례를 치른 사람에게 장의비 지급
직업재활	• 재취업을 위하여 직업훈련을 받는 경우 훈련비용·수당 지급 • 산재근로자를 복귀시켜 고용을 유지하는 경우 사업주에게 직장복귀지원금 지급

그리고 사업장에서 코로나바이러스 감염자가 발생하자 정부는 산업재해 판정을 위한 업무상 질병 조사대상과 인정요건을 마련하였다. 조사대상은 고위험 국가나 지역 출장자, 출장과 같은 업무상 사유로 감염자와 함께 비행기를 탑승한 자, 업무수행 과정에서 감염자와 접촉한 자이다. 인정요건은 업무활동 범위와 전염경로가 일치하고 업무수행 중 전염될 상황을 인정할 수 있어야 하며 일상생활에서 전염되지 않으면 업무상 질병으로 인정된다.

코로나19로 산업재해를 인정받을 경우 수급 가능한 보험급여의 종류는 요양, 휴업, 장해, 간병, 유족, 장의, 직업재활이다.

코로나19 산업재해 인정 사업장 최초 사례

2020년 3월 9일 서울시 구로구 경인로 ○○빌딩에서 코로나19 집단감염이 발생했다. 2020년 3월 시점에서 대한민국 수도권 지역에서 발생한 최대의 코로나19 집단감염 사태였다.

방역당국은 11층 직원 207명을 우선적으로 검사하고 1~12층은 폐쇄조치하였다. 10~12일까지 3일간 빌딩 옆에 임시 선별진료소를 설치해 거주자, 근로자, 인근 주민의 검체 검사를 시행하였다.

2020년 7월 30일 기준, 서울 구로구 콜센터에서 일하다 코로나19에 감염되어 산업재해를 인정받은 상담사는 총 7명이다. 감염병 관련 산재재해 인정기준이 코로나19 이전에는 없었는데 새로 만든 기준에 따라 인정받았다.

코로나19 관련하여 산업재해로 인정된 최초의 사례는 콜센터 상담업무를 수행한 근로자이다. 밀집된 공간에서 근무하는 업무의 특성상 반복적으로 비말의 감염위험에 노출된 점을 고려하였다. 업무와 코로나19 감염 사이에 인과관계가 있다고 판단하였다. 2020년 8월 10일 기준, 코로나19로 산재승인을 받은 근로자는 총 70명이다.

2020년 7월 20일 기준, 총 169명의 코로나19 확진자가 A물류센터에서 발생했다. 코로나19 관련 집단감염 피해를 입은 근로자들이 회사를 상대로 보상을 요구하는 집단소송을 추진했다.

> **코로나19 집단 산재신청 사업장 추진사례**
>
> 2020년 5월 24일 경기도 부천시 ○○물류센터에서 총 152명이 코로나19에 집단으로 감염되었다. 2020년 5월 12일부터 계약직으로 근무한 A씨는 5월 23일 첫 환자 발생사실을 통보받지 못한 채 계속 근무하다 3일 후 확진판정을 받았다.
> A씨는 코로나19 감염을 예방하기 위한 기업의 방역조치가 미흡했다며 근로복지공단에 산업재해 요양급여 신청서를 제출하여, ○○물류센터 직원 중 처음으로 산재 인정을 받았다.
> 코로나19에 감염된 근로자들이 집단으로 산업재해 신청을 하고 손해배상 소송도 추진한 첫 사례이다.

감염병 시대의 사업장 안전보건 정책 변화

정부는 2020년 3월 22일부터 강도 높은 사회적 거리두기 정책을 시행하였다. 사업주와 근로자를 대상으로 한 사업장용 생활 속 거리두기와 일터에서 생활 속 거리두기 포스터도 보급하였다. 주요 내용은 증상이 있으면 출근자제, 재택근무, 휴가 적극 활용, 손 씻기와 기침예절 준수, 동료와 2미터 이상 거리두기, 매일 2회 이상 환기, 회의는 영상회의 활용이다.

2020년 5월 말이 되면서 기온이 올라가자 에어컨 사용지침이 추가로 발표되었다. 실내공기 재순환, 바람으로 인한 비말 확산 우려의 최소화를 위한 대책이다. 에어컨 사용 시, 바람이 몸에 직접 닿지 않게 하며 바람세기를 낮춰서 사

일터 생활 속 거리두기 홍보 포스터

출처: 고용노동부

용하여야 한다. 환기 가능한 시설은 최소 2시간마다 1회 이상 환기를 실시해야 한다. 환기가 불가능한 밀폐시설은 마스크를 착용하고 최소 1일 1회 이상 소독을 실시하며 유증상자의 출입관리를 강화하여야 한다.[85]

사업장에서 코로나19 확진자가 발생하면 다수의 직원들이 자가격리와 재택근무로 힘든 시간을 보내야 한다. 코로나19 감염예방을 위하여 9가지 기본수칙의 준수가 기업에서 절실하게 필요하다.

재택근무를 시행하는 기업의 사례를 보면 주로 금요일에 재택근무 또는 휴가를 권장한다. 주말과 휴일과 연계하여 휴가사용률도 높이고 업무효율도 유지하는 기업방침을 펼치고 있다. 많은 기업에서 코로나19 시대의 업무 인프라 구축과 업무수행 방식 변화에 대한 시도가 필요하다. 매출기준 500대 기업을 대상으로 조사한 결과, 대기업 절반은 코로나19가 끝나도 재택과 원격근무를 계속하겠다는 반응이 나왔다.[86] 재택근무 만족도는 60%로 높은 것으로 나타났고 유연근무를 지원하는 법 개정도 필요하다.

A기업은 코로나19 위기경보가 심각 단계로 격상되자 임산부 직원은 우선적으로 필요한 기간 동안 재택근무하도록 하고 어린이집·유치원·초등학교에 다니는 자녀의 육아를 위해 재택근무가 필요한 직원도 재택근무를 하도록 하였다.[87] 재택근무기간 중의 근태는 정상근무로 인정하거나 유급휴가로 인정해주

코로나19 감염예방 기본수칙

• 사업장 내에서 꼭 마스크 착용하기

• 기침할 때 옷소매로 꼭 가리고 기침하기

• 흐르는 물에 30초 이상 손 씻기

• 식당 등 다수가 모여 앉을 때 마주보고 앉지 않기

• 사람 간 두 팔 간격 거리 유지하기

• 모임 연기, 외출 자제하기

• 경조사는 가급적 간소하게 밀집도를 낮추어 진행하고, 식사보다 답례품으로 보답하기

• 증상이 의심되면 재택근무하며 상황실로 연락하기

• 여행력을 공유하고 의심되면 재택근무하기

었다. 재택근무가 늘어날 가능성에 대비하여 외부에서 클라우드에 원활하게 접속하도록 관련 장비와 네트워크 점검도 하였다.

지역 확산의 경우에는 사업장에서 6가지 예방수칙을 준수하여야 한다. 자신이 건강해야 가족도 건강하고 직장도 건강하고 사회와 국가도 건강할 수 있다.

여러 명이 상당기간 동안 국내여행을 다녀온 후 사무실 근무 중 확진된 사례가 있다. 재택근무일에도 사무실에 출근하여 동료와 식사, 산책, 간식을 나누어 먹고, 이후 식사 및 간식을 함께 먹은 직원도 확진되었다. 확진자 사례로 본

지역 확산 시 사업장 예방수칙

• 현장, 사무실 전 구역에서 마스크 착용을 생활화 합니다.

• 오전 출근, 중식이후 업무 시작 전 체온측정을 합니다.

• 출근 및 퇴근 시 마스크를 착용합니다.

• 현장 출입, 화장실 사용 후 손 씻기, 손 소독을 습관화 합니다.

• 식사 후 또는 음식물 섭취 후 반드시 양치를 합니다.

• 주말과 휴일 외출을 삼가고 충분히 휴식하고 외출 시 많은 사람이 모이는 곳은 피하도록 합니다.

꼭 지켜야 할 기본수칙 6가지를 보면 재택근무일과 동시휴무일 적극 동참하기, 단체모임이나 여행은 최대한 자제하기, 확진자 동선 정보 살피고 주의를 기울이기, 3밀밀집·밀접·밀폐 지역 가지 않기, 다수가 모여 미팅·식사·간식 함께 하

화상회의 도구 줌(Zoom)

지 않기, 회의나 미팅은 비대면으로 하기이다. 코로나19는 증상이 가벼운 초기에도 전염되고 전파속도가 빨라 쉽게 집단감염된다. 집단감염을 예방하려면 모두의 노력이 필요하다.

코로나19는 회의나 미팅의 풍경도 바꾸어 놓았다. 과거 경영진이 사용한 전화회의인 컨퍼런스콜은 이제 스마트폰을 활용한 그룹콜로 일상화되었다.

확진자 사례로 본 6가지 기본수칙

> **코로나19 사업장 확진 사례**
>
> 2020년 6월 19일 경기도 화성시 A제과 수원공장 근로자 1명이 코로나19 확진 판정을 받았다. 방역당국은 해당 확진자가 6월 17일 확진 판정을 받은 A제과 의왕물류센터 근로자 A씨와 접촉해 감염된 것으로 판단했다. A제과 물류센터 관련 확진자는 총 5명으로 증가했다. 최초 확진자는 의왕물류센터에서 상·하차 업무를 하는 A씨로 사흘 동안 배우자, 물류센터 동료, 수원공장 근로자가 추가로 확진 판정을 받았다.
>
> A제과는 확진자가 발생한 의왕물류센터와 수원공장을 즉시 폐쇄하고 전 직원에 대해 진단검사를 실시했다. A제과는 보건당국 지침에 따라 사업장 운영 재개여부를 결정하였다.

화상회의 도구도 웹엑스Webex, 팀즈Teams, 줌Zoom 등으로 다양화되었다. 최근에는 코로나19로 화상회의 도구의 사용량이 급격히 증가되었다. 화상회의의 장점은 전화회의가 음성만 가능한 데 비해 회의 참석자의 얼굴을 실시간으로 보면서 파워포인트, 엑셀 등의 회의 자료를 실시간으로 보여주고 토론도 가능하다.

화상회의 연결도 쉽다. 노트북 PC의 카메라와 스피커를 켜고 화상회의 웹사이트에 연결하며 아이디와 비밀번호만 입력하면 회의방에 입장할 수 있다. 회의일정에 가서 예약된 회의명을 클릭한다. 회의참석자가 들어오면 자동으로 화상이 연결된다. 서로 인사하여 음성을 확인한 후 회의를 진행한다. 회의 중에는 각자 회의 자료를 띄워서 설명한다. 다른 사람이 자료를 띄워 설명하면 카메라와 마이크를 잠시 끈다.

사업장에서 코로나19 확진 사례가 발생하면 사업장이 폐쇄되고 전체 직원은 코로나 진단검사를 받아야 한다. 사업장 운영을 재개하려면 보건당국의 승인이 있어야 한다.

코로나19 확진자 발생 시 비상대응은 사업장 폐쇄, 작업 중지, 소독 방역, 물리보안 강화, 유틸리티 비상근무 단계로 진행한다.

구분	코로나19 확진자 발생 시 비상대응 업무내용
사업장 폐쇄	사업장 작업중지 후 전역 폐쇄
작업 중지	확진자 판정일에 따라 작업중지 프로세스 시행
소독 방역	확진자 판정에 따른 전문방역업체 방역소독 진행
물리보안강화	보안실 근무 편성 확대
유틸리티 비상근무	변전실, 보일러실 업무 비상근무 체계 가동 폐수처리장 업무 비상근무 체계 가동

코로나19의 확진자 수가 감소하여 안정화되면 사회적 거리두기에서 생활 속 거리두기 단계로 전환하기 위한 슬기로운 코로나 예방 10가지 활동수칙이 준수되어야 한다.

슬기로운 코로나19 예방 활동수칙

• 모임이나 여행 등 자제하기
• 내·외근 시 반드시 마스크 착용하기, 손 씻기, 기침예절 지키기
• 식사 등 식음 상황 및 흡연 시 대화하지 말고 거리 지키기
• 대면회의 자제
• 간식, 대화 등 타부서 이동 최소화하기
• 점심시간 준수 및 무리지어 식사하러 가지 않기
• 재택 근무일에는 기준에 맞추어 재택근무 하기
• 동시휴가일에는 동참하여 재충전하기
• 퇴근 후 개인적 모임 갖지 않기
• 주말과 휴일에도 사회적 거리두기 및 방역수칙 실천하기

감염병 시대의 사업장 안전보건관리

2020년 1월 말 중국 우한에서 시작된 코로나19로 6,000명 이상이 감염되고 132명이 사망하였다. 코로나19 바이러스가 18개국으로 확산되면서 전 세계에 감염병 확산에 따른 기업의 코로나19에 대한 대응과 대비가 필요하게 되었다.

구분		사업장 출입인원 관리지침
운전기사	필수 (원부자재 물류수송 차량)	• 운전기사 사내 이동동선 최소화 및 공통시설 출입 제한(식당, 흡연구역 등) • 자사 인원과 접촉금지 및 원거리 대화 실시(2미터 이상 이격) • 하차 제한(불가피한 경우 마스크, 장갑 등 개인보호구 필히 착용 후 하차 가능)
	일반	• 경량물은 보안실, 현관에 보관, 임직원 수령 • 중량물은 차량 사내 진입, 지게차 활용 물품 하차 • 하차 제한(불가피한 경우 마스크, 장갑 등 개인보호구 필히 착용 후 하차 가능)
외부인원 (방문자)		• 승인된 구역 외 출입금지, 이동동선 최소화, 공통시설 출입 제한(휴게실, 흡연구역 등) • 회의, 미팅 시 반드시 마스크 착용 및 식사시간 피해 진행 • 부득이 필요한 경우 제외하고 오프라인 회의, 미팅 자제
공사업체 (작업자)		• 출입, 공사 진행 중 상시 마스크 착용 • 승인된 구역 외 출입금지 및 사내이동시 지정된 동선 준수(휴게실 이용 금지, 흡연실 이용 자제)
사내 협력회사 (임직원)		• 매일 2회 이상 체온 측정(37.5도 이상 출입금지, 병원치료 또는 충분한 휴식 조치) • 확진자 접촉 우려가 있거나 동거인 중 접촉자, 증상 의심자 발생 시 출근 전 부서장 보고 후 조치 이행 • 회의, 단체 모임, 행사 전면연기 및 사적인 모임 자제 • 30초 이상 자주 손 씻기, 눈·코·입 만지지 않기, 올바른 마스크 착용 등 개인위생 관리 철저 • 지정된 근무구역 외 가급적 이동자제 및 각 협력회사별 주요 이동동선 준수

코로나19의 추가 발생에 대비하고 예방하기 위하여 체온측정, 마스크 착용, 손 소독 예방활동의 협조요청을 진행하였다.

발열이나 기침, 인후통 등의 호흡기 증상이 있는 의심사례의 경우는 기업의 건강증진실에 보고하도록 하였다. 이후 질병관리본부 1339 또는 관할 보건소와 상담하여 지역 내의 선별진료소에서 진단검사를 받도록 하였다. 감염증상자는 이동 시 버스, 택시, 전철의 대중교통 이용을 자제하고 병원의 안내에 따르도록 하였다.

매일 오전, 오후 2회의 체온 측정으로 발열여부를 확인하고 기침과 인후통, 설사 증상을 주의하여 14일간 관찰하도록 하였다. 코로나19 상황이 호전될 때까지 확산일로에 있는 외국이나 지역으로의 출장을 전면 보류하였다. 예방 행동수칙으로 소매로 가리고 기침하기, 마스크 착용, 30초 이상 손 씻기의 위생관리,

구분	코로나19 감염 대응요령
출입	• 출입자 전원 마스크 착용(자사 직원 및 도급, 공사인원, 방문자 등 외부인 포함) • 발열자 출입통제 • 고열(37.5도 이상) 출입불가, 미열(37.3도 이상) 개인휴가 사용으로 면역력 강화 • 외부인 사내출입 최소화 및 통제강화 • 14일 이내 확산국가 방문, 확진자 동선 접촉 여부, 현재 발열여부
출장 교육 행사	• 해외출장 금지 • 국내출장, 교육, 행사 전면 연기(3인 이상 오프라인 회의 금지), 회식 금지 • 외부인 미팅 최소화, 자제(사내외 모두 최소화, 불가피한 경우 식사시간 피하여 진행) • 감염 예방수칙 준수 강화(혼잡한 인구 밀집장소 방문, 개인적 모임 참석 자제) • 확진자 다수 발생 지역 감염 예방활동 강화(매장 근무자, 영업사원 마스크 착용 및 손 소독 등 개인위생 강화)
외근	• 전원 마스크 착용(2인 이상 동승 시 차량 내에서도 착용) • 제품진열 수량이 많은 거래선의 경우 장갑 교체 착용 • 감염 예방수칙 준수 강화(거래선 방문 후, 외부에서 식사 전 손 씻기) • 청결 유지 및 소독 강화(차량 손잡이, 핸들, 핸드카, 휴대폰 등, 매장 샘플 제품, 비품 등 매일 4회 소독) • 확진자 동선 정보 안내사항 주시, 확진동선 근무 시 가이드 준수
내근	• 감염 예방수칙 준수 강화(가능한 한 30분마다 30초 이상 손 씻기) • 불필요한 이동이나 다수가 모이는 것 자제 • 사무공간 물품 청결 유지 및 소독강화
소독	• 건물 소독 주1회 실시(필요시 방역매트 설치) • 일상 접촉면 소독 매일 4회 이상 실시(문손잡이·버튼, 엘리베이터 버튼, 화장실 변기, 수도꼭지, 정수기·전등 버튼) • 통근버스 접촉면 매일 1회 소독(손잡이, 좌석)

사람이 많은 장소나 불필요한 의료기관 방문 자제하기, 여행 전 해당 지역 질병 정보 확인하기와 같은 조치를 취하여 해외여행도 삼가게 하였다.

국내 확진자가 급속히 증가되면서 감염경로가 불명확한 확진자가 발생하고 지역사회에 확산 위험성이 높아져 사업장 출입인원 관리지침을 제정하고 운영하였다.

코로나19 감염 대응요령도 추가 실시되었다. 출입, 출장·교육·행사, 외근, 내근, 소독 대응요령에 따라 방역활동을 전개하였다. 코로나19에 접촉한 근로자가 발생 시 코로나19 접촉자 관리 대응요령을 참조하여 관리해야 한다. 기본사항과 개인위생을 더욱 철저히 준수하도록 하고 각 조직 책임자가 소속 직원들의 증상발생 여부를 주의 깊게 관찰하여 줄 것을 당부한다.

구분	코로나19 접촉자 관리 대응요령
모든 근로자	• 출장, 회의 등 업무활동별 지침 준수(확산지역 출장금지, 기타 해외출장 지양, 3인 이상 오프라인 회의금지, 출장·교육·회식 등 전면보류, 외부인 업무미팅 및 사업장 방문금지, 업무상 이외 차량동승 자제, 동호회·친목 모임 자제) • 각 사업장 근무자 및 출입자 전원 발열 체크(발열자 출입금지, 사업장 정문 또는 부서별, 오피스는 층별 체크, 측정 담당자는 마스크 비닐장갑 착용) • 건물 및 설비 소독 강화(손잡이, 버튼 등 일상 접촉면 집중 소독) • 감염병 예방수칙 준수 철저(손 씻기, 기침 예절, 눈·코·입 점막부위 및 얼굴 손 접촉 최소화) • 사람이 많이 모이는 곳 방문 자제(터미널, 불필요한 병원방문, 행사참여, 여행 등) • 확진자, 접촉자, 증상 의심자 관련된 경우, 출근 전 부서장에게 보고
확진자 동선 근로자	• 확진자와 업무상 동선이 겹치는 경우, 부서장 판단하에 업무진행 검토 • 면세점·백화점, 마트 등 유통채널 상주 근무자는 단축근무, 휴업 등 고려(제품창고, 매장 내 출입 시 KF80, 방진마스크 2급 이상 마스크 필수 착용) • 차량 탑승 전 소독 실시(차량 손잡이, 핸들, 핸드카 손잡이), 매장 내 비품 소독 • 열이 있는 직원 발열체크 • 확진자 동선 근무자 KF80 마스크, 장갑, 소독제 등 감염 예방물품 추가지급

사업장 집단감염이 의심되면 확진자와 접촉자를 구분하고 조치를 취한다. 확진자는 완치까지 격리치료하며 사업장은 매일 소독을 실시한다. 접촉자는 심각, 경계, 주의 군으로 나누어 조치사항에 따라 실행한다.

구분		확진자와 접촉자 구분기준	조치사항
확진자		• 코로나바이러스 감염증 검사 확진자	• 완치까지 격리치료 • 사업장 소독 • 발열체크(매일 2회)
접촉자	심각	• 질병관리본부 기준 접촉자(유증상기 2미터 이내 접촉자 및 동거가족, 마스크 미착용상태 기침한 경우 같은 공간 소재) • 확진자 마스크 미착용 근무 시 접촉자(10미터 이내 같은 공간 근무자, 10미터 이내 테이블 식사자, 동거가족 중 접촉자, 지하철 같은 칸, 버스, 비행기 포함 차량 동승자 전원, 엘리베이터에서 기침 시 동승자) • 확진자가 마스크 착용 시 접촉자(5미터 이내 공간 근무자, 5미터 이내 테이블 식사자, 직접적인 신체접촉자, 회의참석자, 차량 동승자)	• 접촉1일+14일까지 자가격리 • 사업장 소독(통근버스 포함) • 격리종료 후 건강상태 양호 시 근무 • 출근 후 7일간 마스크 필수 착용 • 발열체크(매일 2회) • 근무지 동선 최소화

경계	• 확진자 방문공간에 방문시간 이후 3시간 내 방문자(마트, 매장, 병원, 학교, 영화관 등)	• 접촉1일+8일부터 출근 • 격리종료 후 건강상태 양호 시 근무 • 발열체크(매일 2회) • 근무지 동선 최소화	
주의	• 증상 의심자 발생 시 해당부서 전원 및 접촉자(같은 공간 근무자, 직접 신체접촉자) • 질병관리본부 접촉자와 최근 14일 내 접촉자(직접 신체 접촉한 자, 동가족 중 접촉자, 차량 동승자, 같은 테이블 식사자) • 확진자 방문 공간 당일 또는 다음 날 방문자	• 정상근무 • 발열체크(매일 2회) • 기본사항 준수강화	

사업장의 코로나19 예방을 위한 행동지침 10가지를 보면, 기업은 감염병 예방을 위한 지침을 제정하고 감염병이 발생하지 않도록 노력하고 있다. 코로나19로 인한 국가적 혼란에 대응하기 위해 기본수칙 준수와 협조가 절실하다는 것을 강조하였고 구체적이고 실천 가능한 지침이다. 감염병 위기상황을 극복하기 위해 기업이 솔선수범해야 한다.

코로나19 예방을 위한 사업장 행동지침

• 3인 이상 모여서 하는 회의, 출장 등을 금지하며 일상 업무는 전화나 이메일로 수행합니다.
• 스스로 체온이 높거나 호흡기 이상증상을 느끼면 출근하지 말고 즉시 부서장에게 통보하고 기준에 따라 조치를 진행합니다.
• 사업장 출입 모든 인원은 100% 체온측정 및 기록을 하고 마스크를 착용합니다.
• 체온이 37.5도 이상이 확인되면 즉시 격리조치하고 동선 구간의 소독과 보고를 합니다.
• 꼭 필요한 공사 작업 외부인원도 주관부서에서 동일하게 관리합니다.
• 운송차량 기사, 공사업체 등 외부인의 사내식당 이용은 불가합니다.
• 식당은 반드시 부서별 이용시간을 준수하고 불필요한 대화를 자제하며 식사전후에 식당 공간, 식탁, 의자 소독을 합니다.
• 사무 공간 및 개인 사무용품은 스스로 업무 전, 후로 소독을 실시합니다.
• 감염이 심한 지역은 방문하지 않도록 하며, 가능한 한 외출하지 않고 확진자와 접촉, 해외여행 시 보건담당자에게 알립니다.

식사시간	사내식당 이용대상 부서
11:30~12:30	물류(물류 직접 지원부서 포함)
12:30~13:30	생산(생산 직접 지원부서 포함)
식당이용 금지	영업(전체 외근직원)

코로나19가 심각 단계에 이르면 내부인원도 서로 접촉을 최소화하기 위해 출입동선을 구분하며 사내식당 이용에 제한을 두기 시작해야 한다. 먼저 상주 협력회사를 제외한 공사인원과 방문자의 사내식당 이용이 금지된다. 외부인과 접촉하는 외근직 영업부서의 사내식당 이용금지도 병행하여 실시된다. 직원 간의 코로나19 교차 감염을 예방하기 위하여 사내식당 이용시간을 분리하고 확대하여 운영한다. 식사시간은 평시대비 두 배로 늘리고 식사하는 직원 사이에 아크릴로 만든 칸막이를 설치한다.

구분	주기	코로나19 심각 단계 사업장 방역방법과 세부내용	
개인 방역	매일	• 전 직원 체온측정	• 출근 시 발열감시 모니터링 • 부서별 체온측정 • 식사 시 발열감시 모니터링
		• 마스크 착용, 손 씻기	• 2일 1회 전 직원 마스크 지급 • 휴대용 개인 소독 알코올 지급
공용시설 통제	상시	• 헬스장, 탁구장 등 통제	• 심각 단계 해제 시까지 헬스장, 탁구장 등 다중이용시설 통제
이동 동선 소독	매일	• 출입구 손잡이, 계단 손잡이 알코올 소독	• 75% 에틸알코올로 주 출입구, 손잡이 소독
전체 방역	주1회	• 분무기 이용 방역실시	• 사업장 외곽 지역, 사무실 방역 실시
출입구 방역	매일	• 분무기 이용 방역 실시	• 상시 출입 현관·로비 매일 방역

코로나19 심각 단계에서는 사업장 방역을 개인방역, 공용시설 통제, 이동 동선 소독, 전체 방역, 출입구 방역으로 구분하여 실행한다.

사업장에서는 최근 디지털방송 시스템의 확산으로 코로나19 예방수칙 준수의 협조를 요청하는 방송을 하고 있다. 방송 내용을 문서로 입력해 저장하여 매일 아침 업무 시작 시 코로나19 예방수칙을 음성으로 제공한다. 디지털방송

시스템은 근골격계질환 예방 스트레칭 실시에도 매일 활용하고 있다.

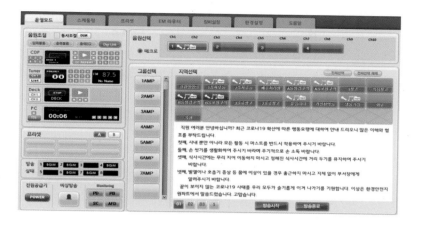

코로나19 사업장 확진 사례

2020년 6월 11일 경기도 광명시 소재 A자동차 공장은 직원 2명이 코로나19 양성 판정을
받아 하루 생산라인 가동이 중지되었다. 직원 A씨는 2020년 10월 오후 서울 고대구로병원
에서 검사를 받고 코로나19 확진 판정을 받았고, 11일 오후에는 공장 직원 A씨가 확진 판
정을 받았다.

이로 인해 전체 근로자가 6천 명인 A자동차 공장은 11일 엔진생산라인을 제외한 전 생산라
인이 가동을 중지하고 공장 내부 방역소독을 실시했다. 하루 작업 중지로 주야로 나누어 출근
예정이던 4천 명의 직원이 휴무에 들어가면서 1,300대의 차량생산이 차질을 빚었다.

04 스마트 사업장 안전관리의 추진방향

감염병과 사업장 안전 패러다임

인공지능, 로봇, 빅데이터, 가상현실VR, 증강현실AR, 클라우드 컴퓨팅 등은

4차 산업혁명 시대를 대표하는 기술이다. 우리 생활에 큰 변화를 가져오고 있는 스마트 기술은 안전관리 영역에서도 활발하게 활용되고 있다. 사업장 안전관리 패러다임이 법규준수에서 기술적 모니터링으로 전환되고 있다. 스마트 공장에서 본격적으로 제품을 생산하는 시대에는 컴퓨터에 능숙한 안전보건 담당자가 필요하다.

디지털전환digital transformation 시대에 코로나19가 발생했다. 현재는 코로나19 대유행의 장기화가 불가피한 상황이다. 모두 언제 코로나19가 종식될까 궁금해 하지만 아무도 모른다. 처음에는 여름이 오면 상황이 나아지지 않을까 생각했다. 이제는 1~3년은 지속된다고 전망을 하는 사람도 있고, 백신이 나올 때까지 종식은 불가능하다는 전문가의 견해도 있다.

재택근무를 하면서 안전보건이 달성될 수 있는 방안을 찾아야 한다. 기존의 법규준수만 하겠다는 발상으로는 안전보건에 심각한 위협이 언제든 다시 찾아올 수 있다. 안전보건을 위협하는 위험요소가 크게 증가하고 있는 현실에서 위해요소의 기술적 모니터링으로 패러다임 전환에 실패한 조직은 시장에서 도태된다. 미래에는 안전보건이 기업 경쟁력의 핵심이 될 것이므로 안전보건 업무의 범위와 깊이를 지속적으로 확장해나가야 한다.

법규준수 위주의 안전보건 업무 수행방식을 빨리 탈피해야 한다. 기업이 자율적으로 목표와 수준을 설정하고 스스로의 안전수준을 높여나가야 한다. 경영진의 건강과 안전에 대한 책임의식 향상과 진두지휘가 필요하다. 코로나19가 기업경영에 미치는 영향이 막대한 만큼 예방수칙과 같은 협조요청 사항을 CEO 메시지 형태로 만들어 전 직원에게 주기적으로 제시하여야 한다.

코로나19로 안전보건 활동의 수행영역을 사업장 내부로만 국한하기 어려워졌다. 주52시간 근무제 정착으로 근로시간이 단축되고 교통의 발달로 지방에서도 수도권에 도착하여 친구나 동료를 만나고 여가를 보내는 삶이 가능해졌다. 코로나19 시대에는 출퇴근과 집에서의 휴식, 주말과 휴일의 나들이 가이드라인도 제시해주어야 한다.

마스크의 상시적 착용이 하나의 대안이 되겠지만 여름철이 되면서 온도와 습도가 높아지고 호흡이 힘들어 마스크 착용률이 감소하고 있다. 비말차단용 마스크가 착용률을 향상시켜 감염병 확산 예방에 기여하고 있다.

협력회사와의 안전보건 협업문제도 검토하여야 한다. 코로나19 감염예방을 위한 대응, 안전사고 예방을 위한 긴밀한 관계유지와 실질적 안전보건 활동의 공동 수행이 필요하다. 협력회사와 매월 1회 이상 협의회를 개최하여 안전보건 문제를 논의하고 개선방안을 결정하고 이행해나가야 한다. 협력회사 근로자의 건강을 보호하기 위해 소독과 방역약품의 위험성을 알리고 물질안전보건자료 MSDS의 활용법과 보호구 착용의 중요성도 홍보해야 한다.

감염병과 스마트 안전기술

코로나19 시대의 스마트 안전기술로 열화상과 안면출입시스템, 로봇, 사물인터넷IoT 안전모, 인공지능AI, 디지털 플랫폼, 스마트 워치, 유해가스 자동감지, 빅데이터를 들 수 있다.[89]

열화상과 안면출입시스템은 제조와 건설현장에 도입되어 정착되고 있다. 열화상과 안면인식 시스템은 근로자 건강이상을 사전에 감지하고 작업현장 출입도 실시간으로 관리할 수 있다. 장점은 열 감지센서 기능이 출입감지와 일체화되어 근로자의 건강상태와 출입이력을 한 번에 확인할 수 있다. 무인으로 운영하기 때문에 관리자를 추가 배치할 필요도 없다.

로봇은 기술의 초기에 인체의 상지upper limb의 모습을 하고 움직임이 3축 이상의 자유도를 갖는 다관절 기계를 의미하였다.[90] 현대에는 사람과 같은 형

| 출입시스템 | 4족 보행로봇(GS건설) |

상을 한 로봇으로 발전하였다. 인력운반 시 요통과 같은 근골격계질환을 예방하기 위한 들기 작업 보조지원 웨어러블 로봇도 나왔다. 장애물이 있거나 편평하지 않는 지형에서도 이동 가능한 4족 보행 로봇이 실용화되었다.

　사물인터넷과 인공지능 기술은 시설관리나 공정제어에 운용된 기술이 안전관리로 확대하여 적용된 것이다. 생산공정 내의 핵심 모터 설비를 사물인터넷으로 실시간 모니터링하고 고장 전에 교체를 통해 사고를 사전에 예방한다. 안전관리 적용사례로는 유해가스 감지센서, 열화상 카메라를 갖춘 자율주행 차량이 유해가스, 화재폭발 정보를 수집하여 통합방재센터에 전송하여 사고발생을 예방하고 있다. 유해가스로 인한 질식 사고를 예방하기 위해 밀폐공간 유해가스 농도 실시간 측정과 경고음 송출이 이루어진다.

| 자율주행 차량(현대오일뱅크) | 스마트워치(포스코) |

지능형 안전모는 산불재난 대응 시 실시간 상황전달, 원활한 소통을 통한 안전 확보를 목표로 진행된다. 산업현장에서도 실시간 위험상황 파악이나 안전 유지를 위해 지능형 안전모 활용이 확대되고 있다.

디지털 플랫폼은 지능형 CCTV, 딥러닝deep learning 기반 영상분석 기술을 적용한 사례이다. 공정의 설비 이상, 화재폭발, 유류 또는 화학물질 누출을 감지하여 사고를 선제적으로 대응한다. 감시요원이 보지 않아도 이상상황을 자동으로 감지하여 즉시 경고를 해주고 현장에서 상황파악과 대응이 가능하도록 한다.

스마트 워치 기술은 근로자의 넘어짐, 추락위험, 심박수 이상이 감지되면 즉시 신호를 발령하여 구조와 구급의 골든타임을 확보한다.

유해가스 자동감지 기술은 밀폐작업공간에 유해가스 누출과 확산 현황을 모니터링할 수 있어 유해가스의 사고위험을 정확히 감지하고 사전에 신속하게 대응한다.

빅데이터 기술은 수십만 개의 설비사양, 도면, 정비이력의 다양한 정보를 실시간 검색하고 활용할 수 있도록 한다. 많은 설비로 구성된 장치산업의 경우에 정보가 부서 또는 단위공장별로 개별 관리되면서 최신 정보를 확인하는 데 많은 시간이 소요되는 문제를 개선해준다.

A기업은 코로나19 대응 노하우를 살리기 위해 언택트untact 기술 사업화에 박차를 가하고 있다.[91]

A기업의 코로나19 언택트 기술 사업화 사례

A기업은 코로나19 대응을 위해 클라우드 PC, 인공지능, 로봇 프로세스 자동화RPA를 기반으로 한 비대면 사업을 강화하고 있다. 재택근무제 운영 시 사내 업무용으로 활용 가능한 기술을 사업화하고 있다. 집에서도 회사와 같은 환경으로 일할 수 있도록 해주는 클라우드 PC 서비스는 27개 회사 14만 명이 활용하고 있다.

회사 출입문 얼굴인식 출입통제 시스템에서 마스크 착용여부와 이상 고온을 측정하는 기술도 사업을 확대하고 있다. 마스크를 입과 코까지 제대로 착용하지 않거나 체온이 37.5도를 넘으면 출입을 막는 기능은 성능이 입증되었다. RPA기술을 활용한 코로나 자가진단 서비스는 매일 아침 직원에게 메시지를 보내 건강상태를 확인하고 있다.

지게차 안전 향상을 위한 개선사례를 중심으로 4차 산업혁명 시대의 작업
환경 개선연구가 진행되었다. 지게차에 적용된 4차 산업혁명 기술은 전후방카
메라, LEDLight Emitting Diode 경고등, 근접센서, 후방감지기, 좌석벨트 인터록, 속
도계 인터록이다.[92]

전후방카메라는 전진과 후진 시 모니터가 켜지며 지게차 운전자가 화면을
확인하고 전·후진을 할 수 있어 근로자의 지게차 충돌사고를 예방할 수 있다.
LED 경고등은 지게차 좌·우, 후방 3면에 부착한 빔 형태 LED등을 창고의 바닥
에 투사하여 보행자에게 시각적 정보를 전달한다.

| 전후방 카메라 | LED경고등 |

근접센서는 지게차나 보행자가 위험 지역에 출입하면 감지하여 경보음을
발하는 청각적 위험정보 전달방법이다. 후방감지기는 후진 중에 초음파로 물체
를 감지하여 운전자와 보행자에게 경고음을 발신한다.

좌석벨트 인터록은 앉아서 조종하는 좌식 지게차에 설치한다. 지게차 운전
자가 안전벨트를 체결하지 않으면 시동이 걸리지 않는다. 지게차가 넘어지면 지
게차 아래에 운전자가 깔리지 않도록 운전자를 보호한다. 속도계 인터록은 속도
계에 인터록을 설정하여 시속 10킬로미터 이하로 주행하도록 한다. 거북이 모드
로 속도가 설정되어 비상상황 발생 시 대처할 수 있다,

사망사고 절반 이상을 차지하는 건설업의 추락사고 예방에 스마트 안전기
술의 적용도 확대되어야 한다. 끼임, 충돌, 질식과 같은 제조업 사고, 미끄럼·넘
어짐·추락과 같은 서비스업 사고를 예방할 수 있는 스마트 안전기술의 적용도

근접센서   후방감지기

계속 진행되어야 한다. 코로나19 시대가 안전보건 접근을 새롭게 고민하고 전화
위복하는 계기가 되도록 해야 한다.

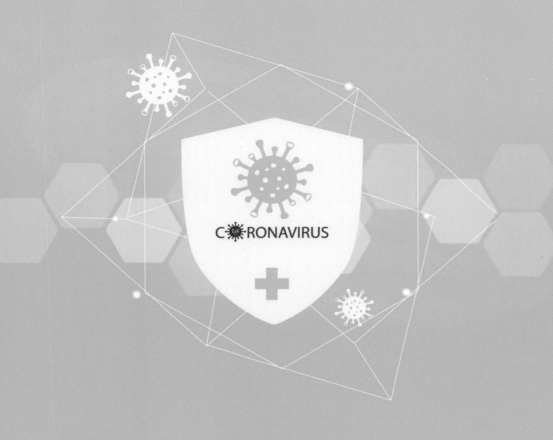

06

코로나19와 4차 산업혁명 시대의 안전보건교육

01 코로나19와 안전보건교육

코로나19로 정지된 안전보건교육

팬데믹은 그리스어로 모두를 뜻하는 판pan과 사람을 뜻하는 데믹demic의 합성어로 전염병이 세계적으로 전파하는 상태를 의미한다. 신종 인플루엔자에 이어 두 번째로 팬데믹을 선언한 것이다.

코로나19로 경제활동이 위축되고 기업 간 거래와 생산이 감소하면서 소비도 위축되는 악순환이 계속되고 있다. 정부는 한국판 뉴딜 등 포스트코로나 시대를 대비하여 선도형 경제기반 구축 노력도 가속화하고 있지만 경기회복이 그리 쉽지 않을 것이란 전망이다.

이처럼 기업이 생존에 대한 문제에 집중하다 보니 산업현장의 안전보건에 대한 관심은 자연스럽게 모든 논제에서 멀어져가는 현상이 발생하고 있다.

최근에 코로나19의 영향으로 사람 간의 활동이 대면에서 비대면 문화로 변화하면서 사람 간의 접촉을 꺼리는 현상이 발생하고 있다. 마주보고 이야기할 때는 반드시 마스크를 착용하는 것이 예의이고 착용하지 않으면 눈총을 받는다.

지하철, 버스 등 대중교통을 이용하거나 엘리베이터, 강연, 극장 등 다중이용시설을 이용 시 방역수칙을 준수하지 않으면 눈살을 찌푸리거나 다툼이 발생하기도 한다. 길거리나 지하철, 마트, 공공장소에는 마스크를 착용하지 않은 사람이 없다.

이제 문화가 바뀐 것이다. 기업들도 코로나19로 인하여 사람들이 교육장, 강당 등 제한된 공간에서 모일 수 없게 되면서 안전보건교육이 정상적으로 진행되지 못하고 있다. 코로나19의 감염을 염려하여 기업에서 근로자가 일정공간에 집합하거나 모이는 것에 대한 거부감이 높고 때로는 원천적으로 차단하는 경우도 있다.

사업장의 근로자는 감염병 위험 때문에 정상적으로 안전보건교육이 진행되지 못함에 따라 위험과 유해요인에 노출될 수밖에 없고, 재해는 증가할 수밖에 없다.

기업은 방문자에 의한 감염병 예방을 위해 외부 사람은 사내에 출입하는 것을 원천적으로 차단하고 필요시 접견실에서 응대하거나 업무를 수행하도록 방역기준을 설정하고 관리하고 있다. 안전보건교육도 코로나19에 대응할 수 있는 새로운 패러다임이 필요한 시점이다.

코로나19 시대의 안전보건교육 대응지침

정부에서는 신종 코로나바이러스 감염증 관련 안전보건교육 조치사항으로 안전보건관리책임자, 안전관리자, 보건관리자에 대한 직무교육의 이수기간을 유예하여 주었다.[93] 직무교육 이수 유예기간은 감염병 재난상황이 해제된 날로부터 6개월 이내 이수한다. 상황 해제일로부터 6개월 후라도 직무교육을 수강

출처: 대한산업안전협회 교육장

할 수 없는 경우에는 상황 해제일로부터 6개월 이내에 직무교육을 접수하고, 12개월 이내에 직무교육을 이수한 경우 과태료 부과 대상에서 제외한다.

근로자와 관리감독자 정기교육도 신종 코로나바이러스 감염병 예방을 위해 감염병 재난 상황 해제 시까지 정기교육을 회의실, 교육장에서 집합교육을 자제한다. 만약 교육장에서 실시할 경우 1m 이상 거리두기, 감염병 예방수칙의 안

내문 부착, 손 세정제, 마스크 비치, 교육 전 온도
체크 등 코로나19 감염병 예방을 위한 지침을 준
수한다.

근로자 정기교육은 공정별 또는 작업별 과,
반, 조 등 소규모 단위로 실시하고 특정장소에 집
결하기보다 각자 위치에서 교육받을 수 있도록 권
고하고 있다. 매월 2시간씩 실시해야 하는 근로자
정기교육을 한번에 모두 실시하는 것보다 매일 또
는 격일 단위로 분할해서 실시하되 가급적 1회 30
분을 넘지 않도록 하고 작업 전 5분 또는 10분 교

감염병 예방을 위한 발열체크
출처: 대한산업안전협회

육, 현장미팅TBM, tool box meeting을 실시하도록 하였다.

교육자료는 가능한 서면자료로 배포하기보다는 카카오톡, 밴드, 이메일 등
전자적 방법으로 배포하고 교육내용을 주지토록 한 후 관리감독자가 교육대상
근로자별로 질의 응답하여 교육내용의 숙지여부를 확인하는 방법으로 정기교육
을 실시하도록 하였다.

교육장 코로나19 방역지침

✓ 1일 2회 이상 시설물 소독 및 환기 실시(문 손잡이, 난간 등 특히 손이 자주 닿는 장소 및
물건하고, 주 1회 이상 전체 방역실시)

✓ 출입구 및 시설 내 각처에 손 소독제 비치

✓ 출입구에서 발열, 호흡기 증상 여부 확인

✓ 최근 2주 사이에 해외 여행력이 있는 사람, 발열 또는 호흡기 등 유증상자, 고위험군 출입
금지(체온은 1일 2회 점검하고 37.5도 이상 시 귀가 조치)

✓ 교육생 및 종사자(교육진행직원 및 강사) 전원 마스크 착용(교육 전날 마스크 착용 후 참석
안내문자를 발송하고, 마스크 미착용자에 한해 일회용 마스크 지급)

✓ 교육생 간 좌석 간격은 최소 1m 이상 유지(2인용 책상은 옆 자리와 앞자리가 비도록 지그
재그로 않도록 자리 배치)

✓ 교육시작 전 과정 안내 시 코로나19 예방 동영상 방영

근로자가 다양한 장소에서 분산근무하는 경우에는 가급적 소규모 단위로 자체교육을 실시하도록 권고했다. 정부는 코로나19 관련 안전보건교육 조치사항을 일선 현장에 전달하였지만 조치사항을 준수하며 집합교육을 추진하기에는 많은 어려움에 봉착할 것이다.

02 안전보건교육의 현 실태

안전보건교육의 필요성

산업재해가 발생하는 요인은 크게 인적 요인과 물적 요인으로 구분할 수 있다. 안전보건교육은 이중 인적 요인과 관련성이 높아 안전관리를 추진하는 실무자 입장에서 불안전행동을 예방하는 것이 중요하다.

불안전행동을 유발하는 요인으로서는 위험에 대한 지식의 부족, 기능의 미숙, 안전에 대한 의식의 부족, 인간특성에 의한 실수 등으로 설명할 수 있다. 이러한 불안전 행동으로 재해는 발생할 수 있고 이는 안전보건교육과 매우 밀접한 관련이 있다.

우리나라는 아직도 안전에 대한 낮은 국민의식, 사업주의 안전경영에 대한 인식 부족, 근로자의 안전보건수칙 준수 미흡으로 사고성 사망재해나 산업재해가 선진국에 비해 높은 수준이다. 따라서 사고를 예방하고 근로자의 불안전한 행동을 근원적으로 차단하기 위해서는 안전보건교육이 강조된다.

작업장에서는 기계·설비에 방호장치를 설치하고 안전상의 조치를 실시하여 사고를 예방하는데 노력해도 비정형화 작업에 의한 불안전한 동작, 순간적인 판단, 행동 실수의 원인에 의한 사고가 발생하는 경우가 많아 안전보건교육의 역할은 매우 중요하다.

가동 중인 기계에 이상이 발생하면 안전상의 조치 후 수리작업을 해야 한다. 이러한 조치를 하지 않고 기계에 손을 넣었을 때, 기계가 작동하여 손이 다치는 사고가 발생한다. 사고를 예방하기 위해서는 사전에 위험성을 인지하고 조치할 수 있도록 안전보건교육을 실시하는 것이 중요하다. 직장 내 구성원의 성

사회적 거리두기를 위해 1인 1책상으로 안전교육을
진행하는 모습
출처: 대한산업안전협회 교육장

별, 연령, 경험 등의 다양성과 개인별 능력의 차이에 의한 문제를 보완하는 데도 안전보건교육의 중요성은 분명해 보인다.

안전보건교육의 필요성을 보면 근로자는 외부의 위험과 유해요인으로부터 자신의 신체와 생명을 보호하려 한다.[94] 그러나 이러한 의지에도 불구하고 재해가 발생하는 이유는 안전하게 작업하거나 행동할 수 있는 안전수칙 등 매뉴얼에 대한 숙지가 부족하기 때문이다. 사고의 많은 현상은 위험에 대한 인지능력이 부족하여 발생하는 경우가 많다. 안전보건교육을 실시해야 하는 이유는 위험에 관한 지식이나 직업성 질환 등에 대한 지식을 숙지하여 효과적으로 사고나 질환을 예방하는 데 있다.

그리고 과거 발생한 재해의 경험을 바탕으로 기계·기구 및 설비의 기술은 안전하게 발전해왔고, 인적 요인에 대한 발전은 안전보건교육을 통해서 발전되어 왔다. 작업장에 안전한 기계·기구, 설비를 설치하여도 안전의 확보는 결국 근로자의 판단과 안전한 행동에 따라 좌우되기 때문이다.

사업장의 위험성이나 유해성에 관한 지식, 기능, 태도들이 습관화되기까지 반복하여 교육과 훈련을 해야 한다. 안전보건교육을 주기적으로 반복하여 실시하는 이유는 인간의 망각률 때문으로 안전보건교육의 반복 실시를 통해 안전의식과 지식을 유지하기 위함이다. 사람은 어떤 내용을 학습하면 시간에 따라 망각하게 된다. 에빙하우스는 일정한 기간을 두고 정기적인 반복적인 학습을 했을 경우, 처음에 기억상태를 유지하는 데 많은 도움이 된다고 하였다.

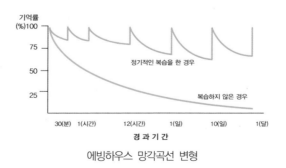

에빙하우스 망각곡선 변형

코로나19로 사업장 내 감염병이 발생하면 기업의 생산 차질과 근로자 건강에 미치는 영향 때문에 안전보건교육을 통해서 감염병을 미연에 예방할 수 있도록 방역수칙을 주기적으로 교육해야 한다. 시시각각 변화는 감염병에 대응하고 내부적인 방역관리와 외부활동에 따른 방역으로 구분하여 교육과 관리가 필요하다.

산업현장에서 안전보건교육의 중요성이 강조되고 있지만, 여러 가지 재해예방활동과 마찬가지로 안전보건교육 역시 실효성의 문제가 제기되고 있다. 근로자에 대한 안전보건교육은 법적 의무사항이고 생산활동에 필요한 투자가 아닌 비용이나 근로손실의 개념으로 인식하는 경향이 있고, 형식적으로 실시하거나 위반하는 사례가 빈번하게 발생하는 실정이다. 대기업들은 교육시스템과 인프라강사, 교육장, 교육 기자재를 구비하여 자체적으로 안전보건교육을 실시하고 있으나 우리나라 기업의 대부분을 차지하고 있는 중·소규모 사업장의 경우에는 안전보건교육에 대한 시스템과 인프라 등이 부족하여 실효성 있는 교육을 못하고 있는 것이 현실이다.

2020년 개정된 산업안전보건교육규정에서 사업장의 현장교육으로 소규모 단위로 근로자들에게 위험예지훈련 등 작업 전·후 실시하는 단시간 교육을 정기교육으로 인정하고 있다. 사업장 여건에 따라 자체적으로 시행하는 안전보건교육을 중시하는 방향으로 정책을 수립해나가고 있다. 사업장에서 이러한 정책의 방향성을 충분히 이해하고 정책이 실효성을 거두는 데 필요한 교육역량과 안전문화를 가지고 있는지, 자율적인 적절한 운영관리체계를 수립해두고 있는지에 대해서는 심층적인 분석이 필요하다.

재해율이 높은 50인 미만 사업장의 재해 감소는 사고의 원인이 되는 물적·인적 요인의 관리가 관건이다. 그중 인적 요인에 대한 관리 측면에서 보면 무엇보다 안전보건교육이 중요시되어야 한다. 안전보건교육을 통해서 근로자의 안전의식을 높이고 사고를 사전에 예방할 수 있다.[95]

또한 50인 미만 사업장은 교육수행 측면에서도 교육시간, 교재, 강사에 대한 정보와 투자가 부족하고 환경적인 요인도 열악하기 때문에 대안을 제시하기가 쉽지 않은 것이 현실이다.

근로자는 안전하고 건강하게 일을 할 권리가 있으며, 사업주는 근로자가 안전하고 건강하게 일을 할 수 있는 환경을 조성하고 건강 유지에 노력할 책임이 있다. 최근에 생산되는 위험기계기구 및 장치, 설비는 사고가 발생하지 않도록 방호장치나 안전상의 조치가 강구되어야 판매가 가능하다.

그러나 아무리 사업주가 방호장치를 설치하고 안전상의 조치를 하더라도 그것을 사용하거나 취급하는 근로자가 안전상의 의무를 태만하면 재해와 연관될 수밖에 없다. 또한 유해물질의 취급 시 물질안전보건자료MSDS를 숙지하지 못하고 작업을 할 경우에 직업성 질환에 이환되는 경우도 많다.

근로자가 작업장 내 유해·위험 요인에 대한 지식을 갖고, 적절하게 대응할 능력을 배양하여 근로자 스스로 자신을 보호하고 각종 사고를 사전에 예방하기 위하여 사업주는 근로자에게 안전보건교육을 실시하도록 의무화하고 있다. 산업안전보건법에서는 근로자를 대상으로 실시하여야 할 교육을 크게 5가지로 분류하고 있다. 정기교육, 채용 시 교육, 작업내용 변경 시 교육, 유해위험업무 종사 시 특별교육, 건설업 기초안전보건 교육이다.

산업안전보건법 제29조(근로자에 대한 안전보건교육)

① 사업주는 소속 근로자에게 고용노동부령으로 정하는 바에 따라 정기적으로 안전보건교육을 하여야 한다.

② 사업주는 근로자를 채용할 때와 작업내용을 변경할 때에는 그 근로자에게 고용노동부령으로 정하는 바에 따라 해당 작업에 필요한 안전보건교육을 하여야 한다. 다만, 제31조제1항에 따른 안전보건교육을 이수한 건설 일용근로자를 채용하는 경우에는 그러하지 아니하다. 〈개정 2020. 6. 9.〉

안전보건교육은 근로자가 업무를 수행하는 과정에서 발생할 수 있는 산업재해를 예방하기 위하여 사업주의 책임하에 실시하도록 규정하고 있다. 따라서 근로시간 내에 실시하는 것을 원칙으로 하고 교육을 실시하는 데 필요한 비용

안전보건 교육종류	교육대상		교육시간
정기교육	사무직 종사 근로자		매분기 3시간 이상
	사무직 종사 근로자 외 근로자	판매업무에 직접 종사하는 근로자	매분기 3시간 이상
		판매업무에 직접 종사하는 근로자 외의 근로자	매분기 6시간 이상
	관리감독자의 지위에 있는 사람		연간 16시간 이상
채용 시 교육	일용근로자		1시간 이상
	일용근로자를 제외한 근로자		8시간 이상
작업내용 변경 시 교육	일용근로자		1시간 이상
	일용근로자를 제외한 근로자		2시간 이상
특별교육	별표5제1호라목 각호(제40호는 제외한다)의 어느 하나에 해당하는 작업에 종사하는 일용근로자		2시간 이상
	별표5제1호라목 제40호의 타워크레인 신호작업에 종사하는 일용근로자		8시간 이상
	별표5제1호라목 각호의 어느 하나에 해당하는 작업에 종사하는 일용근로자를 제외한 근로자		– 16시간 이상(최초 작업에 종사하기 전 4시간 이상 실시하고 12시간은 3개월 이내에서 분할하여 실시가능) – 단기간 작업 또는 간헐적 작업인 경우에는 2시간 이상
건설업 기초 안전보건교육	건설 일용 근로자		4시간 이상

은 모두 사업주의 비용부담으로 실시하여야 한다. 자체적으로 교육을 수행하기가 어려운 경우에는 안전보건교육전문기관에 위탁하여 교육을 이수할 수 있고, 교육비 등 필요한 경비를 사업주가 부담하여야 한다.

현장 작동성의 장애 요인

일반적으로 안전보건교육의 현장 작동성이 낮은 원인으로 가장 많이 지적

되는 것은 교육이 형식적으로 실시하는 경우가 많다는 점이다. 효과적이고 현장 적용이 가능한 교육을 실시하지 않으면, 위험으로부터 근로자를 보호하기 어렵다. 이렇게 현장 작동성이 낮고 형식적인 교육이 이루어지는 원인으로는 안전보건교육일지가 교육내용, 참석자, 서명 등으로 단순하게 구성되어 있어 교육자료의 회람 등으로 교육을 실시한 것으로 처리하는 경우가 많다. 실제로 교육을 실시해도 사업장의 특성과 위험성을 충분히 반영되지 않고 법정 의무시간만 채우고 교육을 실시한 것으로 처리하는 경우도 있다.96)

안전보건교육을 효과적으로 실시하는 데 필요한 인적 자원과 예산이 부족한 사업장들도 많다. 내실 있는 교육을 실시하기 위해서는 사업장 내에서 안전보건관리 활동과 안전보건교육이 상호보완적인 관계로 작동해야 한다. 교육시작 전 작업장 내 유해위험 요인을 파악하고, 이를 개선하는 데 필요한 교육 주제를 선정하고, 교육이 완료된 이후에는 교육성과에 대한 부분이 관리되어야 하나, 사업장은 이에 필요한 인적 자원이나 시간이 부족한 경우가 많다.

안전보건교육의 실시 의무를 위반한 사업주에게 부과되는 과태료도 문제이다. 최근에 과태료의 금액을 상향으로 조정하였으나 좀 더 내실 있고 실효성 있는 교육이 되기 위해서는 과태료 부과 금액을 더 인상되어야 한다고 생각한다. 지금도 상당수 기업이 안전보건교육을 실시하지 않거나 형식적으로 실시하는데 과태료 부과 금액이 현실성이 없으면 법 준수가 소홀해질 수밖에 없다.

과태료 부과 대상 교육과정		안전보건교육 의무 위반 시 1명당 과태료 금액(만 원)		
분류	소분류	1차 위반	2차 위반	3차 위반
근로자 안전보건 교육	근로자 정기교육	10	20	50
	채용시교육	10	20	50
	작업내용 변경시교육	10	20	50
	건설업기초안전보건교육	10	20	50
	관리감독자교육	50	250	500
	특별교육	50	100	150

산업안전보건법에 안전보건교육 의무를 위반 시 부과되는 과태료 금액은

예를 들어 근로자 정기교육은 1차 위반 시 교육 대상자 1인당 10만 원을 20만 원으로 2차 위반 시 1인당 20만 원을 50만 원으로, 3차 위반 시 50만 원을 100만 원으로 인상해야 할 필요가 있다. 관리감독자교육도 1차 위반 시 50만 원을 100만 원으로, 2차 위반 시 250만 원을 300만 원으로 인상할 필요가 있다.[97]

우리나라는 사업장에서 안전보건교육을 미실시할 경우 3차에 걸쳐 과태료를 부과하도록 되어 있다. 하지만 미국, 일본, 영국은 벌금형 또는 징역형을 취하고 있다.

미국의 경우 단순히 안전보건교육 미실시에 대한 처벌규정만 있는 것이 아니라 권고부터 기소까지 세분화하여 처벌하고 있다. 일본의 경우는 신규채용 시 교육을 실시하지 않을 경우는 50만 엔 이하의 벌금, 특별교육을 실시하지 않을 경우는 6개월 이하의 징역이나 50만 엔 이하의 벌금에 처하고 있다. 미국 OHSAct, 미연방규칙과 영국사업장보건안전법은 안전보건교육에 대하여 자율적으로 시행하지만 사고가 발생 시 처벌규정이 무겁게 적용된다. 반면 일본노동안전위생법은 우리나라처럼 강제로 안전보건교육을 실시하도록 규정되어 있다.[98]

사업주가 고의 또는 태만으로 법정 교육을 실시하지 않더라도 경제적 부담이 크지 않은 수준의 과태료를 부과하면 사업주는 안전보건교육의 의무를 준수하려는 의지가 낮을 것이다. 사업장에서 교육 실시 의무의 위반에 대해 어느 정도 경각심을 가지고 경제적 손실이 발생하도록 과태료 금액을 단계적으로 인상하는 것을 고려해볼 필요가 있다.

안전보건교육 실시 의무 면제와 관련된 사항이다. 전년도 산업재해 미발생 사업장은 당해 연도 근로자 안전보건교육근로자 정기교육, 관리감독자교육을 50% 면제하도록 되어 있다. 이는 안전보건교육이 갖고 있는 특성의 이해가 부족하여 발생한 것이라 판단된다.

산업재해를 예방하기 위해서 안전보건교육을 지속적으로 반복하여 실시하는 것은 근로자의 안전의식을 고취하고, 일정수준의 안전의식을 유지하는 데 목적이 있다.

> 제27조(안전보건교육의 면제) ① 전년도에 산업재해가 발생하지 않은 사업장의 사업주의 경우 법 제29조제1항에 따른 근로자 정기교육(이하 "근로자 정기교육"이라 한다)을 그 다음 연도에 한정하여 별표 4에서 정한 실시기준 시간의 100분의 50 범위에서 면제할 수 있다.

특히 50인 미만 사업장은 전체 산업재해의 약 80%를 차지하여, 열악하고 영세한 소규모 사업장의 안전보건교육 시간을 면제한다는 것은 재해예방의 연속성 측면에서 고려해야 된다.

전년도에 재해가 발생하지 않았다고 다음 연도의 안전보건교육 시간을 일부 면제하면 근로자의 안전의식이 그 전년도처럼 계속 유지될 수 있을지 의문이다. 매월 또는 매년 반복하여 안전보건교육을 실시하는 것은 인간의 망각률과 수시로 변화는 현장상황에 대처하기 위함이다.

대기업같이 안전 인프라, 시스템, 인적 자원이 확보된 경우에는 어느 정도 이해가 되지만 전체 산업재해의 약 80%를 차지하는 소규모 사업장에 교육시간을 일부 면제하는 것이 타당한지에 대해서는 심도 있게 논의를 해야 한다.

물론 사업장에 대한 안전보건교육 실시 의무를 일부 면제하는 것은 전년도에 산업재해의 미발생에 대한 보상차원이다. 그러나 산업현장에서 수많은 산업재해가 은폐되고 있는 현실에서 안전보건교육의 일부 면제가 적절한지에 대해서는 논의할 필요가 있다. 아직도 산업현장에서는 한해에 산업재해로 다치거나 질환에 이환되는 근로자가 10만 명이 넘는다는 사실을 잊어서는 안 된다.

코로나19로 사업장에서 감염병에 대한 방역조치를 하면서 안전보건교육을 실시하는 것은 여러 가지 현실적인 어려움이 많다. 하지만 포스트코로나 시대를 대비하여 안전보건교육에 대한 실효성과 방법에 대한 다각적인 노력과 시도가 필요한 전환기적인 시점인 것도 현실이다. 우리나라 산업재해의 약 80% 정도가 소규모 사업장5인 미만이 약 35% 정도, 5~50인 미만이 43%에서 발생한다. 매년 정부는 전년도 재해발생 사업장이나, 재해의 위험이 높은 소규모 사업장50인 미만에 대한 안전보건 민간위탁사업을 지원하지만 효과가 있는지 의문스럽다.

안전관리자를 자체 선임하고 매일 안전관리를 전담해도 재해 감소가 쉽지 않은 현실에서 민간재해예방기관이 일 년에 몇 번 방문해서 얼마나 큰 효과를 볼 수 있을지 의문이다. 차라리 소규모 기업의 관리자, 근로자에 대한 안전교육을 지원하면 현실성 있는 도움이 될 것이다. 교육을 통해서 현장의 문제점, 위험성, 대책을 교육하면 효과적이라고 생각한다. 대부분 소규모 기업들은 자체적으로 교육하기에는 인력, 시설, 인프라가 부족하기 때문에 안전보건교육의 법정 의무시간을 채우기도 어려운 실정이다. 정부에서 예산을 지원하고 민간 교육기관이 소규모 사업장에 교육을 지원할 수 있는 제도를 만들어서 시행하면 산업재해를 감소하는 데 도움이 될 것이다.

소규모 사업장에 안전보건관리를 지원하는 민간재해예방기관이 지도, 점검을 하면서 안전보건교육까지 수행하는 것은 한계가 있다. 전년도 재해발생 사업장부터 단계적으로 시행해보고 재해감소에 효과가 있으면 확대하여 시행하는 것을 검토할 필요가 있다.

03 코로나19 시대의 비대면 안전보건교육

대면교육에서 비대면교육으로

코로나19로 인해 사회적 거리두기를 시행하던 2020년 4월에 총선이 있었다. 선거하기 위해 국민들은 마스크를 착용하고 투표소에서 2m 이상 거리를 두고 줄을 섰다. 자기 투표 차례가 오면 손 세정제로 소독한 후 비닐장갑을 착용하고 투표를 하였다. 총선을 치르고 나면 선거과정에서 확진자가 발생하여 코로나 감염자가 급격히 증가할 것이라고 예측했다.

전 세계는 코로나19가 한창 확산하던 시기라서 우리나라의 선거과정을 초미에 관심을 갖고 지켜보았다. 하지만 많은 걱정과 우려와는 달리 총선과 관련한 감염자는 발생하지 않았다. 총선이 끝나고 사회적 거리두기에서 생활 속 거리두기로 방역체계가 완화되면서 K-방역의 위력을 세계에 과시했다.

세계는 한국의 방역체계에 또 한 번 놀라움을 감추지 못했다. 우리나라의 방역시스템이 잘 작동하는 것은 선진화된 의료수준과 질병관리시스템, 국민의 적극적인 참여가 있었기에 가능했다. 사스, 메르스 등 전염병을 겪으면서 질병관리 시스템에 대한 투자와 노력을 해온 덕분이다.

전국에 540만이 넘는 초, 중, 고등학생이 개학을 해야 하는데 코로나19 때문에 개학을 못하고 있는 상황이었다. 더 이상 개학을 연기 할 수가 없어서 등교를 강행하려 했으나 집단감염의 위험 때문에 끝내 원격수업과 부분 등교수업 방식으로 시작하였다.

처음에는 서버가 다운되거나 많은 혼란이 발생하리라 예상했지만 예상외로 큰 문제없이 진행되었다. 초기에는 운영에 혼선이 발생하고 안정이 되지 않았지만 우려했던 만큼 큰 혼란은 없었다. 외국의 상황을 보면 미국의 경우는 뉴욕, 워싱턴 D.C, LA에서도 원격수업을 시행하고 있지만 학습자료나 과제를 나눠주는 수준이고 프랑스도 원격수업을 시작했지만 미국처럼 강의 영상과 학습 자료를 제공하는 방식이었다. 학교를 정상 개학했다가 코로나19 확진자가 급증하자 다시 휴업에 돌입한 싱가포르도 학습자료를 주고받는 수준의 원격수업만 시작했다. 우리나라처럼 원격수업을 양방향 시스템으로 운영하는 사례는 거의 없는 것으로 나타났다. 우리나라가 세계 최고의 정보통신기술과 인프라를 갖추고 있고 컴퓨터·스마트폰 보급률도 높아 양방향 원격수업이 가능했던 것이다.

사업장은 근로자에 대한 정기적인 안전보건교육을 실시해야 하는데 코로나19의 강한 전염성으로 인해 안전관리자와 근로자가 같은 공간에 대면할 수 없게 되면서 안전보건교육이 정상적으로 이루어지지 않고 있다.

안전보건교육은 근로자 정기교육, 신규채용자 교육, 작업내용 변경 시 등 필요한 교육을 사유가 발생 시 실시해야 한다. 코로나19로 근로자가 일정공간에 모이는 것을 가급적 제한하기 때문에 기업의 집합교육은 어려워졌다. 따라서 비대면 방식의 원격교육이 하나의 대안으로 부상하고 있다.

그동안 안전보건교육은 주로 대면 방식의 집합교육 중심으로 실시하여 왔고 근로자 정기, 신규 채용 시, 작업내용 변경 시 교육은 자체적으로 시행하였다. 관리감독자교육, 특별교육 등 전문성을 요구하는 경우에는 안전보건교육전문기관에 위탁하여 이수하는 경향이 많았으나 감염병을 우려하여 안전보건교육을 보내는 것이 쉽지 않은 실정이다.

최근에 코로나19의 감염자수가 감소하고 통제가 가능한 범주에 들어오면서 조심스럽게 집합교육을 시작하고 방역수칙을 철저히 준수하는 범주에서 운영하고 있지만 불안하긴 마찬가지이다.

한 명이라도 확진자가 발생하거나 확진자와 접촉한 사람이 발생하면 교육은 전면 중단되고 접촉자는 전원 코로나19 검사를 실시하고 그 공간은 폐쇄가 되는 문제가 발생하기 때문이다. 그래서 코로나19 시대의 원격교육이 중요하게 강조되고 있다.

원격교육은 교수자와 학습자가 직접 대면하지 않고 인쇄교재, 방송교재, 통신망 등을 매개로 하여 교수·학습 활동을 하는 형태의 교육이다. 시간적, 공간적 제약을 받지 않고 원하는 시간에 원하는 장소에서 학습할 수 있는 교육방식이다.

방송통신대학 같은 고등교육기관과 온라인 교육기관, 사이버 대학, 기업체 연수, 통신 강좌 같은 교육 프로그램에 널리 활용되고 있다. 원격교육은 일정한 시간에 강의내용을 통신매체를 이용하여 방송하면 교육생들은 이를 실시간으로 청취하거나 녹음 또는 녹화를 해서 학습하기도 한다.

그러나 최근에 초창기의 원격교육이 갖고 있는 일방향성one-way을 극복하고 양방향two-way의 상호작용이 가능하게 되었다. 교육생들은 원격교육을 지원하는 사이트에 접속하여 강사로부터 영상 강의를 듣기도 하고 학습과 관련된 많은 정보를 상호작용하면서 보다 능동적으로 학습에 참여할 수 있다.

최근에 정보통신기술의 발달로 빠른 속도로 다양한 원격교육이 개발되고 발전하고 있다. 그래서 효과적으로 원격교육을 활용하려면 원격교육이 갖고 있는 특징을 이해할 필요가 있다.

스마트 기기와 기술 등 최첨단 정보통신기술을 활용함으로써 학습과정에서 학습자 간의 상호작용이 가능한 특징을 지닌다. 상호작용 학습의 구현으로 일방향적인 지식 전달에서 벗어나 상호작용을 통한 학습효과를 극대화할 수 있다. 특히 소셜 네트워크를 활용한 커뮤니티 기반 소셜러닝의 개념은 원격교육에서 기존 이러닝의 한계로 여겨졌던 상호협력 기능을 보완하는 역할을 할 수 있다.

그리고 자기주도적인 학습설계를 위한 환경조성과 창의적인 학습역량 개발에 기여하고 일, 여가와 학습의 경계가 허물어지면서 학교교육 외 다양한 형태의 교육인 비형식학습이 공식적이고 형식적인 학습공간으로 편입되는 특성을 보인다.[99]

원격교육은 이러닝e-learning, 모바일 러닝m-learning, U-러닝ubiquitous learning이 있다. 이들 개념의 의미가 명확하게 정의되지 않고 조금씩 중복된다.

이러닝e-learning은 전자적 수단, 정보통신 및 전파 방송기술을 활용하여 이루어지는 학습이고 정보통신기술을 활용하여 수준별 맞춤형 학습을 할 수 있는 체제이다.

출처: 대한산업안전협회 원격교육홈페이지

또한 컴퓨터를 중심으로 인터넷과 같은 네트워크를 매개체로 작용하여 이루어지는 학습이라고 할 수 있다. 따라서 이러닝이란 전자적 수단 또는 정보통신기술을 이용하여 시간과 장소에 구애됨이 없이 이루어지는 교육활동이다.

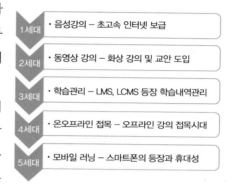

이러닝은 학습자가 원하는 장소에서 원하는 시간에 학습할 수 있는 개방성, 학습방법과 진도에 대한 결정권을 학습자가 가지는 융통성, 여러 곳에 나누어진 학습자원을 한곳에서 활용하는 분산성을 특징으로 삼는다.

이러닝의 발전 단계별 세대 구분을 해보면 1세대는 초고속 인터넷 보급으로 목소리를 녹음하여 강의하는 음성강의, 2세대는 화상 및 강의교안이 도입된 동영상 강의이다.

3세대는 학습관리시스템LMS, learning management system과 콘텐츠 관리시스템LCMS, learning contents management system의 등장으로 학습시간과 참여도 등 학습내역 관리가 이루어져 질적으로 성장한 세대이다.

4세대는 온라인과 오프라인 강의를 접목하는 온·오프라인 접목시대이다. 최근에는 5세대 스마트폰이 등장하면서 휴대성을 장점으로 내세운 모바일 러닝 시대로 구분되어진다.[100]

모바일 러닝m-learning은 이러닝에 포함되는 하나의 학습형태로 볼 수 있으며, 장소와 이동에 제약을 받지 않는 장치에 의해 이루어지는 학습이다. 모바일 러닝은 스마트폰, PDA, 노트북과 같은 무선기기를 통해 이루어지는 학습이다. 교수학습 상황에 따라서 PDA나 모바일 폰, 랩탑 컴퓨터 등과 같은 모바일 및

휴대용 IT 기기들을 활용한 학습이다.

이처럼 모바일 러닝에서는 학습자가 이동 중에 모바일 기기를 사용함으로써 시간과 공간의 제약을 벗어나서 좀 더 유용한 학습활동에 참여가 가능해지고 있다.101)

아이폰 출시 전에는 노트북, 태블릿 PC, 핸드폰과 같은 모바일 기기로 이루어지는 교육을 모바일 러닝이라 한다. 그러나 스마트폰의 선두주자인 아이폰 출시 이후는 스마트smart라는 신조어의 사용이 두드러지면서 최근에 많이 사용되는 스마트 러닝은 스마트폰을 활용한 학습이다. 즉 여러 모바일 기기를 활용하는 모바일 러닝과 달리 스마트폰 기기를 활용한 학습만을 지칭하는 의미가 강하다.

U-러닝ubiquitous learning은 유비쿼터스 학습환경을 기반으로 교육생이 시간, 장소, 환경에 구애받지 않고 일상생활 속에서 언제, 어디서나 원하는 학습을 할 수 있는 교육 형태이다. 유비쿼터스 시대는 사람을 중심으로 컴퓨터가 인간의 생태환경에 통합되어 인간을 지원하고 촉진하게 된다. 따라서 유비쿼터스 시대의 교육은 사람이 중심이 되는 교육, 실생활과 밀접히 관련되어 현실감이 증대되는 교육, 참여와 상호작용이 활성화되는 교육을 의미한다.

이러한 유비쿼터스 기술의 발달로 교육환경은 모든 컴퓨터가 서로 연결되어 있으나, 이용자 눈에는 보이지 않으며 언제, 어디서나 이용이 가능하고, 현실세계의 사물과 환경 속으로 스며들어 일상생활에 통합되는 형태로 변화하고 있다.

U-러닝은 인터넷 네트워크 테크놀로지를 통해 학습을 지원한다는 측면에서 이러닝과 유사한 점이 있다. 그러나 유비쿼터스 네트워크가 물리적 환경과 연계되어 자신도 알지 못하는 사이에 전자공간에서 학습을 지원받게 된다는 점에서 이러닝과 구별된다.102)

안전보건교육의 원격교육 도입

원격교육을 안전보건교육 분야에서 도입하는 초기에는 법정 의무교육으로 인정 여부와 실효성 때문에 많은 진통과 갈등이 있었다. 사업주 측과 근로자 측은 도입 여부를 놓고 서로 의견이 상충되었다.

사업주 의견은 정보통신기술이 빠르게 발전하고 있고 교육생의 다양한 교육방식의 선택권이 필요하다고 하였다. 근로자 측은 자칫 형식적인 교육에 그치거나 근무시간외에 교육을 이수하도록 강요할 것을 우려하였다. 양측의 의견이 팽팽하게 대립하다 교육방식의 선택권 보장과 IT기술의 발달로 원격교육의 도입 필요성을 받아들여 단계적으로 시행하였다.

도입 초기에는 안전보건관리책임자 교육부터 원격교육으로 시행하였다. 기업에서 안전보건관리책임자는 통상 사업주나 임원인 경우가 많은데 바쁜 안전보건관리책임자가 직접 원격교육을 이수하지 않거나, 이수해도 형식적인 교육이 될 가능성이 높았기 때문에 우려를 많이 했다. 시행 후 원격교육에 대한 효과와 기대치가 집합교육보다 낮았고 부작용이 발생하였다.

2019년 1월부터 원격교육에 대한 안전보건교육규정이 개정되었다. 예를 들어 안전보건관리책임자 교육은 보수교육6시간의 경우 원격교육으로 이수할 수 없다. 원격교육으로 이수를 원할 경우 4시간은 집합교육, 2시간은 원격교육으로 이수하도록 개정하였다. 사업주 측의 의견과 근로자 측의 의견을 종합적으로 반영한 것이다.

관리감독자교육연간 16시간의 경우에 대기업은 자체 교육프로그램을 수립하고 계획하에 교육을 실시하지만, 자체적으로 교육인프라가 구축되지 않은 대부분의 기업은 안전보건교육전문기관에 의뢰하여 교육을 이수하고 있는 실정이다.

관리감독자 교육도 도입 초기에는 원격교육으로 이수할 수 있도록 허용했다. 그러나 대리수업을 받거나 형식적으로 이수하는 경우가 많아서 실효성에 대한 문제가 제기되어 왔다. 그래서 집합교육과 원격교육을 혼합한 혼합과정으로 이수할 수 있도록 개정되었다. 혼합과정으로 교육을 이수하고자 하는 경우에는 년 16시간 중 집체교육 8시간, 원격교육 8시간으로 이수하도록 규정하고 있다.

인터넷 원격교육 홈페이지[103]
출처: 대한산업안전협회

안전보건교육이 집합교육 중심으로 시행되었다면 정보통신기술의 급속한 발전으로 교육방법을 혼합하여 실시하는 방향으로 변화하고 있다. 그래서 기존의 교육방식인 집합교육과 코로나19로 주목받고 있는 원격교육을 비교하고자 한다.

집합교육은 강사와 대면하여 소통을 하기 때문에 즉각적인 피드백이 가능하고, 공감대가 형성되어 서로에게 긍정적인 효과를 주고 실험과 체험에 참여할 수 있다. 원격교육은 시간과 공간의 제약이 없어 자유롭게 강사와 피드백이 가능하고, 정보제공이 용이하고 개별학습 시간의 제한이 없기 때문에 자유롭게 학습이 가능하다.

반면 집합교육은 정해진 시간과 장소에서 한정된 인원에 대해서만 가능하고 개인의 특성을 고려하기 어렵고 장시간 교육으로 효율성이 저하될 가능성이 높다. 원격교육은 즉각적인 의사소통이 어렵고 PC 사용 능력을 고려해야 한다. 동료그룹과의 소통부족으로 학습효과에 대한 공감대 형성이 부족하며 체험과 실험의 참여가 어렵다.

집합교육과 원격교육의 장점을 반영하고 단점은 보완할 수 있는 교육방법의 개발이 필요하다. 현재의 원격교육은 효과와 실효성에 대한 지속적인 문제제기가 되고 있어 원격교육이 보완해야 하는 숙제로 남아 있다.

구분	집합교육	원격교육
학습형태	강사주도 학습	자기주도 학습
장점	1. 강사와 면대면 커뮤니케이션으로 즉각적인 피드백 가능 2. 동료그룹이 쉽게 형성되어 서로에게 긍정적인 영향을 끼침 3. 실험, 체험 등 직접 참여	1. 시/공간 제약 없이 자유롭게 강사와 피드백 가능 2. 정보제공 및 공유수단 용이 3. 개인역량별 자율 및 개별학습 수행시간 제한 없음(발표/그룹토의 가능)
단점	1. 정해진 시간, 장소에서 한정된 인원에 대해서만 교육가능 2. 개개인의 특성을 고려하기 어려움 3. 장시간 교육으로 교육효율성 저하	1. 기술력에 의존(인프라 구축 必) 2. PC사용 능력의 우선적 고려 3. 즉각적인 의사소통 결여 4. 콘텐츠 제작의 기술적, 인력적 부담 5. 실험, 체험 등 참여의 여려움

안전보건교육의 원격교육 방법

산업안전보건법에 의한 안전보건교육 구분을 보면 직무교육, 정기교육, 채용 시 교육, 특별교육, 작업 내용 변경 시 교육, 기초안전보건교육으로 구분된다.

과거 집합교육 또는 원격교육으로 이수하던 것이 집합과 인터넷으로 혼합하여 개편된 것은 그동안 많은 시행착오 끝에 정착한 결과이다.

처음에는 집합교육만 법정교육으로 인정하던 것이 IT기술의 발달로 원격교육으로 이수가 가능해졌다. 기업에서 교육방법의 다양성과 편리성을 주장하였고 그것이 인정되어 시행한 것이다. 그러나 시행 전 우려했던 것처럼 원격교육을 형식적으로 실시하거나 다른 사람이 대신 교육을 받는 등 부작용이 발생하였다. 지금은 이러한 점들을 보완하여 집합교육, 원격교육, 혼합교육 등 다양한 방법으로 교육할 수 있도록 혼합과정으로 개정되어 운영되고 있다.

산업안전보건법에 의한 인터넷 원격교육 종류와 과정별 교육프로세스를 소개하면 근로자 정기교육은 사무직은 매분기 3시간 이상, 사무직 외는 매분기 6시간 이상 이수하여야 하고 수료기준은 최종평가 60점 이상이다. 신규 채용 시 교육은 작업 투입 전 8시간이 이수하여야 하며 수료기준은 최종평가 60점 이상이다.

구분			교육시간 및 교육방법		시기
직무 교육	안전보건관리책임자	신규보수	집체	6시간	• 신규: 선임일로부터 3개월 이내 • 보수: 신규교육 이수 후 매2년마다 전·후 3개월 이내
			혼합 (집체+인터넷)	집체 4시간+ 인터넷 2시간	
	안전관리자	신규	집체	34시간	
			혼합 (집체+인터넷)	집체 24시간+ 인터넷 10시간	
		보수	집체	24시간	
			혼합 (집체+인터넷)	집체 16시간+ 인터넷 8시간	
	안전보건관리담당자	보수	집체	8시간	
정기 교육	근로자(사무직)		집체	3시간	매 분기 *집체: 위탁 시 상/하반기 실시 가능 -예: 상반기 12시간(사무직 외)
			인터넷		
	근로자(사무직 외)		집체	6시간	
			인터넷		
	관리감독자		집체	16시간	매년
			우편교육		
			혼합 (집체+인터넷)	집체 8시간+ 인터넷 8시간	
채용 시 교육	신규채용자		집체	8시간	신규채용 시
			인터넷		
특별안전 보건교육	근로자		집체	16시간	작업 투입 전
			혼합 (집체+인터넷)	집체 11시간+ 인터넷 5시간	

근로자 정기안전보건교육 절차

관리감독자교육은 연간 16시간을 이수하여야 하며 교육방법은 우편교육, 혼합교육, 인터넷 교육으로 이수할 수 있다. 관리감독자 교육은 다양한 방법으

구분	우편 교육	혼합 교육	인터넷 교육
교육 방법	교재 수령 및 학습 → 온라인 시험 응시	집체교육(8시간) → 원격교육(8시간)	원격교육(8시간) (나머지 8시간 추가 이수 필요)
개설일	매월 1일 과정 개설	집체교육 수료 후 원격교육 과정 자동 입과	결제일로부터 30일
수료 기준	평가 응시 후 총점 60점 이상	평가 응시 후 총점 60점 이상	평가 응시 후 총점 60점 이상

교육 접수　　집체 교육 수강　자동 입과　　원격 교육 수강　　수료
　　　　　　　(8시간)　　　　　　　　　　(8시간)

관리감독자교육(혼합과정) 절차

로 이수할 수 있도록 선택의 폭이 넓다. 이것은 사업주와 근로자 사이에서 안전과 보건을 담당하는 중간관리자로서 중요한 역할을 수행하기 때문이다. 현장에서 발생하는 사고의 원인은 기계기구·설비의 이상, 근로자의 불안전한 행동, 부주의 등 다양한 원인으로 사고가 발생한다. 관리감독자가 이러한 사고원인들을 발견하고 예방할 수 있는 핵심적인 역할을 수행하기 때문이다.

중간관리자로서 직무와 역할을 수행하기 위해서는 필요한 안전보건교육을 이수해야 한다. 관리감독자의 직무를 보면 기계기구·설비의 안전점검, 근로자에 대한 안전보건교육, 산재발생 시 응급조치 등을 수행한다. 중간관리자로서 현장에서 안전보건에 관한 중요한 역할을 수행해서 관리감독자 교육을 중요시하는 것이다.

관리감독자 우편교육 과정은 교재를 우편으로 받아서 근로자가 스스로 학습한 후 웹에서 평가를 통해 수료하는 자기주도형 교육 프로그램이다. 수료기준은 최종평가 60점 이상이다.

2018년까지는 인터넷으로 관리감독자교육을 이수할 수 있었다. 그러나 2019년 1월부터 안전보건교육규정이 개정되어 인터넷 교육으로 관리감독자 교육을 연간 16시간 이수가 불가하면서 집합 8시간, 원격 8시간의 혼합 교육과정으로 변경되었다. 수료기준은 최종평가 60점 이상이다.

인터넷 교육은 인터넷으로 8시간 교육을 이수하고, 자체 또는 안전보건교육전문기관에서 8시간 집합교육을 이수하는 과정이다. 수료기준은 최종평가 60점 이상이다.

원격교육, 미래 안전보건교육의 마중물

코로나19로 인하여 초·중·고등학교는 생애 첫 온라인 개학을 두려움과 우려 속에 시작했다. 걱정했던 것보다 훌륭히 잘 대처했다는 평가를 받고 있다. 선진국들도 우리나라의 대처와 인프라에 놀라움과 부러움을 표시하고 있다. 그럼에도 불구하고 이번 코로나19로 인한 원격교육 수업은 미래 원격교육 정책수립과 역할과 기능, 인프라를 재정비해야 할 필요성을 통감했다.

원격교육은 대면교육보다 교육의 집중도, 완성도, 이해도 등 질이 떨어진다는 것이 통념이지만, 교육생의 참여와 상호작용을 증대하고 양방향two-way 교육방법을 개발하여 새로운 콘텐츠 확충으로 교육의 질을 높여가야 할 것이다.

원격교육은 누구나 언제 어디서든 강의를 수강할 수 있는 기회를 가진다는 것이 장점이다. 그러나 코로나19로 인해 학교의 경우에는 친구 사귀기, 어울려 놀기 등 학교에서 이뤄지는 활동은 원격교육으로 대체될 수 없다는 사실을 알게 되었다. 교사의 역할은 단순히 교과 내용 학습을 돕는 게 아니라 지덕체를 포함한 전인교육을 수행하는 것이다.

출처: 연합뉴스(온라인 개학)

교사들은 원격수업 경험을 통해 수업 내용 전달만이 아니라 그 바탕이 되는 소통과 동기부여 등이 중요하다는 것을 깨달았을 것이다. 앞으로도 등교수업과 원격교육을 융합하려는 교사들의 창의적인 노력이 필요하다.

산업현장의 안전보건교육도 단순

히 지식을 전달하는 방식이 아닌 소통과 동기부여가 가능한 교육방식으로 전환해야 할 필요성이 있다. 기업의 안전보건교육도 향후 원격교육의 활성화를 위해서는 지식전달뿐만 아니라 소통과 동기부여도 가능한 콘텐츠를 개발해야 한다.

코로나19 발생 전에는 안전보건교육이 주로 집합교육 방식으로 실시하였으나, 코로나19 감염병의 확산으로 부득이 원격교육으로 대처되는 현상이 나타나고 있다. 그러나 감염병 대처가 어느 정도 가능한 기업들은 안전보건교육을 실시하려고 노력하겠지만, 감염병 관리가 쉽지 않은 소규모 사업장은 거의 멈춰버린 상태이다. 그만큼 현재 상황이 쉽지 않은 것을 의미한다. 그래서 향후 감염병 재확산에 대비하여 산업현장에서 적용할 수 있는 다양한 원격교육의 개발이 필요하다.

포스트코로나에도 원격교육이 각광을 받고 활성화될 수 있을지는 미지수다. 다만 집합교육과 원격교육이 잘 융합해서 각각의 필요한 장점을 잘 활용한다면 안전보건교육의 미래 마중물이 될 수 있다.

04 4차 산업혁명 시대의 안전보건교육

우리 사회의 경제, 산업, 기술 분야에서 가장 큰 화두는 4차 산업혁명이다. 4차 산업혁명시대의 산업현장은 스마트 공장, 로봇 등의 시스템이 소프트웨어와 서로 결합되어 실시간 상호작용하는 가상물리시스템, 즉 CPScyber physical system 기술을 기반으로 하는 것이다. 이 CPS 기술을 이루는 핵심 기술이 바로 가상현실과 증강현실 기술이다.

가상현실과 증강현실 기술은 CPS 기술을 이루는 핵심 기술로서 미래의 제조업부터 서비스업에 이르기까지 전 산업 분야에 큰 영향과 파급효과를 미칠 것으로 보인다. 이러한 기술의 발달은 교육 분야에서도 일방향one-way의 교육방식에서 양방향two-way 교육방식으로 전환하는 계기가 되고 있다.

과거에는 텍스트, 사진, 컴퓨터, 동영상 등을 활용하여 지식과 정보를 전달하는 방식으로 발전해왔지만 경험 위주의 가상현실 교육은 지식과 경험을 전달할 수 있는 새로운 교육의 영역으로 자리 잡아가고 있다.

최근 우리나라도 코로나19로 인한 비대면 방식을 선호하면서 생활방식에 대한 모습이 변화하고 있다. 키오스크를 통한 무인 서비스의 확대, 온라인 생중계, 가상 소셜룸, 비대면 화상회의 등 접촉의 필요성을 줄이고 정보를 전달하고 시행해야 될 교육 분야 또한 비대면 방식으로 바뀌고 있다.

가상현실(VR)과 증강현실(AR)의 이해

가상현실VR, virtual reality은 현실의 특정한 환경이나 상황을 컴퓨터를 통해 그대로 모방하여 사용자가 마치 실제 주변 상황·환경과 상호작용을 하고 있는 것처럼 만드는 기술이다. 1960년대 3D 컴퓨팅을 이용한 상호작용 연구에서 시작하여 비행기나 우주선의 조종을 위한 시뮬레이션 기술을 거쳐 발달했다.

영화 매트릭스나 아바타와 같은 영화를 통해 가상현실의 개념이 대중화된 이래, 2010년대 이후 HMDhead mounted display 기술 개발이 상용화되면서, 의학, 생명과학, 로봇공학, 우주과학, 교육학 등 다양한 분야에서 활용되고 있다.

증강현실AR, augmented reality은 실제 환경에 가상의 사물을 합성하여, 실세

계에 존재하는 사물처럼 보이도록 하는 컴퓨터그래픽기법이다. 현실세계에 실시간으로 가상세계를 합쳐 하나의 영상으로 보여주기 때문에 혼합현실MR, mixed reality이라고도 한다. 1990년 항공회사 보잉의 톰 코델이 항공기의 복잡한 전선 조립과정을 실제 화면에 가상의 이미지를 덧씌워 설명하면서, 증강현실이라는 개념이 알려지기 시작했다.

2002년에 개봉된 영화 마이너리티 리포트에서 주인공의 손가락이 움직이는

대로 화면에 각종 정보와 자료가 나열되던 장면을 떠올리면, 좀 더 이해하기 쉬울 것이다.

증강현실은 가상현실과 구별된다. 가상현실은 온라인게임처럼 눈에 보이는 것이 모두 컴퓨터그래픽인 허상을 뜻한다. 반면 증강현실은 증강이라는 말에서 알 수 있듯이, 실제현실에 부가적인 정보나 의미를 보강하는 것을 뜻한다.

예를 들어 미래의 배낭족은 처음 여행하는 곳에서도 길을 잃을 염려가 없다. 증강현실을 활용한 특수 안경을 쓰면 지리정보가 펼쳐지기 때문이다. 즉 현실세계의 정보를 풍성하게 만드는 것이 바로 증강현실이다. 이 같은 특성 때문에 증강현실은 유비쿼터스 환경에 적합한 차세대 디스플레이 기술로 각광받고 있다.

최근에는 가상·증강현실에서 나아가 혼합현실 기술이 등장하고 있다. 혼합현실은 현실을 기반으로 가상 정보를 추가하는 증강현실과 가상환경에 현실 정보를 부가하는 증강가상의 정보를 포함한다. 혼합현실은 완전 가상세계가 아닌 현실과 가상이 자연스럽게 연결된 스마트 환경을 사용자에게 제공한다. 일기예보나 뉴스 전달을 위한 방송국 가상 스튜디오, 스마트폰이나 스마트안경에서 촬영한 영상을 바탕으로 보여주는 지도 정보, 항공기 가상훈련, 가상으로 옷을 입어볼 수 있는 거울 등으로 다양한 분야에서 사용된다.

혼합현실(MR, Mixed Reality)

현실(real)   증강현실(AR)   증강가상(AV)   가상(virtual)

가상현실(VR)과 증강현실(AR)의 사례

가상현실과 증강현실 기술은 이미 다양한 분야에서 활용되고 있다. 이 기술들은 게임, 테마파크, 교육, 국방, 스포츠, 의료, 유통, 예술 분야 등 여러 분야에서 다양하게 활용되고 있다. 세계시장에서 VR·AR 기술은 콘텐츠의 비중이 높고 시각적인 효과가 높은 오락·엔터테인먼트 분야를 중심으로 발전하고 있다. 특히 게임, 테마파크, 스포츠를 주축으로 국내·외 기업이 관련 콘텐츠를 시장에 활발히 출시하고 있다.[104]

외국의 VR 체험교육 사례를 보면 미국 NASA의 영상 기록물과 오디오를 그대로 활용하고 제작한 아폴로 11 VR이다. 1969년 암스트롱이 달을 탐사한 역사적인 순간을 글이나 동영상으로 보았다면 이제는 VR 콘텐츠를 통해 암스트롱과 함께 아폴로 11을

아폴로 11 VR
출처: 아일랜드 VR 스타트업

타고 지구를 떠나 달에 착륙하여 달 표면을 탐사할 수 있게 되었다.[105]

마이크로소프트사는 AR 마이크로 소프트 홀로렌즈를 통해 신체를 직접 해부하지 않고 골격, 근육, 장기, 신경 등 신체 내 특정 부위를 확대하여 관찰하고 이들 부위가 어떻게 작동하는지를 보여주었다.

마이크로소프트 홀로렌즈 VR
출처: 마이크로소프트 홀로렌즈 VR

정부는 청소년들에게 안전하고 유익한 스포츠 교육 프로그램가상현실 스포츠실을 지원하기 위해 전국 초등학교에 가상 체육활동 공간을 보급하였다. 실내에 설치된 화면과 움직임을 인식하는 전방위 카메라를 통해 학생들이 화면 위의 공으로 맞히거나던지기, 차기 등, 화면 속의 신체 동작을 따라하는 것이다. 시·공간의 제약 없이 위험요소를 제거한 환경에서 안전하게 체육활동을 즐길 수 있는 공간을 마련하였다.

출처: 스포츠서울

학생들의 적극적인 참여를 유도하고 운동 기피군, 여학생, 장애학생들에게 균등한 체육활동을 제공할 수 있는 체험형 학습을 지원하는 실감형 콘텐츠를 개발하여 디지털교과서에 적용한 사례이다.106)

출처: CBS 노컷뉴스

모 건설회사의 안전체험학교는 총 19개의 교육 및 체험 시설로 구성하고 굴착기, 크레인 등 대형 장비를 체험할 수 있도록 하였다. VR 장비를 통해 교육생들이 고위험 작업을 체험할 수 있다. 건설현장의 5대 고위험 작업으로 꼽히는 고소작업, 양중작업장비 등으로 중량물을 들어올리는 작업, 굴착작업, 전기작업, 화재작업 등이 가능하다.

교육생들은 VR을 통해 위기상황에서 스스로 위험 요소를 제거하는 활동을 할 수 있다. 건설현장에서 발생할 수 있는 각종 추락과 전도 상황을 실제 체험하고 완강기, 안전벨트 등 안전 장비 착용법도 실습할 수 있다.107)

가상현실(VR)의 안전보건교육 적용

안전보건교육용 VR 콘텐츠는 모바일 기반 VR과 PC 기반 VR로 구분한다. 모바일 기반 VR은 스마트폰으로 체험할 수 있도록 휴대 및 이동이 편리하고 별도 PC나 장비의 연결 없이 체험한다. PC 기반 VR은 PC에 설치된 별도의 시뮬레이터를 이용해 체험할 수 있도록 개발되어 있다.

VR 콘텐츠를 개발하려면 주제 선정, 시나리오 구성, 기획까지 꼼꼼히 구상하는 것이 중요하다. 안전보건 분야도 개발해야 하는 업종, 사고 유형, 유해·위험요인, 주변 환경 등 콘텐츠 주제 및 시나리오 구성이 다른 분야보다 세밀하고 복잡하다.

콘텐츠 제작 시 최근 산업재해 발생 추이 및 동향도 조사하여 주제 설정에 반영하고 체험자의 흥미 유발과 몰입감을 극대화 시킬 수 있는 시나리오로 구성해야 효과가 있다.

안전보건교육전문기관에서 활용하는 모바일 기반 VR 콘텐츠 사례를 보면 스마트폰의 앱 플레이 스토어에서 어플을 다운받고 실습공간에 들어가면 여러 가지의 폴더가 나오고 그중 하나를 선택하면예: 유해위험요인 고르기 작업현장의 위험요인들이 번호형태로 나타나고 번호를 누르면 유해위험요인들이 나온다. 이런 방법으로 계속하여 유해위험을 체험할 수 있는 사례이다.[108]

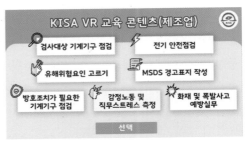

콘텐츠 선택

작업장 실습
출처: 대한산업안전협회 교육콘텐츠

PC를 기반으로 하는 VR 콘텐츠 사례는 정부기관 홈페이지에서 교육 · 미디어 폴더에서 안전보건 콘텐츠 보급에 들어가면 VR 전용관이 나오고 좌측에 사진 및 동영상 기반 VR 아래로 하부 목차가 나온다. 제조업 악성 사망사고 5종, 제조업 204종, 건설업 64종, 서비스업 71종, 위험기계기구 20종, 외국인 근로자 등 7가지 폴더로 구성되어 있다.[109]

클릭 전

클릭 후
출처: 안전보건공단

그중 시범으로 제조폴더에서 지게차 VR로 들어가면 화면에 상하로 움직이는 폴더가 나오고, 그 폴더를 클릭하면 클릭 전과 클릭 후로 구분해서 나타난다. 폴더를 클릭하면 상황에 맞는 필요한 정보를 제공해준다. 교육생들이 쉽게 접근하고 사용이 편하도록 제작되어 있다.

VR과 AR 체험자의 체험소감을 물어본 결과 VR · AR 콘텐츠가 사업장 산업재해 예방에 매우 도움이 될 것이고, 기존 안전보건교육에 비해 정보전달에 매우 효과적이라고 말했다.110) 기존에 텍스트, 동영상 중심의 강의식 교육보다 VR·AR 콘텐츠를 활용한 교육이 효과적이라는 것을 알 수 있다. 향후 교육효과를 극대화하기 위해서 교육용 VR·AR 콘텐츠 개발과 활용을 확대할 필요가 있다.

안전교육전문기관의 VR을 활용한 안전교육에 대한 1,194명을 설문조사한 결과를 보면, VR 안전교육이 안전의식 개선에 도움이 되고, VR 콘텐츠를 활용할 경우 교육 내용을 이해하는 데 도움이 된다고 하였다.111)

교육생의 학습효과는 강의식보다 실습형 교육프로그램을 더 선호하고 이론적인 교육보다는 교육생이 직접 참여하는 교육방식을 더 추구하는 것을 알 수 있다. 향후 교육과정 개발 시 현장의 현안과 문제점을 다양하게 반영하여 실습할 수 있는 VR 콘텐츠의 개발이 필요하다.

VR을 활용한 안전교육 실습장면
출처: 대한산업안전협회 교육장

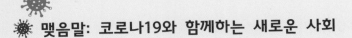

코로나19가 확산되면서 코로나 이전 시대before corona와 코로나 이후 시대 after corona로 나뉘었고, 곧 포스트코로나 시대가 도래할 것이다. 새로운 사회는 어떤 모습일지 고민해왔다. 하지만 기대와 다르게 코로나19 사태는 장기화되고 있다. 백신이 개발되어도 코로나19는 우리 생활 속에 계속 남아 있을 것으로 예상된다. 따라서 현실은 코로나와 함께 하는 시대with corona로 전개될 것이다.

코로나가 확산될수록 생활은 불편하고 경제활동은 위축되며 비대면 세상이 확장될 것이다. 그리고 철저한 감염병 방역은 국가가 존립해야 하는 이유가 된다. 국가 차원에서 체계적인 방역시스템이 강화될 것이다. 이러한 환경변화 속에서 다양한 방역활동의 방향을 살펴보고 경제활동과의 조화와 기업의 안전보건 역할에 대해서 전망해보았다.

경제는 우리가 먹고 생각하고 느끼는 모든 것이기에 위험수준을 제로로 만들 때까지 방역활동에 매진할 수만은 없다. 우리가 수용 가능한 위험수준을 합의로 만들고 어느 시점에서는 경제활동을 재개해야 한다.

방역의 성과를 당장은 감염자 숫자로 이야기하지만 어느 정도 시간이 지나면 경제에 미친 효과와 국가의 방역성과를 함께 평가할 수 있다. 우리나라는 K-방역이라고 불릴 만큼 잘 대처해왔지만, 경제에 미치는 영향에 대해서는 별도의 평가가 필요하다. 방역확산 정도, 생산활동과 가용 자원을 평가해보고 경제 재개 시점을 선행적으로 결정하지만, 사후에 보는 개시 시점에 대한 평가는 다를 수 있다. 궁극적으로 우리나라가 감염병 확산에 잘 대처했는가에 대한 방역적 평가와 더불어 경제대처효과를 포함한 종합적인 평가가 필요하다.

코로나19 이후의 방역활동 방향

코로나19는 선진국에 대한 일반적인 이미지를 완전히 바꾸었다. 유럽과 미국의 고도로 발달된 의료체제에 대한 신뢰가 무너졌다. 반면에 아시아 지역에서는 신속하게 대응하여 다른 대륙에 비해 상대적으로 빠른 안정을 보였다. 각 나라 지도자 결정에 따라 방역의 효율성이 다르게 나타났다. 방역과 정책적인 결정이 각 분야 간 협조가 잘 이루어질 때 효과적인 결과를 보였다. 우리나라 방역모델이 글로벌 스탠다드로 언급된 배경에는 도시나 일상생활을 봉쇄하지 않고 경제활동을 하면서 방역을 병행하였기 때문이다. 강제적으로 도시를 봉쇄하면 감염자는 감소하지만 경제적 위축이 심각해지므로 사전경험 없이 결정을 하는 것이 쉽지 않다.

일상생활과 경제활동을 유지하면서 방역을 함께 진행하는 것은 방역의 부담이 커지는 것이다. 일상생활에서의 방역수칙을 지키는 것은 일반 시민의 몫이다. 생활방역을 유지하기 위해서는 국민의 자율성이 중요하다. K-방역의 성공은 방역당국과 국민의 합작품이다. 백신이 개발되기 전까지 생활 속 거리두기와 방역수칙을 지켜야 일상생활을 유지할 수 있다.

코로나19처럼 감염력이 높은 호흡기 질환은 치명률이 낮다고 해도 감염자가 증가할수록 사망자도 늘어난다. 중국에서 감염자가 증가할 때 아시아 국가는 긴장하고 이에 대한 대응을 준비하고 있었다. 그러나 유럽이나 아메리카 대륙은 대비할 여유가 있었으나 대응 준비가 부족하였다. 그래서 유럽에서 감염자가 증가하기 시작하면서 의료자원, 생필품의 공급 등에서 혼란을 초래했다.

중국에서 2019년 12월 31일 발표 이전에 이미 코로나19에 노출된 감염자가 많았을 것으로 추측된다. 리원량을 포함한 8인의 의사들이 주장하기도 했고 예전과 다른 폐렴 증상 환자와 사망자에 대한 보고가 있었을 것이다. 일련의 사건들을 모두 간과하였다.

코로나19 바이러스가 인간에게 전파되는 특성이 있다고 발표되기 전에 이미 임상적으로 인간에서 인간으로 전파되고 있었다. 그래서 중국에서 폭발적으로 증가한 것으로 보인다. 중국에서 환자가 발생하고 나서 세계보건기구에 보고하기까지 지연된 시간이 있었다. 세계보건기구는 중국에서 발생한 코로나19의

심각함을 인지하기까지 시간이 걸렸다. 이렇게 기존과 다른 병원체가 나타나는데 이에 대해 의사결정하는 것이 감염병 대응의 어려운 점이다. 새로운 감염병이 나타나면 최일선에서 새로운 것으로 인지하는 데 시간이 걸린다. 병원체 특성이 밝혀지지 않은 상태에서는 관료조직하에서 감염병 위기를 보고하고 설득하여 대응하는 것도 쉽지 않다.

세계보건기구에서 팬데믹을 선언한 시기에 중국은 초기 혼란에도 불구하고 코로나 신규 확진자가 20명 이하로 대폭 감소하여 진정국면으로 진입했다. 그러나 유럽과 미국은 걷잡을 수 없이 상승하고 있었다. 중국은 감염병 위기대응 단계를 하향조정하였으며 코로나19 진원지 우한은 봉쇄령을 발동한 지 76일 만인 4월 8일 해제되었다. 이 봉쇄령 해제를 기점으로 전국적으로 경제활동을 시작하였다.112) 반면 홍콩은 감염자가 발생하지 않아 5월 8일부터 사회적 거리두기를 완화하였으나 7월 21일 시점으로 6일 연속하여 100명 이상 확진자가 나타나면서 가정에서도 3명 이상 모이지 않는 등 다시 사회적 거리두기를 강화하였다.113)

감염병 관리에서 핵심은 대비와 대응이다. 대비는 감염병 발생 이전에 해야 할 활동들이다. 감염병이 발생했을 때 실제로 감염자를 찾고 감소시키는 노력과 환자를 치료하는 활동 등이 대응 단계이다. 대응과 대비 단계에서 해야 하는 인력에 대한 훈련과 시스템 구축 등이 동시에 이루어지고 있다.

감염병을 대비하는 단계에서 감염병의 감시체계를 구축하여 가능한 한 위험요인을 조기 발견하는 것이 중요하다. 우리나라 입장에서 코로나19는 해외유입 신종 감염병이다. 해외에서 유행하고 있을 때 우리는 관심을 갖고 어느 정도 준비할 시간이 있다. 그러나 우리나라에서 새로 발생하는 감염병을 발견하는 능력은 어떠할지 궁금하다. 신종감염병이 발생하면 대처하는 과학적 능력과 방역시스템, 정부의 의사결정 체계는 어떨까? 코로나19가 우리나라에서 처음 발견되었다면 어떻게 전개되었을까?

우리나라나 중국에서는 집단감염이 빠르게 확산되었을 때 집중적인 대응을 하였다. 그 결과 다른 나라와 비교할 때 적은 감염자 수를 보인다.

이번 감염병은 지구가 얼마나 밀접하게 교류를 하고 있는지를 보여주었다. 또한 국제감시체계 구축이 중요하다는 것을 알려주고 있다. 신종감염병인 경우

처음 나타나는 질병이기 때문에 진단기술 개발까지 시간이 필요하다.

한국은 발 빠르게 민간기관에서 빅데이터를 이용하여 진단키트를 개발하였다. 여기에 당국이 신속하게 승인하여 사용하게 된 것이 이번 코로나19에서 민관 협력체제가 얻어낸 성과라고 할 수 있다. 진단기술에 대한 연구는 지속되고 있고 더 빠르게 병원체를 확인하는 방법을 찾아내고 있다. 환자를 빨리 찾아냈으면 다음으로는 접촉자를 찾아서 격리시키는 작업이 필요하다. 코로나19 바이러스 감염증처럼 감염력이 높은 감염병은 접촉자, 감염 의심자에 대한 역학조사가 집중적으로 이루어져야 한다. 감염 의심자에 대한 관리도 시간과 인력이 필요하다.

한국형 방역의 3T인 추적, 검사, 치료가 마치 표준처럼 회자되고 있다. 방대한 분량의 검사를 시행했고 동시에 의심자와 접촉자 역학조사에 상당한 시간이 필요했다. 정확한 접촉경로를 통해 접촉자를 찾아내는 데 많은 시간과 인력, 정확한 정보가 필요하다. 여기에 정보통신기술과 빅데이터를 활용하여 접촉경로를 찾아낸 것은 첨단 기술을 이용한 역학조사 방법이었다. 빅데이터를 활용하면 접촉자와 접촉경로 파악이 더 수월해지고 정확해질 것이다. 빅데이터 활용은 역학조사 분야에서도 더 발전할 것으로 보인다. 접촉경로가 파악이 되지 않는 감염의 경로 파악이 더 수월해질 것이다.

진단방법, 역학조사방법에 정보통신기술과 빅데이터를 활용하여 정확하고 빠른 접촉자를 찾아냈지만 그렇다고 사회적 거리 유지와 개인위생에서 벗어나서 자유롭게 활동할 수 있는 것은 아니다. 첨단기술 개발이 마치 귀찮고 하기 싫은 것을 모두 해결해주는 것처럼 오해하는 경향이 있다. 하지만 기본을 지켜야 하는 것은 우리의 몫이다. 또한 집단감염을 방치했을 때 감염자는 하루가 다르게 기하급수적으로 증가한다. 그래서 집단감염의 위험요소를 철저하게 막아야 한다. 감염자는 밀접하게 많은 사람이 좁은 공간에서 모이면 반드시 발생한다는 것을 잊지 말아야 할 것이다.

첨단기술의 활용에도 불구하고 예방과 치료방법이 없으면 사회적 거리두기와 마스크 착용 등 지루한 생활을 끝없이 해야 한다. 치료제보다도 예방백신이 개발되면 이런 지루한 생활에 종지부를 찍게 될 것이다. 그러나 백신이 개발되기 전까지는 홍콩의 예를 보듯이 경제활동을 위해서 감염자 증감에 따라 개방과 봉쇄정책이 시소를 타는 방역을 할 수밖에 없다.

02 경제활동과 방역활동의 새로운 조율

코로나19의 전파력과 치명률로 인해 경제활동은 직접적으로 위축된다. 개별국가의 피해 수준을 넘어서, 전 세계로 코로나19가 확산되면서 공통충격com- mon shocks에 직면하게 된다. 전염의 확산을 억제하고 사회적 거리두기와 이동제한을 통한 방역정책으로 생산과 수요활동에 제약을 받고 있다. 이러한 상황은 1970년대 이후 유가폭등으로 전 세계 경제가 요동치던 상황보다 더 심각하게 부정적인 영향을 미치고 있다. 또한 코로나19는 경제충격을 넘어서 사회구조가 새롭게 재편되는 계기가 될 것이다.

코로나19 이후에도 다른 감염병에 대한 위험이 발생할 가능성이 존재해서, 포스트코로나 시대에는 소비자의 행태가 바뀌고 소비심리의 불안이 유발되어 소비 자체가 감소될 것이다. 감염병 발생의 예측 자체가 어렵고, 이에 대응하는 경제주체의 행태변화도 예측하기 어려워 경제에 불확실성이 심해질 것이다.

사람, 상품, 자본의 이동이 제한되는 사회적 거리두기는 세계화에 역행하게 되어, 정치적으로 자국의 이익을 최우선하는 정책이 힘을 얻게 된다. 이런 맥락에서 코로나19는 국가 개입의 정당성을 부여해 시장경제 메커니즘에 대한 의존성을 줄이고 국가자본주의가 힘을 얻게 된다. 2020년 4월에 실시된 우리나라 국회의원 선거의 결과도 감염병이라는 초국가적인 위기상황에서 강대해진 국가권력에 의한 효율적인 행정처리에 대한 국민의 열망이 표출된 것이다.

또한 코로나19로 기업의 생산과 재고관리 방식이 바뀌어 간다. 제2차 세계대전 이후 자유무역체제에서 세계화가 진전되면서 전 세계가 단일 소비시장을 구성하여 비교우위에 기초한 생산구조가 결정되었고, 효율성을 강조하는 범세계주의가 힘을 얻어왔다. 하지만 코로나19 이후에는 자국우선주의에 바탕을 둔 지역주의의 국내 공급망이 확대되어 국제무역질서도 재편되고 있다. 여러 국가가 공급체인 속에서 분업으로 형성되던 생산구조로부터 이탈하여, 효율성은 떨

코로나19 방역활동을 고려한 대학교 학사운영 - 경제활동의 예

코로나19의 발발로 2020년 1학기에 대학교 수업이 온라인으로 진행되었다. 2020년 2학기에도 코로나19의 재발 가능성이 높은 상황에서, 코로나 방역지침을 준수하면서, 수업방법이 결정되었다. 대학의 지침은 강의자의 자율성을 존중하면서 최소한의 제약 조건으로 강의 유형을 선택한다.

학위 과정	구분		온라인 (비대면)	온라인- 오프라인 혼합	오프라인 (대면)
학부	이론 수업	수강인원 40명 이상	권장	지양	불가
		수강인원 40명 미만	권장	권장	불가
대학원	일반 대학원		가능	가능	가능

40명 미만 학부이론수업은 대면 강의가 불가하여 혼합이나 일부온라인 강의를 진행한다. 코로나 방역지침을 준수하면서 오프라인 수업을 운영하기에는 수용가능한 강의실 여건이 가능하지 않기 때문이다. 오프라인 강의로 진행한다고 하여도 사정상 비참석하는 학생들을 위해서 강의를 녹화하여 온라인에 탑재하고 있다.

수강인원 40명 이상인 강의는 비대면 온라인강의가 권장된다. 한편, 대학원 강의는 온라인이나 오프라인 강의 유형이 모두 가능하다. 중간고사는 온라인 과제물로 대체되고, 기말고사는 시험기간을 전후로 1주일씩 연장하고 충분한 사전 공지를 진행한다.

어지지만 유연성이 높고 단순화된 생산유통망을 형성하게 될 것이다. 국가나 지역은 자체 제조와 물류시스템을 확충하고, 보호무역주의와 자국중심주의로 회귀할 가능성이 높다.

또한 노동공급이 감소하여 자본의 한계생산성이 크게 하락하여 향후에 기업투자에 대한 유인이 감소할 것이다. 경제성장을 유인하는 기업투자의 감소는 경제동학economic dynamics의 장애물이 될 수 있다. 코로나19로 경영 중단을 경험한 기업은 원가절감을 위한 비용최소화 전략보다는 상시적인 불확실성에 대비하여 생산공급체계의 회복 탄력성과 돌발하는 위험상황에 대비하는 역량강화에 주력할 것이다.

이러한 거시경제의 재편에 더해 코로나19는 일부 취약계층에 상대적으로

부정적인 영향을 미쳐, 분배구조가 취약해지고 소득계층간의 불평등이 심화될 것이다. 이러한 근로취약계층은 4차 산업혁명 시대의 자동화, 무인화, 인공지능화를 통해 일자리가 줄어들게 된다. 소득보존이나 고용유지의 사회보험을 통한 사회안전망 구축이 필요하게 되고, 경제위기 시에는 긴급지원금이 제공되고 일자리 감소에 대해서는 부분적 기본소득이 도입될 수 있을 것이다. 사실상 코로나19의 대응 과정에서 취약계층에 과도할 정도의 사회안전망이 제공되어 근로할 의사가 줄어드는 경우도 발생하였다. 공공일자리에 근로하다가 실업급여를 받아 경제적으로 연명한다거나, 6개월 근로 후에 일정기간 실업급여를 받는 것을 매년 반복하는 폐단이 발생하기도 하였다. 이러한 복지제도의 취약점을 근로유인의 제도 설계로 보완할 필요가 있다.

코로나19의 충격에도 불구하고 기업의 물적 자본이 유지되고, 4차 산업혁명으로 기술진보가 일어나면서, 백신과 치료제로 코로나가 종료되면 급격하게 생산성이 확보되고 경제에 활력이 더해질 것으로 예상된다. 이러한 희망적인 기대에도, 아직 약물적 치료방안이 개발되고 있지 않아 위축된 경제를 언제 활성화시켜야 하는지에 대한 고민이 지속되고 있다.

감염병의 위기상황에서는 정부는 유동성을 경제에 제공하여 자본의 결핍이 시장에서 느껴지지 않아야 한다. 물론 최근의 집값 상승을 보면, 유동성이 기업의 투자로 사용되기보다는 가계의 투자로 이용된 측면이 있다. 유동성의 양도 중요하지만 질적인 관리 측면이 강조되어야 할 것이다.

방역정책과 경제정책은 상충적인 요소가 강하지만, 조화 방안이 모색되어야 한다. 감염병 발생 초기부터 봉쇄 조치를 하지 않는 국가들이나 경제활동을 위해서 봉쇄 조치를 조기에 완화한 국가들 모두 상당히 어려운 방역상황을 맞이해왔다. 수년간 코로나19의 감염병 위기가 재발되고 새로운 감염병에도 노출될 가능성이 높아져가는 시점에서, 적절한 봉쇄수준과 경제활동의 개시와 확장 시점은 연관될 수밖에 없다. 방역과 생활의 균형추가 필요하지만, 균형이 흔들리면 방역에 무게를 실어야 한다.

완전한 방역이 이루어지려면 너무도 많은 경제적인 손실을 감수해야 한다. 하지만 섣부른 경제활동 개시는 오히려 더 큰 방역 실패를 가져오고 경제적인 타격으로 돌아올 수 있다. 코로나19의 유행이 지속적으로 반복될 것이 예상되기에, 방역과 경제활동의 비용편익을 엄밀히 따져보아야 한다. 본격적인 경제활동 개시 시기를 결정하는 것은 적절한 타협과 조화로 결정해야 할 정책적인 사안이고 국민의 지지가 꼭 필요하다.

감염병의 통제는 효율적이고 과학적이어야 하며 사람들의 사회적 행동방식을 변화시킴으로써 가능하다. 감염병의 특성상 모든 사람이 안전하기 전까지는 그 누구도 안전하지 않다.

일부 유럽국가는 지속가능한 방역대책에 중점을 둔다. 의료시스템이 과부하가 걸리지 않는 수준에서 고위험군을 보호하고 건강한 사람들은 일생생활을 하도록 조치한 것이다. 예를 들면 50명 이상의 모임은 금지하지만 일상은 자율적으로 진행된다.

한편 우리나라는 IT기술과 접목하여 정밀한 역학조사를 통하여 확진자의 동선을 추적하고 접촉자를 밀접하게 관리하는 방식을 택하였다. K-방역으로 브랜드화할 정도로 성과를 내고 있다. 다만 대규모 확산이 일어나면 통제가 가능할지 의문이며, 확진자가 되면 낙인효과도 발생하게 된다. 통제가 어려운 대규모 확산 상황에서는 자칫 신속하게 치료받아야 할 중증환자들이 제때 치료를 받지 못할 가능성이 있다. 경증환자가 이용하는 생활치료시설과 중증환자가 이용할 수 있는 격리 병상이 얼마 남아 있지 않다. 경제활동도 중요하게 고려해야 하지만, 우리나라 의료체계의 감당능력도 고려한 방역정책을 신중하게 고려해볼 필요가 있다.

코로나19를 통해 경제활동에 경제적인 요소와 사회적인 요소를 함께 고려해야 하는 시대가 된 것이다. 마스크, 의약품 등의 의료 소비재를 국가 안보 관점에서 통제하기 시작한다. 우리나라는 마스크와 진단키트에 기술과 생산 역량을 가지고 있다. 그러나 치료제와 백신의 경쟁력은 상대적으로 떨어지고 있다.

코로나19를 종료시킬 유일한 수단인 백신을 확보하려는 경쟁은 국제적으로 치열하다. 미국을 비판하며 글로벌 공공재를 주장했던 유럽연합 국가들도 백신의 사전구매 계약에 나서고 있다.[114] 백신에 투자한 미국과 유럽이 자국 우선주의를 취하고 있는 것이다. 능력에 따라 부담하고 필요에 따라 보편적으로 공평하게 접근하는 글로벌 공공재의 이상은 구현되지 못하고 있다.

우리 정부차원에서 임상시험 비용지원을 위한 예산의 신속한 집행으로 국산 치료제와 백신이 조속히 확보되어야 한다. 백신이 확보되어도 즉각적인 접종은 안전성 확보 이후에 가능하다. 코로나19 확산 상황, 선행 접종사례와 부작용 여부 등을 지켜보아야 한다. 그리고 확보된 백신을 누구부터 접종할 것인지도 결정되어야 한다.

2020년 여름 휴가철에 각종 여행지를 중심으로 코로나19가 전파되고 있어 전국적으로 재확산되고 있다. 무증상, 경증 상태로 전파가 지속되고 있다. 8월 23일부터 사회적 거리두기 2단계가 전국적으로 시행된다. 지속적으로 확산세가 유지되면 3단계로 격상한다. 사회적 거리두기 3단계에서는 외출, 모임, 행사, 여행을 연기하거나 취소하고 집에 머물러야 한다. 코로나19 재확산으로 기업들은 확진된 건물과 영업장은 폐쇄되고 필수인력만 남기고 재택근무에 들어간다. 밀접 접촉자에게 검사를 시행하고 자가격리를 실시한다.

사회적 거리두기의 2단계로 방역을 강화한 뒤 음식점·소매점 이용이 줄고 자영업·일용직 종사자가 줄어든다. 코로나19로 가계의 근로·사업·재산 소득이 감소하지만 정부로부터의 공적이전소득이 증가한다. 정부가 전 국민 긴급재난지원금, 긴급고용안정지원금, 저소득층 구직촉진수당, 소비쿠폰 등을 지급하면서 가구당 정부지원 규모는 평균 77.7만 원이다. 모든 계층에게 소득감소를 일부라도 보전했고 소비축소는 어느 정도 방지하는 효과가 발생한 것으로 판단된다. 다만 그 정도에 대한 실증분석이 아직은 충분히 정리가 되지 않았다.

코로나19에 대응하기 위한 긴급재난지원금의 효과가 궁금하나, 긴급재난지원금은 재정부담이 크고 그 효과를 정확하게 파악하지는 못하고 있다. 재확산 과정에서 유력 여당 정치인은 2차 재난기본소득을 지급하여 모든 국민에게 3개월 이내 소멸하는 지역화폐로 개인당 30만 원 지급하는 것을 주장하고 있다. 야당에서도 재난지원금을 4차 추경에서 논의하고자 한다. 긴급재난지원금재난기본소득의 지급 필요성은 공감되지만 재정여력과 지급대상에 대한 다른 견해들이 존재한다.

코로나19와 같은 국가적 재난시기에는 저소득층을 지원하고 일자리를 유지해야 한다. 1차 긴급재난지원금은 신속하게 지급할 필요가 있어 보편적으로 지급되었다. 만약 2차 긴급재난지원금이 지급된다면, 피해계층을 집중적으로 지원하는 선별지급방식이 보다 설득력을 얻게 된다. 물론 이러한 결정은 국가차원에서 정책적 판단과 합의가 필요한 사항이다.

03 코로나19 이후 기업의 안전보건 방향

세계보건기구는 2020년 8월 1일에 코로나19를 세계적 공중보건 비상사태로 인식하고 장기화에 대비할 것을 요구하고 있다. 전 세계의 일부 국가만 코로나19의 감염병 확산을 억제하고 통제하고 있다. 따라서 기업의 안전보건관리도 코로나19 종식을 선언할 때까지 감염병 예방업무를 선행하여 안전보건업무를 시행해야 할 것이다.

정부는 사업장의 코로나19 예방 및 생활방역 이행을 위한 사회적 거리두기 방역지침을 제정하고 시달하였다. 이 지침을 보면 유연근무제, 휴가 활용, 회의, 출장, 소모임, 사내식당, 사무실 이용수칙 등의 방역지침은 제공하고 있다. 하지만 접견실 이용수칙, 흡연실 이용수칙, 탈의실 이용수칙, 샤워장 이용수칙 등 사내 시설에 대한 구체적인 방역지침은 제시하고 있지 않아 추가적인 방역지침의 제시가 필요하다. 이러한 방역수칙의 지침이 시달되면 기업은 사내에 적용하여 코로나19 감염병 예방활동에 적극 활용해야 한다. 그리고 부가적으로 기업 실정에 맞는 자체 방역지침을 제정하고 운영할 필요가 있다.

그리고 사업장 내 안전보건관리업무 활동 영역이 코로나19로 인해 중복되거나 모호한 현상이 발생한다. 그래서 코로나19가 종식될 때까지 서로 유기적인 협력체제를 유지하여 코로나19 예방을 위한 안전보건관리를 실시해야 할 것이다.

사업장내 코로나19 감염자가 발생하지 않도록 철저한 방역이 필요하지만, 만약 감염된 근로자가 발생하면 감염경로, 확산 정도, 자가격리와 선별검사, 기업에 미친 영향, 입원치료, 업무 복귀까지 전 과정을 기록하고 정리하여 전 직원에게 공유하고 재발방지를 위한 대책을 수립해야 한다. 차후에 완치까지 자각 증상, 치료의 기간과 비용, 비즈니스 손실 비용 등 개인 및 사회경제적 영향에 대해서도 분석·평가해야 한다.

사업장 내 보건관리 활동은 건강진단, 작업환경측정, 보건관리가 있다. 작업장에서 발생할 수 있는 유해인자에 대한 노출과 근로자의 건강을 평가해서 근로자의 건강관리와 작업환경을 개선하기 위한 활동이다. 하지만 코로나19로 인한 사회적 거리두기와 방역조치로 사업장의 보건관리 활동이 위축되고 있다. 보건관리자는 근로자의 건강과 작업환경 개선을 위한 보건관리 업무를 수행해야 한다. 하지만 코로나19 상황에서는 감염병 예방과 확산 방지를 위한 활동을 우선적으로 시행할 수밖에 없다. 보건관리전문기관의 경우도 사업장의 감염병 예방을 위한 방역조치 강화로 업무수행을 위해 방문을 해도 많은 제약이 따른다.

코로나19로 인해 기업에서는 위기상황에 신속하고 효율적으로 대응하고 기업의 손실을 최소화하기 위한 대응 전략을 수립해야 한다. 보건관리의 역할은 감염병을 예방하고 확진자가 발생했을 때 신속하게 조치하여 추가 확진자가 발생하지 않도록 확산을 방지하는 것이다. 근로자에게 감염병에 대한 정확한 정보를 제공하고 개인위생과 방역수칙을 실행해야 한다.

코로나19로 인해 재택근무가 증가하면서 재택근무로 인한 근로자의 건강관리가 필요하다. 비대면의 방식으로 혼자 업무하는 시간이 늘어나면서 근로자들은 고립감과 함께 과도한 책임감으로 코로나블루를 경험하고 있다. 사업주는 재택근무 시에도 근로자를 위한 안전보건조치 사항들을 이행하고 코로나블루와 직무스트레스가 발생하지 않도록 적절한 관리를 해야 한다.

4차 산업혁명 시대에 안전보건관리는 스마트 기술과 유비쿼터스 시스템을 접목한 새로운 형태의 관리가 될 것이다. 보건 분야는 코로나19로 인한 비대면 의료산업이나 디지털 산업이 부각하게 될 것이다. 사업장의 보건관리도 스마트 기술을 활용한 새로운 형태의 건강관리모델이 필요하다. 빅데이터와 인공지능 기술을 활용하여 사업장에서 노출될 수 있는 유해인자의 위험성과 그에 따른 건강변화를 모니터링할 수 있는 새로운 형태의 관리모델이다. 작업장의 유해인자가 노출 기준치를 초과하면 실시간으로 모니터링하여 쾌적한 근무환경을 유지할 수 있도록 도와주고 근로자의 건강관리도 모니터링하여 보건관리 서비스의 질을 높여야 할 것이다.

안전관리는 인공지능AI, 사물인터넷IoT, 빅데이터 등 첨단 IT기법을 접목하여 관리가 이루어 질 것이다. 예를 들면 스마트 공장은 지금까지와는 다른 작업환경을 제공할 것이다. 스마트 공장은 스스로 제어하고, 판단하는 무인기반 공장이다. 공장의 모든 활동은 인간의 작업과 지시 없이도 중앙 제어 시스템에 의해 통제되고, 설비·공정·시스템 간 실시간으로 정보와 데이터가 공유된다. 그래서 안전사고의 위험도 감소하지만 유형도 전혀 다른 형태가 될 것이다.

그리고 현장에서 유독가스가 누출되어 감지가 되면 가스 종류와 농도, 누출량 등을 실시간 파악하여 중앙통제센터나 스마트 폰으로 알려주고 대응할 수 있도록 할 것이다. 화재가 발생한 경우에도 자동으로 소화, 비상경보, 대피방송을 해주는 단계에 있다. 미래의 안전보건관리는 작업자에게 발생할 수 있는 안전사고나 노출될 수 있는 위험인자가 과거의 산업현장과는 달라질 것이고, 관리시스템도 정보통신기술을 이용한 유비쿼터스 시스템을 구축하여 진행해야 할 것이다.

사업장의 안전보건교육은 코로나19가 발생하면서 집합교육은 거의 멈추어 버린 상황이라고 봐도 과언이 아니다. 물론 정부에서 안전보건교육 대응지침을 시달하였지만 지침대로 시행하기에는 현실적으로 해결해야 할 적지 않은 문제를 안고 있다.

기업은 코로나 감염의 위험 때문에 외부 사람이 사내에 방문하는 것을 꺼리고, 사업장 내에서도 근로자가 불가피한 경우를 제외하고 모이는 것을 극도로 조심하고 있는 실정이다. 기업 내 한 명의 확진자라도 발생하면 생산시설은 중지되고 모든 기업활동도 중단되거나 제약을 받으며 그 피해는 고스란히 기업에게 큰 부담이 될 수밖에 없다. 따라서 비대면 방식의 원격교육이 하나의 대안으로 부각되고 있는 추세이다.

하지만 아직은 원격교육이 갖고 있는 한계와 특성이 있기 때문에 원격교육만을 권장할 수 없는 것도 현실이다. 집합교육은 교육의 집중도와 정보전달 효과가 높지만 동일 시간에 같은 장소에 집합해야 하는 불편함이 있다. 반면 원격교육은 시간과 장소에 구애받지 않고 효과적으로 전달하는 수단이라는 인식을 가지고 있지만 형식적이고 효과가 낮다. 절충점으로 집합교육과 원격교육의 장점을 반영한 안전보건교육 방법을 개발해야 한다.

향후 코로나 시대가 조만간 종식이 되길 바라지만 만약에 종식되지 않고 장기전으로 간다면 기업의 안전보건교육은 감염병 예방을 위해 비대면 방식의 원격교육을 선호하게 될 것이고, 집합교육을 대체할 수 있는 교육 콘텐츠를 끊임없이 개발하고 발전시켜야 할 것이다.

4차 산업혁명 시대의 안전보건교육은 이론교육이 아닌 실제 상황과 유사한 환경에서 근로자가 체험하고 스스로 느끼는 VR, AR 교육을 선호할 것이다. VR, AR 교육은 미래의 안전보건교육 방향을 제시하는 좋은 이정표가 될 것이다. VR, AR 교육 콘텐츠는 단순 체험식 안전교육에서 탈피해 위험성평가까지 활용하고 발전시키는 기술을 개발하여 교육의 효과를 극대화하는 방향으로 가야 할 것이다.[115]

미주

1) 중앙일보, 코로나 최초 폭로 의사 리원량의 비극 아내는 둘째 임신 중, 2020.2. 7.
2) 연합뉴스, 우한 폐렴 발원지 우한 긴급봉쇄 외부로 나가는 주민 통제, 2020. 1. 23.
3) 연합뉴스, 우한시 의료시설 태부족 폐렴 증상 있어도 입원 못 해, 2020. 1. 23.
4) 중앙일보, 의료시설 한계 감염자 치료를 위해 응급병원 건설, 2020. 1. 24.
5) https://www.who.int/emergencies/diseases/novel-coronavirus-2019
6) WHO, Novel Coronavirus(2019-nCoV) Situation Report-10 Data, 2020. 1. 30.
7) 이종수(2020), 코로나19 관련 CNN 뉴스 영상분석: 타자의 질병에서 우리의 질병으로,
   미디어, 젠더 & 문화, 35(2), 245-298.
8) 중앙일보, 이란에서 코로나 번진 5가지 이유 … 중동에 번지면 쑥대밭, 2020. 2. 24.
9) YTN NEWS, 이탈리아 코로나19 감염 유럽 최악 … 북부 지역선 사재기 열풍, 2020. 2.
   25.; 한겨레TV, 의료진이 코로나19 환자를 선택해야 하는 이탈리아 비극, 2020. 3. 31.
10) 참여와 혁신, 코로나19 위기 극복을 위한 노사정 협약 전문, 2020. 8. 5.
11) 고용노동부, 코로나19 예방 및 생활방역 이행을 위한 사회적 거리두기 지침, 2020. 4. 23.
12) 백희정, 전용일, 박정모, 김혜정, 박영혜(2020), "감염병 교육 현황 분석 및 개선방안
    연구", 한국건강증진개발원.
13) 중앙일보, 세계 곳곳 코로나 종식 선언 韓 뼈아픈 실수 도드라졌다, 2020. 6. 13.
14) WHO WEPRO, Lao PDR Coronavirus Disease 2019 (COVID-19) Situation Report
    #6-7, 2020. 7. 23.
15) 보건복지부 질병관리본부 보도자료, 감염병 예방 및 관리에 관한 법률 일부개정안 시
    행, 2019. 12. 27.
16) 국회예산정책처, 긴급 재난지원금의 경제적 파급효과 분석, 2020.
17) 국회예산정책처, 경제·산업동향 & 이슈, 2020. 7.
18) 협의통화(M1)는 현금화가 가능한 현금통화, 요구불예금, 수시입출식 저축성 예금을 포함하
    고, 광의통화(M2)는 M1 항목에 머니마켓펀드(MMF), 2년 미만 정기 예·적금, 수익증권 등
    금융상품을 포함하는 넓은 의미의 통화 지표다.
19) 통계청, 경제활동인구조사 청년층(15-29세) 부가조사, 2020. 5.
20) WHO, Smallpox eradication: destruction of variola virus stocks reported by General
    director, WHO. 72ed world health assembly provisional agenda item 12.6 A72/28,
    2019. 4. 4.
21) Fox, G.H.(1886), Photographic illustrations of skin diseases(2ed ed.), 2010. 9. 25.
22) Jehle, B., Lepra-Deformationen der Hande, Rajahmundry, India, 1990.
23) http://www.pbs.org/wgbh. June 20, 1909.

24) 슈테판 카우프만(2012), 최강석 역, 전염병의 위협 두려워만 할 일인가?(지속가능성 시리즈 5), 길 출판.

25) 질병관리본부 보도자료, 중국 후베이성 우한시 폐렴환자 집단발생 – 질병관리본부 대책반 구성, 우한시 입국자 검역강화, 2020. 1. 3.

26) 질병관리본부 보도자료, 신종 코로나바이러스 지역사회 대응 강화, 2020. 1. 16.

27) 질병관리본부 보도자료, 검역단계에서 해외유입 신종코로나 바이러스 확진환자 확인 감염병 위기경보를 주의단계로 상향 대응, 2020. 1. 20.

28) 질병관리본부 보도자료, 신종코로나 바이러스 감염증 국내 발생 현황, 2020. 1. 24.

29) 질병관리본부 보도자료, 신종코로나 바이러스 감염증 국내 발생 현황, 2020. 1. 26.

30) 질병관리본부 보도자료, 중국 전역 검역 오염지역으로 지정 신종 코로나바이러스 감염병 사례정의 확대 및 감시 강화, 2020. 1. 26.

31) 질병관리본부 보도자료, 코로나 바이러스 감염증–19 국내 발생 현황, 2020. 2. 18.

32) 질병관리본부 보도자료, 코로나 바이러스 감염증–19 국내 발생 현황, 2020. 2. 19.

33) 중앙재난안전대책본부 정례브리핑, 코로나19 대응 치료체계 개정(대응지침 7판), 2020. 3. 1.

34) SBS 뉴스, https://news.sbs.co.kr/news.

35) 질병관리본부 보도자료, 코로나 바이러스 감염증 의료기관 검사 정상 시행 중, 2020. 2. 8.

36) WHO, https://www.who.int/teams/blueprint/covid–19.

37) WHO EPI–WIN : WHO Information Network for Epidemics, timeline of major infectious threats in the 21st century and the collaboration mechanism to flight against them, https://www.who.int/teams/risk–communication.

38) WHO, COVID–19Strategic Preparedness and Response Plan; OPERATIONAL PLANNING GUIDELINES TO SUPPORT COUNTRY PREPAREDNESS AND RESPONSE, 2020. 2. 12.

39) Andersen K.G., Rambaut A., Lipkin W.I., Holmes E.C., Garry R.(2020), The proximal origin of SARS–CoV–2, Nature Medicine. 26(4): 450-452.

40) WHO, Novel Coronavirus(2019–nCoV), Situation Report-10, 2020. 1. 30.

41) WHO, WEPRO, Coronavirus Disease 2019 (COVID–19), External Situation Report #12, 2020. 7.

42) 조선비즈, 스페인 코로나 재확산 뚜렷 확진자 하루 5000명 발생, 2020. 8. 12.

43) EBS, TV지식채널e–기생충의 계획, 2020. 7. 1.

44) 국회예산정책처(2020), 주요 지방자치단체 긴급재난지원금 추진 현황.

45) 국회예산정책처(2020), 2020년도 제2회 추가경정예산안 분석.

46) 기본소득의 배경, 역사적 연혁, 쟁점사항은 이수영, 전용일, 신재욱, 오영수(2020, 출간 예정), "기업과 국가의 고령사회 프로젝트"를 참조.

47) 핀란드에서 2018년 초에 시작된 the activation model 도입으로 실업혜택에 대한 보다 엄격한 기준이 양 그룹 간(실업급여 집단과 기본소득 집단)에 비대칭적으로 작용하여

양상이 복잡하게 되었다. 실험 1년차는 아직 the activation model이 도입되지 않은 시기로, 기본소득은 고용효과를 가져오지 못하였다. 어떤 경우에건 고용효과는 크지 않았다.

48) www.긴급재난지원금.kr

49) 김석호, 특권과 차별은 동전의 양면이다, 동아일보 칼럼 2020. 8. 17.

50) 산업안전보건법제5조(사업주 등의 의무).

51) 산업안전보건법제18조(보건관리자), 산업안전보건법 시행령제20조(보건관리자의 선임 등) 산업안전보건법제21조(안전관리전문기관 등).

52) 산업안전보건법제19조(안전보건관리담당자), 시행령제24조(안전보건관리담당자의 선임 등), 25조(안전보건관리담당자의 업무).

53) 노동자가 정보통신기기 등을 활용하여 주1일 이상 노동자의 주거지에서 주어진 업무를 수행하는 근무방식(고용노동부 유연근무제 도입방식).

54) 취업포털 인크루트의 직장 530명을 대상으로 한 재택근무 만족도 조사(조사기간 7.6.−7.13.). https://www.donga.com/news/Economy/article/all/20200727/

55) 고용노동부 보도자료 2020.4.2.(목) http://www.moel.go.kr

56) https://kiha21.or.kr/monthly/2020/04/2020_04_03_s384.pdf

57) 산업안전보건기준에 관한 규칙 제4편 특수형태근로종사자 등에 대한 안전조치 및 보건조치 제672조, 제673조.

58) 조기홍, 변화와 노력이 필요할 때!, 산업보건 통권384호, 2020.4.

59) 산업안전보건법 제130조에 근거하여 특수건강진단을 실시하며 시기 및 주기는 시행규칙별표 23에 명시함.

60) 안전보건강조주간세미나, 안전보건공단K2B를 통해 접수된 특수건강진단개인표 전산입력자료 분석(실시이후 미입력자료는 미포함).

61) 「코로나19(COVID−19)」 예방 및 확산방지를 위한 사업장 대응 지침(2.28.) 중 특수건강진단 실시 주기 유예.

62) 산업안전보건법 제125조에 근거하여 작업환경측정을 실시함.

63) 산업안전보건법 시행규칙 별표21 작업환경측정대상 유해인자.

64) 산업안전보건법 제16조(보건관리자 등), 동법 시행령제19조(보건관리업무의 위탁 등).

65) 하명화(2020), 코로나19에 대응한 사업장 만성질환자 건강관리대책(1) 대사증후군 중심으로, 산업보건 통권388호.

66) 경기연구원(2020), 코로나19로 인한 국민 정신건강 실태조사.

67) 한국트라우마스트레스학회(2020), 코로나바이러스감염증−19 2차 국민 정신건강 실태조사.

68) 산업안전보건기준에 관한 규칙 제669조(직무스트레스에 의한 건강장해 예방조치).

69) 전용일, 이연배, 백희정(2019), 직무 스트레스 분석을 통한 조직발전 방안 연구, 법무부 연구용역보고서.

70) 질병관리본부 홈페이지 http://ncov.mohw.go.kr/duBoardList.do

71) 대구·경북지역 보건관리전문기관 사업장 지도 지침. 고용노동부 산업보건과, 2020. 2. 25.

72) 코로나19예방 및 확산방지를 위한 사업장 대응 지침. 2020. 4. 6.

73) 중앙재난안전대책본부, 생활 속 거리두기 세부지침(3판), 2020. 7. 3.

74) 산업·안전 관리를 위한 유해인자 예보 및 지능형 케어플래닝 서비스, 주식회사 라이프 시맨틱스.

75) 비상사태(非常事態, state of emergency)는 일반적으로 건강과 생명 및 재산 또는 환경에 위험한 상태를 말한다.

76) 비상(非常)이란 '대단히 나쁜' 경우를 가리킨다.

77) Something dangerous or serious, that happens suddenly or unexpectedly and needs fast action in order to avoid harmful results.

78) COVID−19: Interim Public Health guidance for the management of COVID−19 outbreaks, 2020.

79) 정진우, 안전과 보건의 개념과 접근, 안전저널, 2017.

80) 안전저널, 안전보건 모든 사업전략에 포함돼야, 2020.

81) European Agency for Safety and Health at Work, Priorities for occupational safety and health research in Europe: 2013−2020, 2013.

82) COVID−19: Interim Guidance for Businesses and Employers to Plan and Respond to Coronavirus Disease, 2019.

83) Guidelines on occupational safety and health management systems ILO−OSH, 2001.

84) https://www.nebosh.org.uk/qualifications.

85) 중앙재난안전대책본부, 에어컨 사용지침, 2020.

86) 매일경제, 대기업 절반 코로나 끝나도 재택·원격근무, 2020.

87) 매일산업뉴스, LG 코로나대응 임직원 안전조치 강화 재택근무 행사취소, 2020.

88) 한겨레, 착한 기술로 코로나19 극복 지원 확대한다, 2020.

89) 안전저널, 4차 산업혁명시대 스마트 안전관리 본격 개막, 2020.

90) 김동하(1993), 다관절 Robot의 이상동작시 인간조작자의 반응특성, 충북대학교 대학원 공학석사 학위논문.

91) 한국경제, LG CNS 코로나19 대응 노하우 살린다 언택트 기술 사업화 박차, 2020.

92) 김동하, 전용일(2020), 4차 산업혁명 시대의 작업환경 개선연구, 고용복지연구.

93) 고용노동부, 신종 코로나바이러스 감염증 관련 안전보건교육 조치사항. 2020. 2. 4.

94) 우용하(2018), 산업안전보건교육의 교육효과 및 교육만족도 분석에 관한 연구, 울산대학교 대학원.

95) 강종철, 장성록(2005), 산업안전보건교육의 실효성제고 방안에 관한 연구, 한국안전학회지, 20(1), 143−147.

96) 장공화(2016), 산업안전보건교육이 산업재해발생에 미치는 영향에 관한 연구.

97) 산업안전보건법 시행령 별표35, 과태료의 부과기준(제119조 관련).

98) 강태주 외(2018), 산업안전보건교육 실시의무대상 확대를 위한 연구.

99) 강인애, 임병노, 박정영(2012), 스마트러닝의 개념화와 교수학습전략 탐색 : 대학에서의 활용을 중심으로, 교육방법연구, 24(2), 283-303.

100) 서주희(2010), 스마트폰을 이용한 이러닝 활용기법, 숭실대학교 대학원 석사학위논문.

101) 정애경(2008), 자기조절학습을 지원하는 모바일 연동 학습관리시스템 개발연구, 이화여자대학교 박사학위 논문.

102) 송해덕(2008), 미래학습을 위한 u-러닝 교수학습모델 개발, 열린교육연구, 16(1), 39-56.

103) 대한산업안전협회, http://www.esafe.or.kr.

104) 이길행 외(2018), 가상현실·증강현실의 미래.

105) 이영희, 조용상(2016), 가상 혼합현실 기술의 교육적 활용 가능성 및 전망, KERIS 이슈리포트, 4-6.

106) 문화체육관광부 보도자료, 전국 178개 초등학교에 가상현실 스포츠실 보급, 2018. 3. 26.

107) 헤럴드경제, 대림산업 안전체험학교 개관, 2019. 1. 21.

108) 모바일 플레이스토어, KISA 교육컨텐츠.

109) 안전보건공단, http://www.kosha.or.kr.

110) 문석인(2018), 안전보건교육의 실효성 제고 방안에 관한 연구 : VR·AR 기반 체험교육 중심으로, 울산대학교 대학원 석사학위 논문.

111) 대한산업안전협회 미디어홍보본부 과정미디어 개발국, 2019년 교육과정 효과성 분석결과, 2020. 2.

112) 장정재(2020), 중국·홍콩·대만의 코로나 대응 경기부양과 시사점, BDI 정책포커스 1-12.

113) 서울신문, 홍콩 코로나 3차 확산 확진자 145명에 3명 이상 모임 금지, 2020. 7. 27.

114) WHO을 비롯한 UN 산하기구는 개별국가의 재정 기여 크기와 무관하게 1국 1표 권한을 부여한다. 미국은 가장 부강한 국가로, 재정 기여 의무도 가장 크다. 미국의 자국 중심주의와 독자 행보, 중국과의 갈등 속에서 WHO 중심의 국제보건 거버넌스는 도전받고 있다. 개별 국가가 감당할 수 있는 지원에는 한계가 발생하고, 국제보건거버넌스도 제대로 작동하고 있지 않다.

115) 안전저널, 4차 산업혁명시대, 스마트 안전관리 본격 개막, 2020.7.17.

찾아보기

추천의 글

마이크로소프트사 창업자인 빌 게이츠는 최근 이코노미스트지 인터뷰에서 앞으로 코로나19로 수백만 명이 더 사망하고 2021년 말쯤 종식될 것이라고 예측했다. 세계적 공중보건문제를 가장 앞장서 강조하고 지원해온 인물이라는 점에서, 이번 빌 게이츠의 발언은 작금의 대혼란 속에서 그나마 대중들에게 신뢰감을 줄 수 있는 예측으로 평가되고 있다.

그러나 백신이 개발된다고 코로나19 사태가 저절로 극복되지는 않을 것이다. 당장 우리에게는 적어도 내년 말까지 이 위험한 시기를 일상과 직장에서 어떻게 슬기롭게 대처하면서 생존과 경제적 기반을 유지할 것인가가 가장 중요한 과제이다. 앞으로 인간들이 구체적으로 어떻게 행동하느냐에 따라 생존과 경제를 둘 다 지킬 수도, 혹은 둘 다 실패할 수도 있기 때문이다.

연구의욕이 왕성한 전용일 교수 등 5인의 전문가들이 치열하게 토론한 끝에 세상에 나온 이 책은 이번 코로나19 사태의 전체적 그림을 그려준 최초의 설명서라는 점에서 의미가 크다. 1, 3장에선 K방역과 긴급재난지원금 등 새로운 주요 이슈들을 분석했고, 2장에선 전염병 재앙의 역사적 사실과 교훈을 소개했다. 특히 4, 5, 6장에서는 기업 현장에서 어떻게 코로나와 싸워야 하는지를 보건정책적, 안전관리적, 교육적 측면에서 설명하고 있다. 개인들과 기업들이 코로나 시대를 극복하는 데 요긴한 필독서로 감히 추천하는 바이다.

_ 강효상(한국고용복지연금연구원 이사장, 20대 국회의원)

코로나19는 국제사회와 국내정치에 변화를 요구한다. 선진 강대국들은 국경을 봉쇄하고 자국우선주의로 선회하고 있다. G2인 미국과 중국은 코로나19의 최대 발생국과 발원지로 대립하고 세계구도를 개편하고 있다. 또한, 코로나19에 대처하면서 유럽내부에서도 불협화음이 발생하여 유럽공동체의 지속성이 도전받고 있고, 중남미에서는 방역에서 실패하고 석유수출도 막혀 재정이 고갈되고 있다.

전 세계가 다시 평온한 세상으로 돌아가기 위해서는, 백신과 치료제 개발이 필요하다. 하지만 엄청난 금액과 시간이 투자되어야 하며, 개별 국가나 회사의 여력을 넘어서고 있다. 세계가 공동으로 참여하고 나누어야 할 시점이다. 하지만 미국이나 유럽은 백신개발과 접종을 자국 우선적으로 운영하고 있다. 우리 기업도 백신과 치료제 개발에 노력하고 있다. 이러한 시점에 우리에게 필요한 것은 기본 방역 수칙을 지키며 서로를 배려하고 신뢰하여, 경제활동이 왕성한 사회를 다시 만들어가는 것이다. 본 책자는 포스트코로나 시기에 국가가 담당할 수 있는 책무로 방역체계 구축과 재정지원을, 기업이 이행해야 할 업무로 기업운영의 혁신과 안전보건관리를 상세히 저술하고 있다. 제시된 유용한 정보를 활용한다면, 기업과 정책당국은 보다 나은 우리사회를 만들어갈 수 있을 것이다.

_ 박진(21대 강남을 국회의원)

4차 산업혁명이 쓰나미처럼 밀려오는 이 시기에, 미래를 위한 준비와 함께 코로나19와 같이 전파성이 높은 감염병 예방과 팬데믹에 대한 대비가 중요하다는 것을 경험하고 있다.

역사로부터 감염병에 대한 실패와 성공의 교훈을 배우고, 코로나 이후의 삶의 방식에 적응하지 못한다면 사회적 혼돈과 대규모 해고로 인해 세계 경제에도 심각한 영향을 줄 것이다. 소규모사업장과 밀집된 현장에서 일하는 노동자들은 코로나19 상황에서 바이러스라는 새로운 유해위험을 감수하고 있다.

노동자 건강 보호와 산업재해 예방이 궁극의 목표인 산업보건 분야도 새로운 도전에 직면하게 되었다. 포스트코로나의 뉴노멀을 선도할 한 차원 높은 산업보건의 정보화와 지능형 서비스모델의 개발로 미래를 준비하고 코로나19로 인한 영향을 최소화 할 수 있는 지혜를 배울 수 있기를 기대한다.

_ 백헌기(대한산업보건협회장, 前 안전보건공단 이사장)

BC(Before Corona), AC(After Corona)라는 신조어가 생길 만큼 코로나19가 몰고 온 충격은 심각한 상황이다. 코로나19가 야기한 '비일상의 일상화'는 이전과는 전혀 다른 이데올로기를 요구하고 있다. 산업안전보건 영역에서도 안전보건관리 패러다임을 논할 때 가장 먼저 '감염병 예방 및 대응'을 꼽을 정도이다.

이런 상황에서 발간된 본 책자는 코로나19에 따른 산업안전보건 영역의 변화상을 면밀히 분석하고, 앞으로의 방향을 제시한 최초의 책이다. 때문에 사업장 안전보건관리에서 감염병이라는 새로운 변화에 대응하는 지침서 역할을 한다고 해도 과언이 아닐 것이다.

본 책자에서는 코로나 블루 해소 필요성, 빅데이터·AI에 기반한 안전보건관리의 효용성, VR·AR 안전교육의 발전방안 등에 대해 현실적이면서 거시적인 관점에서 언급하고 있다. 감염병의 전 세계적 확산이라는 거대담론에서 근시안적인 정책과 미봉책은 결코 큰 효과를 거둘 수 없다. 보다 많은 사람들이 본 책자를 접하고, 'AC(After Corona) 산업안전'에 대한 논의를 더욱 활발히 이어나가길 바란다.

_ 변재환(대한산업안전협회 기획이사, 前 한국노총 금속노련 위원장)

코로나19는 2020년 들어 전 세계로 확산되면서 범세계적인 질병으로 총체적인 어려움을 낳고 있다. 국내에서는 경제적으로는 긴급 재난지원을 낳기도 하고 국가의 위기 대응력, 의료체계수준, 시민 의식 등이 그대로 드러나 신속한 진단검사와 격리조치시행, 확진자 경로공개, 높은 시민의식 등으로 'K-방역'으로 세계의 주목을 받기도 했다. 하지만 이로 인한 언택트 문화의 확산, 원격 수업, 재택근무 증가, 일자리 상실, 새로운 문화소비 등 급속한 사회환경의 변화에 대한 실체를 제대로 인식하기는 아직도 어려운 실정이다.

본 책자의 출간은 이러한 난국에 방역과 경제의 통합적 시각에서 근거 중심적인 실무와 연구를 겸비한 다양한 전문가의 경험 공유와 함께 생산적인 사고의 틀과 방향을 논리적으로 제시하고 있다. 포스트코로나 시대를 대비하는 보건, 산업, 정치, 교육, 사회, 문화 등 다양한 분야의 전문가나 미래사회를 준비하는 젊은이들에게 나침반이 될 것이다. 특히 경제의 산실인 산업현장이 급변하는 4차 산업혁명 시대의 역동 속에서 코로나19에 대응하기 위한 안정적 전략을 확보할 수 있다는 관점에서 그 기여도가 매우 크다.

_ 양순옥(한림대학교 간호대학 명예교수)

코로나19와 관련한 책들이 많이 출간되었지만 우리의 일터인 기업(사업장)에서 보건관리와 안전관리를 잘 할 수 있도록 알려주는 실무적 지침서는 없었다.

이 책은 현장경험을 바탕으로 사업장에서 활용할 수 있는 안전보건과 교육의 대응책을 제시하고 있다. 코로나 시대의 재택근무, 감염과 확산의 불안으로 인해 근로자가 느끼는 코로나 블루와 스트레스가 높아지면서 직무스트레스 관리에 대한 요구도 높아지고 있다. 근로자 개인뿐 아니라 조직적인 차원에서의 스트레스 관리 모델을 소개하고 있다.

코로나 시대의 근로자 보건관리와 사업장 방역 등 코로나19로 인한 대응책을 고민하는 기업에게 많은 도움이 될 것이다.

_ 오병선(前 안전보건공단 본부장)

코로나19 확산세가 주춤하다가 2020년 8월 중순 들어 다시 고개를 들고 있다. 정부와 국민들의 걱정이 이만저만이 아니다. 때마침『코로나19 시대 기업의 생존전략 – 방역과 경제의 딜레마』가 발간되어 '신의 한 수'는 아니더라도 정책 방향의 키잡이로서 시선을 끈다. 열대야 속에 한 줄기 바람을 느끼는 기분이라고 해야 할까.

'방역과 경제의 딜레마'라는 부제목을 보고는 언뜻 '죄수의 딜레마'라는 게임이론이 떠올라 잠시 마음이 무거웠다. 그 이론의 귀결인 균형점에서는 상상도 하기 싫은 최악의 상황 즉 '방역도 망치고 경제도 망한다'로 이어질 수 있기 때문이다. 물론 이 책은 이런 결론을 이끌어 내고 있지는 않지만 여러 각도에서 많은 고민을 하고 있다.

경제학 측면에서 눈여겨볼 이 책의 주요 내용은 방역과 경제의 상충 관계이다. 특히 국가 개입의 당위성과 시장 활동의 중요성, 공공성과 개인의 자유, 재난지원금과 재정건전성 등에 있어 균형이나 효율의 문제를 차분하게 정리해 주어 읽는 자의 이해의 폭을 넓혀 주고 있다.

_ 이광석(성균관대학교 경제학과 명예교수)

코로나19가 2019년 12월 말 중국 우한에서 발생해서 2020년 3월 세계보건기구(WHO)에서 글로벌 팬데믹을 선언하고 전 세계적으로 감염이 계속 확산되어가고 있는 상황에서, 본 책자는 코로나19라는 예상치 못한 경험을 대주제로 지역사회에서 당면하고 있는 상황들에 대해 보건·안전·경제적 측면에서 코로나19가 일상생활에 주는 영향을 현장 사례와 통계자료 등을 통해 기술하고 있다. 또한 코로나19와 긴급재난지원금을 주제로 현금성 복지의 중독성과 코로나 지원금의 역설에 대한 현실, 코로나19와 함께 하는 새로운 사회에 대한 제안 내용을 다루고 있어, 감염병 예방관리의 중요성을 다시 한 번 생각하게 하는 책이다.

특히 제4장「코로나19 시대의 사업장 보건관리」에서는 건강하고 쾌적한 사업장을 만들기 위한 직무스트레스 관리 현장사례와 다양한 정보가 포함되어 사업장에서 쉽게 적용할 수 있는 장점을 가지고 있다. 제6장 「코로나19와 4차 산업혁명 시대의 안전보건교육」은 가상현실과 증강현실을 이용한 안전보건 강의 방식과 비대면 안전보건교육에 대한 논의들로 흥미롭고 사업장에 곧바로 적용이 가능한 내용으로 구성되어 있다. 보건·안전·경제 분야 전문가들뿐만 아니라 코로나19와 함께 살아가고 있는 모든 사람들이 구독해 보기를 강력하게 추천하고 싶은 책이다.

_ 이명숙(보건관리전문기관협의회 사무처장, 前 대한산업보건협회 교육홍보이사)

100년 전인 1918년 몰아닥친 '스페인독감'에 인류는 지리멸렬했다. 의학적 지식도 부족했고 예방적 조치능력도 없던 그 시절 인류는 약 5억 명이 감염되었고 약 5,000만 명이 사망하였다 한다. 또 다른 통계는 1억 명의 인류가 사망하였다고까지 보고하고 있다. 그러나 100년간 인류의 의학기술은 눈부시게 발달하였다. 과학기술 발전도 뛰어나 4차원 시대까지 열었고 달나라 가는 로켓도 자유롭게 발사하고 있다. 통신기술도 발달하여 5G 시대를 화려하게 열었다. 이처럼 과학 전성시대를 맞고 있는 지금 세계가 난데없이 COVID-19의 패닉에 무너져 내리고 있다.

의학과 과학의 발전이 무색하게도 인류는 100년 전 그 역병의 데자뷰 같은 모습을 면치 못하고 있는 것이다. 눈에 보이지 않는 미물 바이러스일 뿐인데 이에 대응할 치료방법을 찾기는커녕 그야말로 또다시 지리멸렬 그 자체. 현재까지 전 세계에서 2,200만 명이나 감염되었고 80만 명이 사망하였다. 지금도 인류는 매일 20만 명이 추가 감염되고 5,000명이 사망하는 무서운 공포에 시달리고 있다. 우리나라는 다행히 상황이 낫다고는 하나 그건 지금까지의 이야기이고 아무도 장래를 논할 수는 없다.

그러나 인류는 스페인 독감도 결국 지혜를 모아 슬기롭게 해결하였던 바 있다. 이번에도 우리의 슬기로 물리칠 때다. 차제에 우리나라에서도 지혜를 모았다. 각 분야의 전문가 5명이 모여 해법을 내놓은 것이다. 이럴 때일수록 중지를 모아야 하는 가뭄에 단비 같은 책이 아닐 수 없다. COVID-19의 극복을 위해 우리에게 해결방안의 시금석이 될 만한 내용으로 그득하다. 일독을 적극 권하는 바다.

_ 이승욱(서울대학교 보건대학원 명예교수, 前 대한보건협회장)

길어야 한두 달이면 정상화될 것으로 여겼던 코로나 사태가 장기화되면서, 또 그사이 확진자수가 감소와 증가를 반복하면서 일상의 많은 모습들이 달라지고 있다. 처음엔 남의 일인 양 무관심했고, 곧 나에게도 닥칠 수 있는 공포로 다가왔으며, 한동안은 이제 벗어나나 보다 하기도 했다. 그러다 다시 경계가 강화되더니 요 며칠은 공포로 다가오고 있다. 이러기를 연초부터 지금까지 하고 있다. 어느덧 코로나 상황을 변수가 아닌 상수로 받아들여가고 있는 느낌이다.

그동안 우리가 코로나 사태에 대응하기 위해 사용한 가장 강력한 무기는 '비대면(untact)'이다. 예를 들면, 제도권 교육의 경우 집합교육이 아닌 온라인 수업으로 대체하였으며, 조직에서는 가능하면 출장은 자제하고 협의나 회의는 화상으로, 일부 업무들은 아예 재택으로 대응하였다. 이렇듯 비대면을 넘어 고립(격리)을 시킴으로써 불편하지만 대량 확산을 방지하며 유지는 되고 있다.

그러나 비대면과 고립(격리)으로는 해결이 안 되는 분야들도 있다. 예를 들면, '돌봄서비스' 분야이다. 돌봄서비스란 스스로 일상적인 생활을 누릴 수 없는 개인이 독립적인 생활을 할 수 있도록 정부 혹은 제3자를 통하여 서비스를 제공하는 사업을 말한다. 돌봄의 영역은 크게 신체수발, 가사수발, 활동보조, 정서적 지원으로 구성되어 있는데 그 특성상 대면, 스킨십, 정서적 교감 등이 필수적이다. 단순히 기능적, 기술적 문제가 아니라 눈을 마주보고, 클라이언트와 접촉해가면서 이루어지는 특성을 가지고 있다. 그런데 대면서비스를 꺼리다 보니 돌봄이 필요한 곳에 손길이 가지 않고 있다. 코로나 사태가 상시화된다면 어찌해야 할까?

따라서 코로나 사태가 상시화되어 가는 상황에서도 차질 없이 정상적인 돌봄서비스가 이루어지고, 돌봄 사각지대가 발생하지 않도록 하기 위한 새로운 돌봄 방식의 모색이 필요하다. 이러한 때 시기적절하고 유용한 많은 고민을 담은 책이 발간되었다. 각 분야 전문가들인 저자들의 고민을 통해 많은 시사점을 얻을 수 있을 것이다.

_ 이연배(한국사회보장정보원 본부장)

코로나19의 위세에 눌린 우리의 일상과 경제 활동이 언제 회복될지 아득하기만 하다. 이렇듯 전염병의 큰 유행은 국가 경제를 휘청거리게 만들기도 하지만, 경제적 여건과 불평등 구조가 전염병 대유행을 촉발하기도 한다. 또한 사회적 거리두기 등의 방역 성공을 위해서 취약 계층에 대한 경제적 지원은 불가피하다. 즉, 전염병 유행과 경제는 아주 밀접한 상호작용을 하는 것이다. 이 책에서는 코로나19와 경제 문제를 탐색해 온 전문가들이 우리나라의 방역 대응과 성과, 처음 도입한 긴급재난지원금의 효과 등을 다양한 자료에 기반하여 쉽게 설명하고 있으며, 사업장과 같은 경제 현장에서의 뉴노멀 구축 방향을 구체적으로 제안하였다.

_ 이훈재(인하대학교 예방의학과 교수, 한국역학회 정보홍보위원장)

공저자 약력

전용일

전용일은 연세대학교 경제학과를 졸업하고, 연세대학교에서 경제학석사, 서울대학교 계산통계학과(통계학전공)에서 이학석사를 받았다. 미국 UCSD에서 노벨경제학상 수상자인 Granger 교수에게 경제학박사를 받고, 하버드대학교에서 박사후 연구원으로 연구를 진행하였다.
미국 센트럴미시간주립대학교 경제학과에서 조교수와 부교수(정년보장)를 거쳐, 현재 성균관대학교 경제학과에서 교수로 재직하고 있다. 거시경제와 경제예측론의 이론적 관점에서 고용복지, 연금, 외국인, 안전보건 분야의 실증 연구를 진행하고 있다. 백세시대 생애설계(박영사, 2020)를 공저하고 고용과 성장(박영사, 2008)을 공동편저하였으며, 100여 편의 논문을 국내외 학술지에 게재하였다.

박정모

박정모는 연세대학교 간호학과를 졸업하고, 동대학교에서 간호학과 석사를, 독일 아헨공대에서 사회학으로 철학박사 학위를 받았다. 세브란스병원에서 간호사, 연세대학교 간호정책연구소에서 연구원으로 근무하고, 현재 경인여자대학교에서 간호학과 교수로 재직하고 있다.
보건소 감염병 담당자 교육 및 보건교사 감염병 관리 교육에 다년간 참여하였으며, 인천시 계양구에서 치매안심센터 개원 시 센터장으로 역임하여 노인 분야와 지역사회 건강을 중심으로 약 50여 편의 논문을 발표하였다.

박정숙

박정숙은 연세대학교 간호학과를 졸업하고, 인제대학교에서 보건학석사를 받았다. 연세의료원에서 임상간호사로 일했으며, 2000년부터 대한산업보건협회에서 근무하면서 사업장 보건관리 실무, 50인 미만 소규모사업장 보건관리기술지원사업, 아파트형공장 보건관리지원 시범사업 등을 담당하였다. 협회 창립 50주년 기념사업에 참여하여 50년사 편찬, 산업보건학술제, 한중일 국제학술 교류 및 대외협력업무를 하였고, 현재 교육사업본부장을 맡고 있다.
근로자 안전보건교육, 산업보건관계자 직무교육·전문화 교육 및 근로자 자살예방 교육 강사로 활동하고 있다.

김동하

김동하는 조선대학교 산업공학과를 졸업하고, 충북대학교 대학원 안전공학과에서 공학석사와 공학박사 학위를 받았다. 고용노동부 본부 산재예방보상정책국 산업안전과에서 중대재해, 안전검사, 공정안전 이행평가 등을 담당하였다. 건축자재 분야 월드리더인 라파즈에서 안전코디네이터로서 프랑스 본사, 아시아지역 본부와 커뮤니케이션 역할을 수행하며, 안전진단, 안전교육, 안전네트워크 구축 및 운영 등의 업무를 진행하였다. 현재는 코카콜라 환경안전지원파트에서 안전보건환경 업무를 리드하고 있다.
연구 분야는 로봇, 인공지능, 빅데이터 등 4차 산업혁명과 작업안전, 안전보건표지의 인간공학적 평가, 안전 리더십과 안전문화, 안전과 경제를 중심으로 연구하고 관련 논문을 발표하고 있다. 저서로는 방재과학개론(시그마프레스, 2003)을 공동편저로 출간하였다.

신현주

신현주는 서울과학기술대학교 안전공학과를 졸업하고, 한양대학교에서 산업공학 석사, 박사학위를 받았다. 대한산업안전협회에서 30년 동안 근무하면서 산업현장에서 재해예방을 위한 다양한 경험과 업무를 수행하였다. 특히 안전보건교육 분야에서 교육지원, 교재개발 등 실무를 다년간 수행하였으며, 현재는 사업장의 안전보건교육 전문가로 활동하고 있고 중부지역본부장으로 재직하고 있다. 연구 분야는 산업현장의 안전교육과 근골격계 질환 예방 중심으로 연구하고 관련 논문을 발표하고 있다. 저서로는 인간공학기사(성안당, 2006)를 공동편저로 출간하였다.

코로나19 시대 기업의 생존전략
방역과 경제의 딜레마

초판발행   2020년 8월 31일
지은이   전용일·박정모·박정숙·김동하·신현주
펴낸이   안종만·안상준

편 집   황정원
기획/마케팅   정연환
표지디자인   이미연·신현태
제 작   우인도·고철민

펴낸곳   (주) **박영사**
             서울특별시 종로구 새문안로3길 36, 1601
             등록 1959. 3. 11. 제300-1959-1호(倫)
전 화   02)733-6771
f a x   02)736-4818
e-mail   pys@pybook.co.kr
homepage   www.pybook.co.kr
I S B N   979-11-303-1118-0   93500

정 가   16,000원